彩图1
扁穗莎草（引自周小刚和张辉）

彩图2　异型莎草（引自周小刚和张辉）

彩图3　碎米莎草

彩图4　碎米莎草（单株）

彩图5　碎米莎草（穗部）

彩图6　野荸荠（单株）

彩图7　野荸荠（危害水稻状）

彩图8　野荸荠（球茎）

彩图9　牛毛毡

彩图10
两歧飘拂草（引自周小刚和张辉）

彩图11　水虱草

彩图12　萤蔺

彩图13　萤蔺（特写）

彩图14　日本藨草

彩图15　扁秆藨草

彩图16　藨草

彩图17　长芒稗（引自周小刚和张辉）

彩图18　光头稗（幼苗）（引自周小刚和张辉）

彩图19　光头稗（穗部）
（引自周小刚和张辉）

彩图20　稗

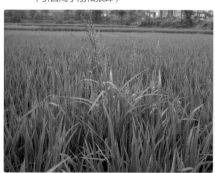

彩图21　稗（抽穗结实期）

彩图22　稗（穗部）

彩图23　无芒稗（幼苗）
（引自周小刚和张辉）

彩图24　无芒稗（穗部）（引自周小刚和张辉）

彩图25 水稗（引自孙观灵）

彩图26 假稻（穗部）
（引自周小刚和张辉）

彩图27 假稻（在水稻田间危害状）

彩图28 千金子

彩图29 千金子（穗部）

彩图30 千金子（危害水稻状）

彩图31 杂草稻（引自梁帝允）

彩图32 杂草稻（在水稻田间危害状）

彩图33 双穗雀稗（群体）

彩图34 双穗雀稗（茎部）

彩图35 双穗雀稗
（总状花序2枚生于总轴顶端）

彩图36 泽泻（引自惠肇祥）

彩图37 矮慈姑（与蕹混合发生状）

彩图38 矮慈姑
（与其他杂草混合发生状）

彩图39 野慈姑

彩图40 长瓣慈姑
（与空心莲子草混合发生状）

彩图41 长瓣慈姑（与水绵等混合发生状）

彩图42　长瓣慈姑（与异型莎草等混合发生状）

彩图43　疣草

彩图44　水竹叶（引自周小刚和张辉）

彩图45　水鳖

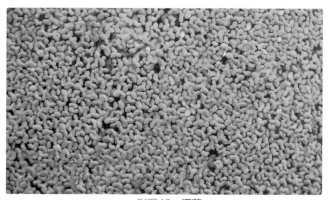

彩图46　浮萍

彩图47　浮萍
（在水稻田间危害状）

彩图48　紫萍

彩图49　紫萍（叶面深绿色叶背紫红色）

彩图50　紫萍（叶背特写）

彩图51　紫萍（根部特写）

彩图52　紫萍
（与满江红混合发生）

彩图53　凤眼莲

彩图54　雨久花（引自王良珍）

彩图55　鸭舌草

彩图56　鸭舌草（群体）

彩图57　鸭舌草（危害水稻状）

彩图58　眼子菜（苗期）

彩图59　水烛

彩图60　空心莲子草
（植株茎叶及花序）

彩图61　空心莲子草（群体）

彩图62　空心莲子草
（在水中茂盛生长状）

彩图63　空心莲子草
（在水稻生长后期危害状）

彩图64　鳢肠

彩图65　狼把草（花序）（引自周小刚和张辉）

彩图66 半边莲

彩图67 合萌

彩图68 耳叶水苋
（引自梁帝允）

彩图69 水苋菜
（引自周小刚和张辉）

彩图70 多花水苋（整株）

彩图71 多花水苋（花果部分）

彩图72 圆叶节节菜

彩图73　丁香蓼　　　　　　　　彩图74　丁香蓼（危害水稻状）

彩图75　母草（引自周小刚和张辉）　　彩图76　宽叶母草（引自周小刚和张辉）

彩图77　陌上菜　　　　　　　　彩图78　北水苦荬（引自周小刚和张辉）

彩图79　满江红（水稻移栽时严重危害状）　　彩图80　满江红（水稻分蘗期严重危害状）

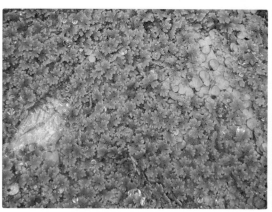

彩图81　满江红（生长前期）　　　　　　彩图82　满江红
（生长前期特写)

彩图83　满江红（生长后期）　　　　　彩图84　满江红
（生长后期特写）

彩图85 满江红（与浮萍和紫萍混合发生状）

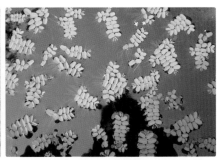

彩图86 槐叶萍

彩图87 蘋（小叶4片呈田字形）

彩图88 蘋（群体）

彩图89
蘋（与矮慈姑混合发生状）

彩图90 网藻

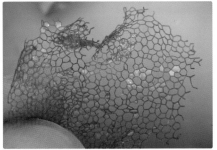

彩图91 网藻（特写）

彩图92　网藻（危害水稻状）

彩图93　网藻（与浮萍和紫萍混合发生状）

彩图94　水绵

彩图95　水绵（近景）

彩图96　水绵
（危害水稻秧苗状）

稻田杂草
原色图谱与全程防除技术
（第二版）

唐 韵 唐 理 主编

化学工业出版社

·北京·

内容提要

本书在第一版的基础上,简述稻作生产、稻田杂草、稻田除草剂等基础知识,介绍了我国南方和北方稻区的4大类34科65属141种稻田杂草的拉丁学名、科属名及别名,收录稻田除草剂品种近200个,其中单剂品种(有效成分)近100个、混剂品种(混剂组合)近100个;详细介绍了水稻移栽田、抛秧田、直播田、育秧田、制种田和陆稻田6大类稻田从种到收全程化学防除杂草的技术方案。书前附有稻田杂草高清原色照片近百幅;书末附有相关附录,便于查阅。

本书适合全国各地稻作种植者、农业技术推广人员、稻田除草剂研发与营销人员、农药执法监督管理人员阅读,也可供农林院校相关专业师生参考。

图书在版编目 (CIP) 数据

稻田杂草原色图谱与全程防除技术/唐韵,唐理
主编.—2版.—北京:化学工业出版社,2020.7(2024.6重印)
ISBN 978-7-122-36949-9

Ⅰ.①稻… Ⅱ.①唐… ②唐… Ⅲ.①稻田-杂草-图谱②稻田-除草 Ⅳ.①S451

中国版本图书馆 CIP 数据核字(2020)第 083852 号

责任编辑:刘 军 冉海滢 　　　　文字编辑:孙高洁
责任校对:赵懿桐 　　　　　　　　装帧设计:关 飞

出版发行:化学工业出版社(北京市东城区青年湖南街 13 号 邮政编码 100011)
印　　刷:北京云浩印刷有限责任公司
装　　订:三河市振勇印装有限公司
880mm×1230mm　1/32　印张 9½　彩插 8　字数 276 千字
2024 年 6 月北京第 2 版第 2 次印刷

购书咨询:010-64518888 　　　　　　售后服务:010-64518899
网　　址:http://www.cip.com.cn
凡购买本书,如有缺损质量问题,本社销售中心负责调换。

定　　价:39.80 元　　　　　　　　　　版权所有　违者必究

本书编写人员名单

主　　编： 唐　韵　唐　理

参编人员：（按姓名汉语拼音排序）

陈益海　　杜怀芳　　杜南伶　　黄妍妍

蒋　红　　李　青　　刘　洋　　蒲　颇

苏　跃　　唐达萱　　唐开志　　唐　理

唐　韵　　汪宏伟　　王　靖　　文建设

徐　翔　　阳任峰　　尹献民　　曾朝华

张　珣　　郑仕军　　周显东　　周小刚

前　言

　　稻作生产事关国家粮食安全，在国民经济中具有举足轻重的作用。《稻田杂草原色图谱与全程防除技术》自 2013 年 1 月出版以来，受到读者广泛好评。本次再版，目的是全面反映稻田杂草防除的科技成果，增加了第二章第十节"稻田杂草抗药性治理"，增加了海水稻相关内容，完善了直播田杂草全程防除等章节中的内容，增加了近几年开发的用于水稻的除草有效成分 20 余种（如吡氟酰草胺、仲丁灵、嗪吡嘧磺隆、丙嗪嘧磺隆、氯吡嘧磺隆、麦草畏异丙胺盐、2,4-滴丁酸钠盐、硝磺草酮、双环磺草酮、三唑磺草酮、氯氟吡啶酯、草甘膦二甲胺盐、精草铵膦钠盐、双唑草腈、氟酮磺草胺、环戊噁草酮、呋喃磺草酮、二氯喹啉草酮等）；并根据 2017 年新发布的《农药管理条例》和《农药标签和说明书管理办法》等法规，修订了第一章第三节"稻田除草剂标签识读"。

　　本书仍然沿用第一版的编写体例，以稻作生产—稻田杂草—稻田除草剂—稻田杂草全程防除为主线，贯穿始终，介绍了全国稻作区的 4 大类、34 科、65 属、141 种（含变种）稻田杂草的拉丁学名、科属名及别名，附有稻田杂草高清原色图片 90 余幅；收录稻田除草剂品种近 200 个，其中单剂品种（有效成分）近 100 个、混剂品种（混剂组合）

近 100 个，基本上涵盖了自 1982 年我国实行农药登记制度以来获得农业农村部登记用于水稻的所有除草剂品种。目前获准登记用于水稻的除草剂产品逾 4000 个，其中单剂产品逾 2100 个、混剂产品逾 1900 个。

本次修订编写中严格遵循国家最新农药管理政策规定，文字精练、数字精确、信息权威。读者朋友若想就本书内容与编者交流，请发送邮件到 924937639@qq.com。

编者

2020 年 5 月 22 日

第一版前言

　　水稻是我国总产量位居榜首的粮食作物，种植面积 3000 万公顷左右，总产约 20000 万吨。稻作生产事关国家粮食安全，在国民经济中具有举足轻重的作用。由于稻作分布极为广泛，种别类属繁多，栽培方式多样，杂草危害颇为严重，因此对稻田杂草化学防除研究甚多。我国农田化学除草工作是从水稻开始的，1956 年在水稻田试验 2,4,5-涕，1959 年在黑龙江省延寿县进行飞机喷洒 2,4,5-涕防除稻田杂草 3 万余亩。五十多年来，我国稻田化学除草工作取得了长足发展和可喜进步，形成了完整的稻田杂草综合治理技术体系和实用技术措施。

　　为了满足全国各稻区读者需要，本书以稻作生产—稻田杂草—稻田除草剂—稻田杂草全程防除为主线，贯穿始终，罗列了全国稻作区的 4 大类、34 科、65 属、141 种（含变种）稻田杂草的中文种名、拉丁学名、科名属名及别名，附稻田杂草生境原色图片 90 余幅；收录稻田除草剂品种 164 个，其中单剂品种（有效成分）82 个，混剂品种（混剂组合）82 个，基本上涵盖了自 1982 年我国实行农药登记制度以来获得农业部登记用于水稻的所有除草剂品种。编写中严格遵循国家最新农药管理政策规定，文字精炼，数字精确，信息权威。

　　书中详细介绍了水稻移栽田、抛秧田、直播

田、育秧田、制种田和陆稻田以及田埂杂草全程防除技术，并按照播种之前、播后苗前、出苗之后 3 个时段或移栽之前、移栽之后 2 个时段展开，详细阐述了单独防除莎草科、禾本科、阔叶型、藻蕨类杂草和兼除几类杂草的产品与技术。这种编排体例新颖而独特，便于读者清晰、准确地掌握稻田杂草全程防除技术并科学、合理地应用这些技术。

本书是作者多年来从事稻田化学除草工作中所见、所闻、所思、所得的系统总结，在编写过程中，也参考了许多专家学者的研究成果，在此深表谢忱。读者朋友若想就本书内容与编者交流，烦请发送邮件到 924937639@qq. com。

编者

2012 年 9 月 9 日

目 录

第一章　稻田除草基础知识 / 1

第二章　稻田杂草全程防除 / 83

第三章　稻田除草剂品种及使用 / 152

第一章

稻田除草基础知识

虽然"杂"和"草"两字都很简单,但要给"杂草"一词下个准确的定义却并不简单,就连 2016 年出版的《现代汉语词典》(第 7 版)都没有收录杂草这个词条。下面从三个角度对杂草进行解析。

第一是字面上的意义。2004 年首次出版的《现代汉语规范词典》对"杂"字的释义有 3 个义项,第一个义项为不纯,多种多样;第二个为掺和在一起;第三个为正项以外的,非正规的。对"草"字的释义有 11 个义项,第一个义项为树木、谷物、菜蔬以外,茎秆不是木质的高等植物。从字面上看,杂草是在大自然环境里自发生长的草本植物,即各种各样的野草(参见《现代汉语规范词典》和 2009 年出版的《当代汉语词典》对"杂草"的释义)。

第二是狭义上的意义。从本质上看,杂草是在人类干扰的环境下演化而形成的,带有野生特征,但既不同于野生植物又不同于栽培植物的草本植物和其他植物。"全世界杂草总数约 5 万种""我国有杂草上千种",这里的杂草一词取其狭义。

第三是广义上的意义。从管理上看,杂草是非人为有意栽培而混杂生长在目标场所里的非目的植物。换而言之,杂草是生长在人们不希望它生长的地方的植物(这个定义系 1996 年 6 月在丹麦哥本哈根市召开的第二届国际杂草防除大会经投票选定的);杂草是在特定范围内,人类不希望它生长的自生植物(参屠乐平先生为《除草剂使用技术》所作序言);杂草是长错了地方的植物;杂草是人们不希望其存在的植物;杂草是一定条件下害大于益的植物。

"小麦田里混杂的油菜也是杂草""油菜田里混杂的小麦也是杂草"，这里的杂草一词取其广义。广义上的杂草既可能是高等植物（如被子植物杂草），也可能是低等植物（如藻类杂草）；既可能是"草"（草本植物），也可能是"木"（木本植物）；既可能是"草"（非栽培植物），也可能是"苗"（栽培植物）。栽培植物在特定条件下会"演变"成为"杂草"（有的称之为作物型杂草），例如晚稻田里的稗是杂草，其间混杂的早稻落粒自生苗也是杂草。有一个名词"杂草稻"耐人寻味，这是一种在水稻田自然生长并具有杂草危害特性的"水稻"，既似草又似稻。

第一节　稻作生产和稻田杂草概况

据统计，稻的总产量居世界粮食作物产量第三位，低于玉米和小麦，但能维持较多人口的生活，所以联合国将 2004 年定为国际稻米年。我国是世界上种植水稻历史悠久的国家，稻作历史约七千年，是世界上栽培稻起源地之一。

一、我国栽培稻种分类

稻在植物分类上属于被子植物门、单子叶植物纲、禾本科、稻属，全世界稻属植物有 20 余种，人类栽培的稻是其中的亚洲栽培稻（*Oryza sativa* L.）（又称普通栽培稻）和非洲栽培稻（*Oryza glaberrima* Steud.）（又称光稃栽培稻）2 个种。稻属由林奈于 1753 年命名，模式种为广泛栽培的亚洲栽培稻。我国栽培的稻为亚洲栽培稻，丁颖根据我国栽培稻的起源和演变过程、全国各地品种分布情况及其与环境条件的关系，提出了以我国栽培稻种系统发育过程为基础的五级分类法，如表 1-1 所示。

下面介绍几个有关稻的术语。

（1）常规稻·杂交稻　常规稻的基因型是纯合的，其子代与上一代的农艺性状相同，因此育种家育出的常规稻品种不需要年年制种，只要做好提纯复壮工作，就可以连年种植。杂交稻是指两个遗传性不同的水稻品种或类型进行杂交所产生的具有杂种优势的子一代组

表 1-1　我国栽培稻种五级分类

种	亚种	群	型	变种
亚洲栽培稻	籼稻（基本型）	晚季稻（基本型）	水稻（基本型）	粘稻（基本型）
				糯稻（变异型）
			陆稻（变异型）	粘稻（基本型）
				糯稻（变异型）
		早、中季稻（变异型）	水稻（基本型）	粘稻（基本型）
				糯稻（变异型）
			陆稻（变异型）	粘稻（基本型）
				糯稻（变异型）
	粳稻（变异型）	晚季稻（基本型）	水稻（基本型）	粘稻（基本型）
				糯稻（变异型）
			陆稻（变异型）	粘稻（基本型）
				糯稻（变异型）
		早、中季稻（变异型）	水稻（基本型）	粘稻（基本型）
				糯稻（变异型）
			陆稻（变异型）	粘稻（基本型）
				糯稻（变异型）

合。杂交稻的基因型是杂合的，由两个不同遗传特性的品种间相互杂交所产生的杂种一代，但个体间的表现型相同，群体的农艺性状整齐一致。由于杂种一代在生长势、产量、适应性和抗逆性等方面都超过了原父、母本，具有杂种优势，生产上利用这种优势，能迅速提高水稻单位面积产量。但由于杂种第二代产生性状分离，生长不一致，产量严重减退，因此，不能继续作为生产用种子，需要年年制种。目前我国生产上大面积利用的杂交稻有三系杂交稻和两系杂交稻2类。杂交稻自1976年大面积推广以来，已遍布全国20多个省区，还走出了国门，在世界各地"开花结果"。杂交稻目前已占我国水稻种植面积的一半，而其产量则接近我国稻谷总产量的六成。杂交稻主要分布在长江以南地区和北方地区。东北地区粳稻由于杂交优势不强，至今仍以常规稻为主；太湖流域和长江中下游地区还有1亿多亩（1亩＝666.7m^2）

粳稻和早籼稻也属常规稻。

（2）**翻耕稻·免耕稻** 我国传统稻作生产讲求精耕细作，但免耕并非种"懒庄稼"，免（少）耕栽培有着丰富的科学原理，目前我国免耕直播稻、免耕移栽稻、免耕抛秧稻均有很大发展。

（3）**直播稻·移栽稻·抛秧稻** 直播与移栽是稻作生产上两种不同的基本种植方式。稻作本来是从直播开始的，但由于直播稻存在着易缺苗、易倒伏、草害重等问题，于是就逐步为育秧移栽所代替。抛秧是近些年新发展起来的一种新的种植方式，无论从下田的实体，还是从生育过程所表现的特性和穗粒结构以及经济性考察，都处在直播与移栽之间，因此可看成是两者的中间形式，或者说是一种过渡性质的种植方式。

（4）**普通稻·优质稻** 优质稻相对于一般水稻品种而言，表现出来的特征主要是腹白小甚至没有腹白，角质率高，米色清亮，有些带有特殊香味；煮出的饭也甘香，软而不黏，适口性好。

（5）**早稻·中稻·晚稻** 晚稻一般指双季稻中较晚的那一季水稻，又称连作晚稻等；也指插秧期较晚、生长期较长的单季稻，又称单晚、一季晚稻等。这里所说的早稻、中稻、晚稻跟栽培稻分类上的早、中季稻和晚季稻的概念存在差异，要注意区分。

（6）**单季稻·双季稻·多季稻** 单季稻是指在同一块稻田里、一年只栽种和收获一次的水稻，又称一季。双季稻是指在同一块稻田里、一年内栽种两次收获两次的水稻。

（7）**灌溉稻·雨养稻·深水稻·旱稻** 有的资料根据稻种植和生长生态环境的不同，将稻分为灌溉稻、雨养稻、深水稻、旱稻4类。在全世界栽培稻中，上述4类稻分别占稻总面积的51％、34％、4％、11％。我国栽培的稻约93％为灌溉稻，约4％为雨养稻，约3％为旱稻。

（8）**超级稻** 一般指产量潜力得到大幅度提高、米质和抗性也得到明显改善的品种或组合。

（9）**再生稻** 利用头季稻收割后稻桩上的腋芽能萌发成苗的能力，经过科学管理，使其抽穗结实再收获一季，后面的稻叫做再生稻，又称禾荪稻、二抽稻、二禾谷、秧荪谷、抱荪谷、禾荪等。

（10）**制种稻** 杂交稻需要每年进行生产性制种，以获得足够的杂种一代种子,满足生产需要。获得杂交种子的稻叫做制种稻,又称种子稻、种谷子等(有的地方将获得食用稻谷的稻称为饭谷子等)。

(11) 海水稻 海水稻就是耐盐碱水稻,指能在盐(碱)浓度0.3%以上的盐碱地生长,且单产可达 300kg 以上的一类水稻品种。海水稻比其他普通的水稻具有更强的生存竞争能力,具有抗涝、抗盐碱、抗倒伏、抗病虫等能力。

二、我国稻作区域划分

我国稻作生产历史非常悠久,分布地域十分广泛,除了部分高原山地之外,我国大多数地方,只要有水源灌溉,均可种稻;在我国省级行政区中,除青海外,基本均有稻作,十大主产省级行政区按面积大小排序依次为湖南、江西、黑龙江、江苏、安徽、广西、四川、湖北、广东、云南,其面积占全国稻作总面积的 80% 左右。民以食为天,食以粮为先,粮以稻为主,全国以稻米为主食的人口约占总人口的 50%。稻是我国第一大农作物、第一大粮食作物,单产和总产均居首位,稻作生产在我国国民经济中具有举足轻重的地位。

稻作区域划分对指导我国水稻生产和科研有着重要意义。前人从20 世纪 20 年代起对此就有所探索(周拾禄,1928;赵连芳,1947),但划分的依据不一,又偏于长江以南稻区,未能反映全国稻作区域的全貌。有鉴于此,丁颖(1957)从植物地理分布与环境条件相统一的生态学观点出发,以光、温、雨、湿等气候因子为基础,以品种类型为标志,结合土壤因子、病虫等生物因子以及种植制度、耕作方法等人为因素进行综合研究,把全国划分为 6 大稻作带:华南双季稻作带、西南高原稻作带、华中单双季稻作带、华北单季稻作带、东北早熟稻作带、西北干燥稻作带。这种划分比较切合实际,对发展我国水稻生产和组织全国科学研究有指导作用。丁颖特别把当时稻谷产量仅占全国总产 0.3% 的西北干燥地区划为一个稻作带,并指出该稻作带具有雨量少、光照足、昼夜温差大、病虫害较少、水稻容易高产稳产的特点,随着灌溉条件的改善,增产潜力甚大。现在新疆垦区的水稻单产水平已超过华中、华南稻区。

从大的区位来看,根据地理位置和生产特点,我国水稻生产分为北方稻区、南方稻区 2 个稻区。中国水稻研究所(1988)根据各地自然生态条件、社会经济技术条件、耕作制度和品种类型等综合分析的结果，将全国稻区划分为 6 个稻作区和 16 个稻作亚区。

（1）东北早熟单季稻稻作区　分为 2 个亚区：黑、吉平原河谷特早熟亚区，辽河沿海平原早熟亚区。

（2）西北干燥区单季稻稻作区　分为 3 个亚区：北疆盆地早熟亚区，南疆盆地中熟亚区，甘、宁、晋、蒙高原早中熟亚区。

（3）华北单季稻稻作区　分为 2 个亚区：华北北部平原中早熟亚区，黄淮平原丘陵中晚熟亚区。

（4）华中双季稻稻作区　分为 3 个亚区：长江中下游平原双单季稻亚区，川、陕盆地单季稻两熟亚区，江南丘陵平原双季稻亚区。

（5）西南高原单双季稻稻作区　分为 3 个亚区：黔东、湘西高原山地单双季稻亚区，滇、川高原岭谷单季稻两熟亚区，青藏高寒河谷单季稻亚区。

（6）华南双季稻稻作区　分为 3 个亚区：闽、粤、桂、台平原丘陵双季稻亚区，琼、雷、台平原双季稻多熟亚区，滇南河谷盆地单季稻亚区。

三、稻田杂草区系划分

对应于稻作区划，我国稻田杂草也分为 6 大区系。

（1）东北稻区杂草区系　东北稻区亦即寒地稻区，位于北纬42°以北，属温带气候，包括黑龙江省，吉林省图们、桦甸以北及内蒙古东北部稻区。主要分布在三江（黑龙江、松花江、乌苏里江）平原和松嫩（松花江、嫩江）平原。

（2）西北稻区杂草区系　分为 2 个亚区：内陆河绿洲亚区，引黄灌区亚区。

（3）华北稻区杂草区系　分为 4 个亚区：下辽河平原及渤海滨海亚区，黄淮海平原亚区，汾渭平原及谷底亚区，黄土高原沟、滩、盆地亚区。

（4）华中稻区杂草区系　分为 4 个亚区：秦巴山区亚区，长江中下游平原及低山丘陵亚区，四川盆地亚区，江南丘陵亚区。

稻田杂草原色图谱与全程防除技术（第二版）

（5）西南稻区杂草区系　分为 2 个亚区：贵州高原亚区，云南亚区。

（6）华南稻区杂草区系　分为 2 个亚区：两广闽南台湾亚区，雷州海南亚区。

由于各地气候、土壤和耕作制度、栽培措施不同，稻田杂草种类及其分布危害差异甚大，例如稗、蘋、鳢肠、水莎草、牛毛毡、长瓣慈姑、黑藻、萤蔺、轮藻在各地稻田均有分布危害；泽泻、眼子菜分布危害于热带、亚热带、暖温带、温带稻田；异型莎草、水虱草、鸭舌草、水苋菜、节节菜、碎米莎草分布危害于从热带、亚热带到暖温带稻田；千金子、丁香蓼、矮慈姑、双穗雀稗、空心莲子草分布危害于热带稻田以北一直到北亚热带稻田；尖瓣花、水龙、圆叶节节菜、草龙只分布危害于北纬 26°以南热带和亚热带的低海拔南稻田。此外，扁秆藨草、芦苇、香蒲、藨草只分布危害于 pH 7～8 的稻田，尤其在 pH 7.5～8 的稻田危害特别严重，因此在我国沿海、黄河流域以北至黑龙江、内蒙古以及新疆稻田均有分布危害，但长江以南的山区以及 pH＜6.5 的稻田很少见危害。

温带稻田杂草主要群落有稻-扁秆藨草＋稗＋水莎草，稻-眼子菜＋稗＋凤眼莲，稻-稗＋扁秆藨草＋野慈姑；暖温带稻田杂草主要群落有稻-稗＋扁秆藨草，稻-水莎草＋稗＋异型莎草，稻-野慈姑＋稗＋鸭舌草；中北部亚热带稻田杂草主要群落有稻-稗＋异型莎草＋鸭舌草，稻-异型莎草＋稗＋水苋菜，稻-鸭舌草＋稗＋矮慈姑，稻-矮慈姑＋稗＋眼子菜，稻-水莎草＋稗＋矮慈姑，稻-扁秆藨草＋稗；热带、南亚热带稻田杂草主要群落有稻-稗＋异型莎草＋草龙，稻-水龙＋稗＋圆叶节节菜，稻-蘋＋稗。

20 世纪 80 年代，全国农田杂草考察组按照杂草危害程度和防除的重要性，将全国 580 种农田杂草中的 255 种常见杂草分为重要杂草（在全国或多数省份范围内普遍危害、对农作物危害严重，共 17 种）、主要杂草（危害范围较广、对农作物危害程度较为严重，共 31 种）、地域性主要杂草（在局部地区对农作物危害较严重，共 24 种）、次要杂草（一般不对农作物造成较严重危害，共 183 种）等 4 类。在重要杂草中，水田杂草 5 种（稗、异型莎草、鸭舌草、眼子菜、扁秆藨草），水旱田兼有杂草1种（旱稗）。在主要杂草中，水田杂草9种（萤蔺、牛毛毡、水莎草、碎米莎草、野慈姑、矮慈姑、节节菜、空心莲子草、蘋），水旱田兼有杂草3种（千金子、细叶千金子、芦苇）。

四、稻田杂草类型划分

本书所列稻田杂草名录仅限于传统栽培方式下的稻田杂草，即狭义上的稻田杂草，未包括旱育秧田的马唐、牛筋草、牛繁缕、铁苋菜、一年蓬等陆地杂草，也未包括本属于栽培植物的作物型杂草。下面介绍稻田杂草的几种常用分类方法。

1. 按亲缘关系分类

杂草与杂草之间存在着亲疏远近的血缘关系，这是植物在长期进化过程中形成的。亲缘关系越近，其形态特征、生物学习性越相似，对外界的反应也越相似。植物分类的7个基本阶元是界、门、纲、目、科、属、种，其中界是最高单位，种是最基本的单位。每一种杂草都有其明确的分类阶梯。

（1）按"门"分类　分为藻类植物杂草、蕨类植物（门）杂草、被子植物（门）杂草等3类。藻类植物属于低等植物（无胚植物），蕨类植物和被子植物属于高等植物（有胚植物）。藻类植物、蕨类植物为孢子植物（隐花植物），没有开花结实现象，其中藻类无根、茎、叶的分化，其植物体称为叶状体；蕨类有根、茎、叶的分化；被子植物为种子植物（显花植物），有开花结实现象，有根、茎、叶的分化。

（2）按"纲"分类　被子植物杂草分为单子叶（植物纲）杂草、双子叶（植物纲）杂草2类。稻田单子叶杂草的数量多于双子叶杂草。要注意区分单子叶杂草、双子叶杂草、窄叶杂草、阔叶杂草这几个概念之间的异同。单子叶杂草≠窄叶杂草。单子叶杂草以禾本科、莎草科杂草居多，这两类杂草的叶片窄而长；但是属于单子叶杂草的泽泻科、天南星科、浮萍科、鸭跖草科、雨久花科、眼子菜科等科的杂草叶片很宽阔，被人们划为阔叶杂草。双子叶杂草≠阔叶杂草。阔叶型杂草包括全部双子叶杂草和除了禾本科与莎草科之外的许多单子叶杂草。

（3）按"科"分类　分为莎草科杂草、禾本科杂草、眼子菜科杂草、菊科杂草等。中国杂草信息系统收录全国农田杂草 144 科，《中国杂草志》收录全国农田杂草 106 科，《稻田化学除草》（1973）收录稻田杂草 49 科，本书收录稻田杂草 34 科。

（4）按"属"分类　分为莎草属杂草、蔗草属杂草、稗属杂草、鳢肠属杂草等。《中国杂草志》收录全国农田杂草 591 属，本书收录稻田杂草 65 属。

2. 按生命周期分类

（1）一年生杂草　指只能连续生存 3 年以下、在 1 个或 2 个年度内（短于 24 个月）完成生活史的杂草。广义的一年生杂草又分为当年生杂草（即狭义的一年生杂草）和越年生杂草（又叫二年生杂草）。当年生杂草只能存活 1 年，在当年之内即可完成全部生活史，又称春夏一年生杂草、夏季一年生杂草、越夏型杂草、夏性杂草等。越年生杂草可以存活 2 或 3 年，需跨越年份方可完成全部生活史，又称秋冬一年生杂草、冬季一年生杂草、越冬型杂草、冬性杂草、二年生杂草。

（2）多年生杂草　指可以连续生存 3 年以上、一生中能多次开花结实的杂草。通常第一年只生长枝叶，第二年起开花结果；植株地上部分在结果之后大都死亡，而地下部分却不死。除了进行种子繁殖或孢子繁殖以外，甚至还能主要进行营养繁殖。这类杂草较难除净，拔掉地上部分，还会从地下部分长出新的茎叶。多年生杂草根据繁殖体种类又细分为很多类型：根茎繁殖型（如香蒲、空心莲子草）、块茎繁殖型（如扁秆蔗草、水莎草）、球茎繁殖型（如野荸荠、矮慈姑、长瓣慈姑）、匍茎繁殖型（如匍茎剪股颖、假稻、李氏禾、秕壳草、双穗雀稗、水芹）、冬芽繁殖型（如眼子菜）、茎段繁殖型（如空心莲子草）。有的多年生杂草兼有几种不同的营养繁殖体，如扁秆蔗草既有根茎又有块茎；眼子菜既有根茎又有冬芽；空心莲子草主要进行根茎繁殖，茎的节段也可萌生成株。据吴竞仑报道（2008），稻田杂草有 126 种，其中一年生杂草约占 60%，多年生杂草约占 40%，如表1-2 所示。

表 1-2　稻田杂草按生命周期划分的类型

类型		一年生杂草	多年生杂草	种数
莎草科杂草		15 种：异型莎草、碎米莎草、小碎米莎草、扁穗莎草、褐穗莎草、聚穗莎草、夏飘拂草、两歧飘拂草、水虱草、毛芙兰草、球穗扁莎、多枝扁莎、红鳞扁莎、猪毛草、萤蔺	13 种：牛毛毡、水莎草、野荸荠、少花荸荠、槽秆荸荠、中间型荸荠、透明鳞荸荠、湖瓜草、扁秆藨草、藨草、水葱、荆三棱、阿穆尔莎草	28 种
禾本科杂草		7 种：稗草、千金子、无芒稗、长芒稗、西来稗、孔雀稗、虮子草	8 种：匍茎剪股颖、双穗雀稗、芦苇、游草、假稻、秕壳草、牛鞭草、柳叶箬	15 种
阔叶型杂草		14 种：鸭舌草、雨久花、谷精草、赛谷精草、丝谷精草、浮萍、紫萍、品藻、水筛、小茨藻、大茨藻、草茨藻、多孔茨藻、疣草	17 种：眼子菜、矮慈姑、野慈姑、长瓣慈姑、泽泻、草泽泻、无苞香蒲、水烛、水蕹、菹草、黑藻、水鳖、苦草、水竹叶、箭叶雨久花、江南灯心草、小花灯心草	31 种
		35 种：水蓼、蚕茧草、酸模叶蓼、莲子草、合萌、水马齿、三蕊沟繁缕、耳叶水苋、水苋菜、多花水苋、密花节节菜、节节菜、轮叶节节菜、圆叶节节菜、草龙、细花丁香蓼、丁香蓼、虻眼、长蒴母草、窄叶母草、泥花草、母草、宽叶母草、陌上菜、北水苦荬、水苦荬、黄花狸藻、挖耳草、短梗挖耳草、卵叶半边莲、尖瓣花、狼把草、石胡荽、鳢肠、金盏菜	11 种：空心莲子草、水龙、半边莲、石龙尾、水芹、中华水芹、穗花狐尾藻、乌苏里茶、轮生茶、水葫芦苗、金鱼藻	46 种
藻蕨类杂草		槐叶苹	蘋、满江红	3 种
		水绵、网藻、轮藻		3 种
合计		75 种	51 种	126 种

3. 按植株形态分类

（1）莎草科杂草　简称莎草，如牛毛毡、异型莎草。这类杂草在植物分类上属于莎草科。

（2）禾本科杂草　简称禾草，如稗、千金子、双穗雀稗。这类杂草在植物分类上属于禾本科。

（3）阔叶型杂草　简称阔草、阔叶草、阔叶杂草。阔叶型杂草包括全部双子叶杂草和除了莎草科与禾本科之外的许多单子叶杂草（注意阔叶杂草≠双子叶杂草，阔叶杂草＝全部双子叶杂草＋许多单子叶杂草）。

（4）藻蕨类杂草　属于藻类植物和蕨类植物，均为孢子植物、隐花植物，如水绵、网藻、轮藻、满江红、槐叶苹、蘋。这类杂草虽然在植物分类上处于较低的位置，但防除不易，例如防除水绵、满江红等的除草剂凤毛麟角。

4. 按水中姿态分类

（1）挺水型杂草　杂草茎叶大部分挺伸在水面之上，根扎入土中，如稗、千金子、鸭舌草、野慈姑。

（2）浮水型杂草　杂草植株体完全漂浮于水面，或者仅叶漂浮于水面、根扎入土中，前者如满江红、槐叶苹、浮萍、紫萍，后者如眼子菜、水蕹。这类杂草不单抢肥，还遮蔽阳光、降低水温、降低土温，对水稻危害很大。

（3）沉水型杂草　杂草植株体完全沉浸在水面之下，根生长于水底土中或仅有不定根生长于水中，如金鱼藻、狸藻、小茨藻、菹草、水绵、网藻、轮藻。

5. 按危害状况分类

分为四类：一是重要杂草，在全国或大多数省份普遍发生，危害最严重，且难以防除，如稗、异型莎草、鸭舌草、眼子菜、扁秆藨草；二是主要杂草，发生范围较广泛，危害程度较严重，如牛毛毡、千金子、碎米莎草、蘋、野慈姑、矮慈姑、节节菜、空心莲子草、萤蔺、水莎草；三是地域性重要杂草，在局部地区危害较严重；四是次要杂草，一般不对水稻造成严重危害。

6. 按发生时段分类

分为两类：一是初前期杂草，发生早、发生量大、生长快，水稻封行后便很少发生，对水稻危害很大，大多为禾本科和莎草科杂草，如稗、千金子、异型莎草；二是中后期杂草，发生期长，水稻封行后仍有发生，如鸭舌草、矮慈姑、节节菜、眼子菜。

7. 按分布位置分类

分为两类：一是中下层杂草，与水稻的高度之比低于 0.8，如鸭舌草、矮慈姑；二是上高层杂草，与水稻的高度之比在 0.8～1.2，主要为禾本科和莎草科杂草，如稗、千金子。

第二节　稻田杂草名录及原色图谱

全面研究和科学防除杂草的首要前提是准确识别杂草。要识别杂草，就得对众多杂草进行分门别类，否则便无从下手。在稻田杂草防除实践中，最为常用的类型划分是根据植株形态将稻田杂草分为莎草科杂草、禾本科杂草、阔叶型杂草、藻蕨类杂草等 4 大类。本书据此分类结果逐一介绍，每种杂草均标注拉丁学名、科属名，有的还标注了门、纲、亚纲、目名和别名，列举了识别要点和防除药剂，配插了稻田杂草生境原色图谱，便于准确识别杂草。共收录稻田杂草 4 大类、34 科、65 属、141 种（含变种），涵盖了全国所有稻作区域的常见杂草和主要杂草种类。

一、莎草科杂草

莎草科杂草属于被子植物门、单子叶植物纲、莎草科。本书收录莎草科杂草 8 属 30 种，其中莎草属（*Cyperus*）8 种、荸荠属（*Eleocharis*）6 种、飘拂草属（*Fimbristylis*）3 种、芙兰草属（*Fuirena*）1 种、水莎草属（*Juncellus*）1 种、湖瓜草属（*Lipocarpha*）1 种、扁莎属（*Pycreus*）3 种、藨草属（*Scirpus*）7 种。多年生或一年生草本。多数有匍匐地下茎，须根。茎三棱形或有时为圆筒形，实心，很少是中空的，如茎中空则有密布的横隔。叶片线形，通常排为 3 列；叶鞘的边缘合成管状包于茎上。由于藨草、扁秆藨草、异型莎草等的茎呈三棱形，故莎草科杂草的名称中有三棱草、三棱藨草、荆三棱等称谓。

1. 阿穆尔莎草（*Cyperus amuricus* Maxim.）

莎草科、莎草属。根为须根。秆丛生，纤细，高 5～50cm，扁三棱形，平滑，基部叶较多。叶短于秆，宽 0.2～0.4cm，平张，边缘平滑。叶状苞片 3～5 枚，下面两枚常长于花序；简单长侧枝聚伞花序具 2～10 个辐射枝，辐射枝最长达 12cm；穗状花序蒲扇形、宽卵形或长圆形，长 1~2.5cm，宽 0.8~3cm，具 5 至多数小穗；小穗排列疏松，斜展，后期平展，线形或线状披针形，长 0.5~1.5cm，宽 0.1~0.2cm，具 8~20 朵花；小穗轴具白色透明的翅、翅宿存；鳞片排列稍松，膜质，近于圆形或宽倒卵形，顶端具由龙骨状突起延伸出的稍长的短尖，长约 0.1cm，中脉绿色，具 5 条脉，两侧紫红色或褐色，稍具光泽；雄蕊 3，花药短，椭圆形，药隔突出于花药顶端，红色；花柱极短，柱头 3，也较短。小坚果倒卵形或长圆形、三棱形，几与鳞片等长，顶端具小短尖，黑褐色，具密的微突起细点。花果期 7~10 月。分布于辽宁、吉林、河北、山西、陕西、浙江、安徽、云南、四川等省。

2. 扁穗莎草（*Cyperus compressus* L.）

莎草科、莎草属。又名沙田草等。<u>丛生草本</u>；根为须根。秆稍纤细，高 5~25cm，锐三棱形，基部具较多叶。叶短于秆，或与秆几等长，宽 1.5~3mm，折合或平张，灰绿色；叶鞘紫褐色。苞片 3~5 枚，叶状，长于花序；长侧枝聚伞花序简单，具 2~7（或 1~7）个辐射枝，辐射枝最长达 5cm；穗状花序近于头状；花序轴很短，具 3~10 个小穗；小穗排列紧密，斜展，线状披针形，长 8~17mm，宽约 4mm，近于四棱形，具 8~20 朵花；鳞片紧贴的复瓦状排列，稍厚，卵形，顶端具稍长的芒，长约 3mm，背面具龙骨状突起，中间较宽部分为绿色，两侧苍白色或麦秆色，有时有锈色斑纹，脉 9~13 条；雄蕊 3，花药线形，药隔突出于花药顶端；花柱长，柱头 3，较短。小坚果倒卵形，三棱形，侧面凹陷，长约为鳞片的 1/3，深棕色，表面具密的细点。花果期 7~12 月。分布于我国江苏、浙江、安徽、江西、湖南、湖北、四川、贵州、福建、广东、海南、台湾等地。

3. 异型莎草（*Cyperus difformis* L.）

莎草科、莎草属。又名球花碱草、球穗碱草、球穗莎草、咸草、红头草等。一年生草本，根为须根。秆丛生，稍粗或细弱，高 2~65cm，扁三棱形，平滑。叶短于秆，宽 2~6mm，平张或折合；叶鞘稍长，褐色。苞片 2 枚，少 3 枚，叶状，长于花序；长侧枝聚伞花序简单，少数为复出，具 3~9 个辐射枝，辐射枝长短不等最长达

2.5cm，或有时近于无花梗；头状花序球形，具极多数小穗，直径 5～15mm；小穗密聚，披针形或线形，长 2～8mm，宽约 1mm，具 8～28 朵花；小穗轴无翅；鳞片排列稍松，膜质，近于扁圆形，顶端圆，长不及 1mm，中间淡黄色，两侧深红紫色或栗色边缘具白色透明的边，具 3 条不很明显的脉；雄蕊 2，有时 1 枚，花药椭圆形，药隔不突出于花药顶端；花柱极短，柱头 3，短。小坚果倒卵状椭圆形，三棱形，几与鳞片等长，淡黄色。花果期 7～10 月。分布很广，常生长于稻田中或水边潮湿处。防除药剂很多，几乎所有稻田除草剂都对它有良好防效。

4. 褐穗莎草 (*Cyperus fuscus* L.)

莎草科、莎草属。一年生草本，具须根。秆丛生，细弱，高 6～30cm，扁锐三棱形，平滑，基部具少数叶。叶短于秆或有时几与秆等长，宽 2～4mm，平张或有时向内折合，边缘不粗糙。苞片 2～3枚，叶状，长于花序；长侧枝聚伞花序复出或简单，具 3～5 个第一次辐射枝，辐射枝最长达 3cm；小穗五至十几个密聚成近头状花序，线状披针形或线形，长 3～6mm，宽约 1.5mm，稍扁平，具 8～24朵花；小穗轴无翅；鳞片复瓦状排列，膜质，宽卵形，顶端钝，长约1mm，背面中间较宽的一条为黄绿色，两侧深紫褐色或褐色，具 3条不十分明显的脉；雄蕊 2，花药短，椭圆形，药隔不突出于花药顶端；花柱短，柱头 3。小坚果椭圆形，三棱形，长约为鳞片的 2/3，淡黄色。花果期 7～10 月。

5. 聚穗莎草 (*Cyperus glomeratus* L.)

莎草科、莎草属。又名头状穗莎草、三轮草、状元花、喂香壶等。一年生草本，具须根。秆散生，粗壮，高 50～95cm，钝三棱形，平滑，基部稍膨大，具少数叶。叶短于秆，宽 4～8mm，边缘不粗糙；叶鞘长，红棕色。叶状苞片 3～4 枚，较花序长，边缘粗糙；复出长侧枝聚伞花序具 3～8 个辐射枝，辐射枝长短不等，最长达12cm；穗状花序无总花梗，近于圆形、椭圆形或长圆形，长 1～3cm，宽 6～17mm，具极多数小穗；小穗多列，排列极密，线状披针形或线形，稍扁平，长 5～10mm，宽 1.5～2mm，具 8～16 朵花；小穗轴具白色透明的翅；鳞片排列疏松，膜质，近长圆形，顶端钝，长约 2mm，棕红色，背面无龙骨状突起，脉极不明显，边缘内卷；雄蕊 3，花药短，长圆形，暗血红色，药隔突出于花药顶端；花柱长，柱头 3，较短。小坚果长圆形，三棱形，长为鳞片的 1/2，灰色，具明显的网纹。花果期 6～10 月。

6. 畦畔莎草（*Cyperus haspan* L.）

莎草科、莎草属。多年生草本，根状茎短缩，或有时为一年生草本，具许多须根。秆丛生或散生，稍细弱，高 2～100cm，扁三棱形，平滑。叶短于秆，宽 2～3mm，或有时仅剩叶鞘而无叶片。苞片 2 枚，叶状，常较花序短，罕长于花序；长侧枝聚伞花序复出或简单，少数为多次复出，具多数细长松散的第一次辐射枝，辐射枝最长达 17cm；小穗通常 3～6 个呈指状排列，少数可多至 14 个，线形或线状披针形，长 2～12mm，宽 1～1.5mm，具 6～24 朵花；小穗轴无翅。鳞片密复瓦状排列，膜质，长圆状卵形，长约 1.5mm，顶端具短尖，背面稍呈龙骨状突起，绿色，两侧紫红色或苍白色，具三条脉；雄蕊 1～3 枚，花药线状长圆形，顶端具白色刚毛状附属物；花柱中等长，柱头 3。小坚果宽倒卵形，三棱形，长约为鳞片的 1/3，淡黄色，具疣状小突起。花果期很长，随地区而改变。产于我国福建、台湾、广西、广东、云南、四川等地；多生长于水田或浅水塘等多水的地方，山坡上亦能见到。

7. 碎米莎草（*Cyperus iria* L.）

莎草科、莎草属。又名三方草、三棱草等。一年生草本，无根状茎，具须根。秆丛生，细弱或稍粗壮，高 8～85cm，扁三棱形，基部具少数叶，叶短于秆，宽 2～5mm，平张或折合，叶鞘红棕色或棕紫色。叶状苞片 3～5 枚，下面的 2～3 枚常较花序长；长侧枝聚伞花序复出，4～9 个辐射枝，辐射枝最长达 12cm，每个辐射枝具 5～10 个穗状花序，或有时更多些；穗状花序卵形或长圆状卵形，长 1～4cm，具 5～22 个小穗；小穗排列松散，斜展开，长圆形、披针形或线状披针形，压扁，长 4～10mm，宽约 2mm，具 6～22 花；小穗轴上近于无翅；鳞片排列疏松，膜质，宽倒卵形，顶端微缺，具极短的短尖，不突出于鳞片的顶端，背面具龙骨状突起，绿色，有 3～5 条脉，两侧呈黄色或麦秆黄色，上端具白色透明的边；雄蕊 3，花丝着生在环形的胼胝体上，花药短，椭圆形，药隔不突出于花药顶端；花柱短，柱头3。小坚果倒卵形或椭圆形，三棱形，与鳞片等长，褐色，具密的微突起细点。花果期6～10月。分布极广，为一种常见的杂草，生长于田间、山坡、路旁阴湿处。

8. 小碎米莎草（*Cyperus microiria* Steud.）

莎草科、莎草属。又名具芒碎米莎草等。一年生草本，具须根。秆丛生，高20～50cm，稍细，锐三棱形，平滑，基部具叶。叶短于秆，宽2.5～5mm，平张；叶鞘红棕色，表面稍带白色。叶状苞片3～4枚，长于花序；长侧枝聚伞花序复出或多次复出，稍密或疏展，具5～7个辐射枝，辐射长短不等，最长达13cm；穗状花序卵形或宽卵形或近于三角形，长2～4cm，宽1～3cm，具多数小穗；小穗排列稍稀，斜展，线形或线状披针形，长6～15mm，宽约1.5mm，具8～24朵花；小穗轴直，具白色透明的狭边；鳞片排列疏松，膜质，宽倒卵形，顶端圆，长约1.5mm，麦秆黄色或白色，背面具龙骨状突起，脉3～5条，绿色，中脉延伸出顶端呈短尖；雄蕊3，花药长圆形；花柱极短，柱头3。小坚果倒卵形或三棱形，几与鳞片等长，深褐色，具密的微突起细点。花果期8～10月。产于全国各地。

9. 槽秆荸荠（*Eleocharis equisetiformis* B. Tedtsch.）

莎草科、荸荠属。又名刚毛荸荠、槽秆针蔺等。荸荠属杂草为多年生或一年生草本。根状茎不发育或很短，通常具匍匐根状茎。秆丛生或单生，除基部外裸露。叶一般只有叶鞘而无叶片。荸荠属杂草有槽秆荸荠、中间型荸荠、少花荸荠、透明鳞荸荠、野荸荠、羽毛荸荠、渐尖穗荸荠、卵穗荸荠、紫果蔺等。

10. 中间型荸荠（*Eleocharis intersita* Zinserl.）

莎草科、荸荠属。

11. 少花荸荠［*Eleocharis paucifloea*（Lightf.）Link.］

莎草科、荸荠属。

12. 透明鳞荸荠（*Eleocharis pellucida* Presl.）

莎草科、荸荠属。又名针蔺、膜鳞针蔺等。

13. 野荸荠（*Eleocharis plantagineiformis* Tang et Wang）

莎草科、荸荠属。又名光棍草、野蒲蒜。球茎发达，繁殖力强，很难防除。防除药剂仅有唑草酮等少数几种。

14. 牛毛毡〔*Eleocharis yokoscensis*（Franch. et Sav.）Tang et Wang〕

莎草科、荸荠属。又名牛毛草等。秆多数，细如发，密丛生，多如牛毛，细如牛毛，故名。防除药剂很多，如苄嘧磺隆、吡嘧磺隆、扑草净。近年有的地方反映此草难除，原因待查。

15. 夏飘拂草〔*Fimbristylis aestivalis*（Retz.）Vahl〕

莎草科、飘拂草属。

16. 两歧飘拂草〔*Fimbristylis dichotoma*（L.）Vahl〕

莎草科、飘拂草属。又名飘拂草、二歧飘拂草等。

17. 水虱草〔*Fimbristylis miliacea*（L.）Vahl〕

莎草科、飘拂草属。又名日照飘拂草等。

18. 毛芙兰草〔*Fuirena ciliaris*（L.）Roxb.〕

莎草科、芙兰草属。

19. 水莎草〔*Juncellus serotinus*（Rottb.）C. B. Clarke.〕

莎草科、水莎草属。

20. 湖瓜草〔*Lipocarpha chinensis*（Osbeck.）Tang et Wang〕

莎草科、湖瓜草属。

21. 球穗扁莎〔*Pycreus globosus*（All.）Reichb.〕

莎草科、扁莎属。

22. 多枝扁莎〔*Pycreus polystachyus*（Rottb.）P. Beauv.〕

莎草科、扁莎属。又名多穗扁莎等。

23. 红鳞扁莎〔*Pycreus sanguinolentus*（Vahl.）Nees〕

莎草科、扁莎属。

24. 萤蔺（*Scirpus juncoides* Roxb.）

莎草科、藨草属。又名灯心藨草、小水葱等。防除药剂有嘧苯胺磺隆等。

25. 日本藨草（*Scirpus nipponicus* L.）

莎草科、藨草属。又名三江藨草、三江草等。20 世纪 80 年代以前，黑龙江省稻田稗草、眼子菜、三棱草（包括日本藨草、扁秆藨草、藨草等）为三大害草。

26. 扁秆藨草（*Scirpus planiculmis* Fr. Schmidt）

莎草科、藨草属。又名海三棱、地梨子等。

27. 水葱（*Scirpus tabernaemontani* Gmel.）

莎草科、藨草属。

28. 藨草（*Scirpus triqueter* L.）

莎草科、藨草属。又名三棱藨草等。

29. 猪毛草（*Scirpus wailichii* Nees）

莎草科、藨草属。

30. 荆三棱（*Scirpus yagara* Ohwi.）

莎草科、藨草属。

二、禾本科杂草

禾本科杂草属于被子植物门、单子叶植物纲、禾本科。本书收录禾本科杂草 9 属 27 种（含 6 变种），其中剪股颖属（*Agrostis*）1 种、稗属（*Echinochloa*）9 种、牛鞭草属（*Hemarthria*）1 种、柳叶箬属（*Isachne*）1 种、假稻属（*Leersia*）4 种、千金子属（*Leptochloa*）2 种、稻属（*Oryza*）1 种、雀稗属（*Paspalum*）1 种、芦苇属（*Phragmites*）1 种。多年生或一年生草本。茎埋藏于地下或成地下茎，着生地面的称秆，直立或倾斜或成匍匐茎，节明显，节间常中空，很少实心。叶分叶片与叶鞘两部分，叶鞘包着秆，通常一边开缝，一边覆盖，少有两边封闭。叶片多为线形，很少是披针形或卵形，全缘，平行脉；叶片与叶鞘之间向秆的一面的一透明薄膜，称叶舌（稗等无叶舌）。叶鞘顶端两侧各有一附属物，称叶耳。果实的果皮常与种皮密接，称颖果，少数种类的果皮与种皮分离，称囊果。

1. 匍茎剪股颖（*Agrostis stolonifera* L.）

禾本科、剪股颖属。

2. 长芒稗（*Echinochloa caudata* Roshev.）

禾本科、稗属。稗属约含 30 种，分布于全世界热带和温带。据中国杂草信息系统统计，我国有 9 种，5 或 6 变种（表 1-3）。模式种为稗 [*Echinochloa crusgalli*（L.）Beauv.]。一年生或多年生草本。叶片扁平，线形。圆锥花序由穗形总状花序组成；小穗含 1～2 小花，背腹压扁呈一面扁平、一面凸起，单生或 2～3 个不规则地聚集于穗轴的一侧，近无柄；颖草质；第一颖小，三角形，长约为小穗 1/3～1/2 或 3/5；第二颖与小穗等长或稍短；第一小花中性或雄性，其外稃革质或近革质，内稃膜质，罕或缺；第二小花两性，其外稃成熟时变硬，顶端具极小尖头，平滑，光亮，边缘厚而内抱同质的内稃，但内稃顶端外露；鳞被 2，折叠，具 5～7 脉；花柱基分离；种脐点状。不同种类的稗草的形态区别主要表现在穗和小穗上。本属大都为田间杂草，有的为优良牧草，其颖果含淀粉，尤其栽培种，可食用或作为制糖及酿酒的原料。

表 1-3　我国稗属杂草的种及稗的变种

中文种名	拉丁学名
长芒稗	*Echinochloa caudata* Roshev.
光头稗	*Echinochloa colonum*（L.）Link
稗	*Echinochloa crusgalli*（L.）Beauv.
小旱稗	*E. crusgalli*（L.）Beauv. var. *austro-japonensis* Ohwi
短芒稗	*E. crusgalli*（L.）Beauv. var. *breviseta*（Doell）Neilr
无芒稗	*E. crusgalli*（L.）Beauv. var. *mitis*（Pursh）Peterm
无芒野稗	*E. crusgalli*（L.）Beauv. var. *submutica*（Mey.）Kitag
细叶旱稗	*E. crusgalli*（L.）Beauv. var. *praticola* Ohwi
西来稗	*E. crusgalli*（L.）Beauv. var. *zelayensis*（H. B. K.）Hitchc
孔雀稗	*Echinochloa cruspavonis*（H. B. K.）Schult.
湖南稗子	*Echinochloa frumentacea*（Roxb.）Link
硬稃稗	*Echinochloa glabrescens* Munro ex Hook. F.
旱稗	*Echinochloa hispidula*（Retz.）Nees
水稗	*Echinochloa phyllopogon*（Stapf）Koss.
紫穗稗	*Echinochloa utilis* Ohwi et Yabuno

乔亚丽、李扬汉等（2002）报道，全球稗属植物已发现 50 余种（包括亚种和变种），其中伴随水稻生产产生危害的有 13 种。中国有 10 种 5 变种，它们是光头稗、稗（5 变种为小旱稗、短芒稗、细叶旱稗、西来稗、无芒稗）、旱稗、长芒稗、湖南稗子、硬稃稗、水田稗 [*E. oryzoides*（Ard）Fritsh]、水稗、紫穗稗、孔雀稗。刁正俗 1990 年又报道了一个新的变种"宿穗稗 [*E. crusgalli*（L.）Beauv. var. *persistentia* Diao]"。稗属植物是 18 种世界性恶性杂草之一，目前已有 61 个国家在 36 种作物上发现其危害，对水稻危害尤甚。我国科学家经过几个"五年攻关"课题的调查研究，获得的结果认为稗草为我国农田 15 种严重危害杂草之首。

通过查阅大量资料，编者发现我国稗属杂草种类众多，有 11 种（除了表 1-3 中所列 9 种之外，还有水田稗、稻稗等 2 种）、8 变种（除了表 1-3 中所列 6 种之外，还有台湾稗、宿穗稗等 2 种）。有的资料将稻稗（*E. oryzicola*）与水稗（*E. Phyllopogon*）视为同一种杂草。因此选用杀稗剂时，需了解同一种除草剂对稗属不同种和稗种不同变种的防效是否存在差异，以便对症下药。

《北方水稻病虫草害防治技术大全》等资料将长芒稗称为长芒野稗 [*E. crusgalli*（L.）Beauv. var. *caudata*（Roshev.）Kltag]，看成是稗的一个变种。

3. 光头稗 [*Echinochloa colonum*（L.）Link]

禾本科、稗属。又名光头稗子、芒稷等。圆锥花序呈平面，分枝不再生出小枝，小穗无芒，较规则地 4 行排列于穗轴的一侧。

4. 稗 [*Echinochloa crusgalli*（L.）Beauv.]

禾本科、稗属。又名稗子、稗草等。文献中报道的稗的变种有 8 个，按拉丁学名排序依次为小旱稗、短芒稗、台湾稗、无芒稗、无芒野稗、宿穗稗、细叶旱稗、西来稗。

防除稗的土壤处理剂有丙草胺、禾草敌等，茎叶处理剂有敌稗、二氯喹啉酸、五氟磺草胺、噁唑酰草胺等。在可用于水稻的除草剂中，除了杀草隆、醚磺隆、氯氟吡氧乙酸、氯氟吡氧乙酸异辛酯、灭草松、2,4-滴丁酯、2 甲 4 氯钠等 10 多种之外，另 50 多种均对稗草有效。

5. 孔雀稗 [*Echinochloa cruspavonis* （H. B. K.） Schult.]

禾本科、稗属。有的资料将其看作稗的变种 [*E. crusgalli* （L.） Beauv. var. *cruspavonis* （H. B. K.） Hitchc.]。圆锥花序下垂，小穗较细小，通常带紫色，有长约 5cm 的芒。

6. 湖南稗子 [*Echinochloa frumentacea* （Roxb.） Link]

禾本科、稗属。

7. 硬稃稗 （*Echinochloa glabrescens* Munro ex Hook. F.）

禾本科、稗属。

8. 旱稗 [*Echinochloa hispidula* （Retz.） Nees]

禾本科、稗属。又名水田稗、稻稗等。有的资料将其看作稗的变种 [*E. crusgalli* （L.） Beauv. var. *hispidula* （Retz.） Hack.]。圆锥花序较窄，下垂，分枝无小枝。

9. 水稗 [*Echinochloa phyllopogon* （Stapf） Koss.]

禾本科、稗属，又名稻稗、稗。特性与通常所说的稗相似，仅见于稻田，危害较为严重，比稗难防除。一年生杂草。植株高 70～100cm。秆直立，密蘖形。叶片线形，粗糙，边缘有微小的刺毛，常于叶枕处有髯毛，叶鞘上方边缘有疣基毛。圆锥花序于花时直立或下垂，于果时下倾或下垂，长 12～17cm，披针形，总状分枝常紧贴穗轴，于基部的总状分枝常再分枝。小穗绿色，成熟后常带紫晕，第 1 颖三角形，先端渐尖至尾尖，背面及边缘有短硬毛。种子与稗相似，仅谷粒长 4～5cm。幼苗与稗不同的是第 1 片真叶平展生长，有 21 条直出平行叶脉，其中 5 条较粗。全国各地均有发生。防除稻稗的土壤处理剂有莎稗磷等，茎叶处理剂有五氟磺草胺、嘧啶肟草醚等。

10. 紫穗稗 （*Echinochloa utilis* Ohwi et Yabuno）

禾本科、稗属。

11. 牛鞭草 [*Hemarthria altissima* （Poir.） Stapf et C. E. Hubb.]

禾本科、牛鞭草属。

12. 柳叶箬 〔*Isachne globosa*（Thunb.）Kuntze.〕

禾本科、柳叶箬属。

13. 李氏禾（*Leersia hexandra* Swartz.）

禾本科、假稻属。又名游草（有的资料以游草作为种中文名）、假稻、六蕊假稻。雄蕊 6 枚，花药长 2.5～3mm；圆锥花序的分枝不具小枝，自分枝基部着生小穗。圆锥花序主轴较细弱；小穗长 3～4mm，两侧疏生微刺毛，花药长约 2.5mm。假稻属约含 20 种，分布于两半球的热带至温暖地带。我国有 4 种。模式种为蓉草〔*Leersia oryzoides*（L.）Swartz.〕。多年生。水生或湿生沼泽草本，具长匍匐茎或根状茎。秆具多数节，节常生微毛，下部伏卧地面或漂浮水面，上部直立或倾斜。叶鞘多短于其节间；叶舌纸质；叶片扁平，线状披针形。顶生圆锥花序较疏松，具粗糙分枝；小穗含 1 小花，两侧极压扁，无芒，自小穗柄的顶端脱落；两颖完全退化；外稃硬纸质，舟状，具 5 脉，脊上生硬纤毛，边脉接近边缘而紧扣内稃之边脉；内稃与外稃同质，具 3 脉，脊上具纤毛；鳞被 2；雄蕊 6 枚或 1～3 枚，花药线形。颖果长圆形，压扁，胚长约为果体之 1/3。种脐线形。假稻属和稻属相近，所不同者为颖及不育小花的外稃完全退化，外稃较薄，边有棱而具睫毛，雄蕊 6 或更少。

14. 假稻 〔*Leersia japonica*（Makino）Honda〕

禾本科、假稻属。又名过江龙、足搔。有的资料将本草看成是李氏禾的一个变种〔*Leersia hexandra* Swartz. var. *japonica*（Makino）Keng f.〕。雄蕊 6 枚，花药长 2.5～3mm；圆锥花序的分枝不具小枝，自分枝基部着生小穗。圆锥花序主轴粗壮；小穗长 5～6mm，两侧平滑无毛。

15. 蓉草 〔*Leersia oryzoides*（L.）Swartz.〕

禾本科、假稻属。又名稻李氏禾、秕壳草。雄蕊 3 枚，花药长（0.5）1～2（3）mm；圆锥花序的分枝多具小枝，下部常裸露。小穗长 5～5.5mm，叶鞘中常具隐花序和小穗，雄蕊 3 枚，花药可长达 3mm，在隐藏小穗中退化为 0.5mm。

16. 秕壳草（*Leersia sayanuka* Ohwi）

禾本科、假稻属。又名秕谷草。有的资料将本草看成是蓉草的一

个变种［*Leersia oryzoides*（L.）Swartz. var. *japonica* Hack］。雄蕊
3 枚，花药长（0.5）1～2（3）mm；圆锥花序的分枝多具小枝，下
部常裸露。小穗长 6～8mm，叶鞘中无隐藏花序和小穗；雄蕊 3 或 2
枚，花药长 1～2mm。根状茎具有被鳞片之芽体。

17. 千金子［*Leptochloa chinensis*（L.）Ness.］

禾本科、千金子属。一年生杂草。根须状。秆丛生，直立，基部
膝曲或倾斜，着土后节上易生不定根，高 30～90cm（甚至高出水稻植
株许多），平滑无毛。叶鞘无毛，多短于节间，叶舌膜质，长 0.1～
0.2cm，撕裂状，有小纤毛；叶片扁平或多少卷折，先端渐尖，长
5～25cm，宽 0.2～0.6cm。圆锥花序长椭圆形，长 10～30cm，主轴
和分枝均粗糙；分枝细长，多数，长 2～9cm；小穗多带紫色，长
0.2～0.4cm，具 3～7 小花，无柄，呈两行着生与穗轴的一侧；外稃
先端钝，无毛或下部有微毛。颖果长圆形，长约 0.1cm。幼苗第 1 片
真叶长椭圆形，长 0.3～0.7cm，有 7 条直出平行脉；叶舌膜质环状，
顶端齿裂；叶鞘短，边缘白色膜质。

分布较广，黄海流域以南均有分布，以排水良好的沙质壤土
发生较多。较耐干旱，耐盐碱。种子萌发对湿度要求较宽，土壤
湿润至饱和均可萌发，以田间持水量 20%～30% 最宜，因而在低
湿旱田及排水良好的稻田大田大量发生。种子出土深度较浅，一
般在土层 1～2cm。在湿润条件下生长良好，浸水及干燥均抑制
生长。属阳性杂草，生长发育需较强的光照，与水稻的相对高度
在 1.2～1.3 生长最好，前期萌发的千金子危害严重，往往构成
单一群落或与稗共同构成群落。穗期较长。发生量大，危害重，
是稻田恶性杂草（水直播田、旱直播田、旱育秧田尤烈）。全国
农田杂草考察组根据杂草危害程度和防除上的重要性，将全国杂
草分成重要杂草、主要杂草、地域性主要杂草、次要杂草 4 类，
千金子、蚖子草属于水旱田兼有的主要杂草。防除千金子的土壤
处理剂有丙草胺、二甲戊灵等，茎叶处理剂有氰氟草酯、噁唑酰
草胺等。

18. 蚖子草［*Leptochloa panicea*（Retz.）Ohwi］

禾本科、千金子属。又名细叶千金子等。

19. 杂草稻 （*Oryza sativa* Linnaeus）

禾本科、稻属。又名野稻、杂稻、再生稻、大青棵等。杂草稻是具有杂草特性的水稻，其外部形态和水稻极为相似，但在田间具有更旺盛的生长能力，植株一般比较高大。杂草稻野性十足，比栽培稻早发芽、早分蘖、早抽穗、早成熟，一旦在稻田中安家落户，就会与栽培稻争夺阳光、养分、水分和生长空间。杂草稻的重要特性就是落粒性强，边成熟边落粒，为的就是躲过人类的收割，并在下一年生根发芽。而且种子休眠时间最长可达 10 年，只要温度、湿度适宜，它就会破土萌发，生生不息。同时，它在进化过程中还不断模仿栽培稻的特征，如高度、颜色等，将来可能很难用肉眼分辨杂草稻和栽培稻。

杂草稻古已有之，只要有水稻栽培的地方就都有杂草稻。杂草稻目前已是全球性草害，在我国，辽宁、江苏、广东、湖南等省发生较重。为何近年来我国杂草稻发生和危害愈演愈烈呢？专家分析原因有二：一是我国直播水稻面积越来越大，稻田没有经过深翻和灌水，导致杂草稻年复一年扩张蔓延；二是农村劳动力大量进城后，稻田机械化耕作越来越普遍，田间管理也越来越粗放，未能在杂草稻生长初期予以清除。

杂草稻和栽培稻均为水稻，除草剂在两者之间的选择性甚微，因此目前高效防除杂草稻的选择性除草剂品种凤毛麟角。据试验，水直播田使用丙草胺（含安全剂）对杂草稻防效较好。

20. 双穗雀稗 ［*Paspalum paspaloides*（Michx.）Scribn.］

禾本科、雀稗属。又名大游草、红绊根草、过江龙。

21. 芦苇 （*Phragmites communis* Trin.）

禾本科、芦苇属。又名芦柴、苇子等。

三、阔叶型杂草

阔叶型杂草均属被子植物门，其中有一部分属于单子叶植物纲，有一部分属于双子叶植物纲。本书收录的 26 科 42 属 78 种阔叶型杂草中，其中单子叶杂草有 11 科 17 属 32 种（如序号 1～32 所示），双子叶杂草有 15 科 25 属 46 种（如序号 33～78 所示）。有关阔叶型杂草识别的图书较多，本书仅罗列其纲名、科名、属名和别名，不再赘述其形态特征和生物学特性等内容。

1. 水蕹〔*Aponogeton natans*（L.）Engl. Et Krause.〕

单子叶植物纲、水蕹科、水蕹属。又名田干菜等。

2. 草泽泻（*Alisma gramineum* Lej.）

单子叶植物纲、泽泻科、泽泻属。

3. 泽泻（*Alisma plantago-aquatica* L.）

单子叶植物纲、泽泻科、泽泻属。

4. 矮慈姑（*Sagittaria pygmaea* Miq.）

单子叶植物纲、泽泻科、慈姑属。又名瓜皮草、狗舌头等。

5. 野慈姑（*Sagittaria trifolia* L.）

单子叶植物纲、泽泻科、慈姑属。又名剪刀草、剪刀夹等。

6. 长瓣慈姑〔*Sagittaria trifolia* L. var. *trifolia* f. *longiloba*（Turcz.）Makino.〕

单子叶植物纲、泽泻科、慈姑属。又名剪刀草、狭叶慈姑、野慈姑儿、野匍蒜儿等。

7. 疣草〔*Murdannia keisak*（Hassk.）Hand. Mazz.〕

单子叶植物纲、鸭跖草科、水竹叶属。

8. 水竹叶〔*Murdannia triquetra*（Wall.）Bruckn.〕

单子叶植物纲、鸭跖草科、水竹叶属。又名肉草等。

9. 谷精草（*Eriocaulon buergerianum* Koern.）

单子叶植物纲、谷精草科、谷精草属。

10. 赛谷精草（*Eriocaulon cinereum* R. Br.）

单子叶植物纲、谷精草科、谷精草属。

11. 丝谷精草（*Eriocaulon setaceum* L.）

单子叶植物纲、谷精草科、谷精草属。

12. 水筛〔*Blyxa japonica*（Miq.）Maxim. Ex. Aschers. et Gurk.〕

单子叶植物纲、水鳖科、水筛属。

13. 黑藻〔*Hydrilla verticillata*（Linn. f）Royle.〕

单子叶植物纲、水鳖科、黑藻属。

14. 水鳖〔*Hrdrocharis dubia*（BI.）Backer.〕

单子叶植物纲、水鳖科、水鳖属。又名茮菜等。

15. 苦草〔*Vallisneria natans*（Lour.）Hara.〕

单子叶植物纲、水鳖科、苦草属。又名带子草等。

16. 小花灯心草（*Juncus articulatus* L.）

单子叶植物纲、灯心草科、灯心草属。

17. 江南灯心草（*Juncus leschenaultii* Gay.）

单子叶植物纲、灯心草科、灯心草属。

18. 浮萍（*Lemna minor* L.）

单子叶植物纲、浮萍科、浮萍属。又名青萍、细绿萍等。

19. 品藻（*Lemna trisulca* L.）

单子叶植物纲、浮萍科、浮萍属。

20. 紫萍〔*Spirodela polyrhiza*（L.）Schleid.〕

单子叶植物纲、浮萍科、紫萍属。又名紫背浮萍等。

21. 多孔茨藻（*Najas foveolata* A. Br. ex Magnus.）

单子叶植物纲、茨藻科、茨藻属。

22. 草茨藻（*Najas graminea* Del.）

单子叶植物纲、茨藻科、茨藻属。

23. 大茨藻（*Najas marina* L.）

单子叶植物纲、茨藻科、茨藻属。

24. 小茨藻（*Najas minor* All.）

单子叶植物纲、茨藻科、茨藻属。又名鸡羽藻等。

25. 凤眼莲〔*Eichhornia crassiper*（Mart.）Solms.〕

单子叶植物纲、雨久花科、凤眼蓝属（有的称凤眼莲属）。又名水葫芦、水浮莲、凤眼蓝等。

26. 箭叶雨久花 [*Monochoria hastata* （L.） Solms.]

单子叶植物纲、雨久花科、雨久花属。

27. 雨久花 （*Monochoria korsakowii* Regel et Maack）

单子叶植物纲、雨久花科、雨久花属。

28. 鸭舌草 [*Monochoria vaginalis* （Burm. f.） Presl ex Kunth]

单子叶植物纲、雨久花科、雨久花属。又名鸭舌头等。

29. 菹草 （*Potamogeton crispus* L.）

单子叶植物纲、眼子菜科、眼子菜属。

30. 眼子菜 （*Potamogeton distinctus* A. Bennett.）

单子叶植物纲、眼子菜科、眼子菜属。又名水案板、水上漂、鸭子草等。

31. 水烛 （*Typha angustifolia* L.）

单子叶植物纲、香蒲科、香蒲属。

32. 无苞香蒲 （*Typha laxmannii* Lepech.）

单子叶植物纲、香蒲科、香蒲属。又名狭叶香蒲等。

33. 空心莲子草 [*Alternanthera philoxeroides* （Mart.） Griseb.]

双子叶植物纲、苋科、莲子草属。又名喜旱莲子草、水花生、空筒草、节节草、日本霸王草等。

34. 莲子草 [*Alternanthera sessilis* （L.） DC.]

双子叶植物纲、苋科、莲子草属。

35. 水芹 [*Oenanthe javanica* （Bl.） DC.]

双子叶植物纲、伞形科、水芹属。又名水芹菜等。

36. 中华水芹 （*Oenanthe sinensis* Dunn）

双子叶植物纲、伞形科、水芹属。

37. 石胡荽 [*Centipeda minima* （L.） A. Br. et Ascher.]

双子叶植物纲、菊科、石胡荽属。

38. 鳢肠 [*Eclipta prostrata* （L.） L.]

双子叶植物纲、菊科、鳢肠属。又名墨旱莲、旱莲草等。

39. 狼把草（*Bidens tripartita* L.）

双子叶植物纲、菊科、鬼针草属。

40. 金盏菜（*Tripolium vulgare* Nees）

双子叶植物纲、菊科、碱菀属。又名碱菀、铁杆蒿等。

41. 水马齿（*Callitriche stagnalis* Scop.）

双子叶植物纲、水马齿科、水马齿属。

42. 半边莲（*Lobelia chinensis* Lour.）

双子叶植物纲、桔梗科、桔梗属。

43. 卵叶半边莲（*Lobelia zeylanica* L.）

双子叶植物纲、桔梗科、桔梗属。

44. 尖瓣花（*Sphenoclea zeylanica* Gaertn.）

双子叶植物纲、桔梗科、尖瓣花属。又名密穗桔梗等。

45. 金鱼藻（*Ceratophyllum demersum* L.）

双子叶植物纲、金鱼藻科、金鱼藻属。

46. 三蕊沟繁缕（*Elatine triandra* Schkuhr.）

双子叶植物纲、沟繁缕科、沟繁缕属。

47. 合萌（*Aeschynomene indica* L.）

双子叶植物纲、豆科、合萌属。又名田皂角等。

48. 穗花狐尾藻（*Myriophyllum spicatum* L.）

双子叶植物纲、小二仙草科、狐尾藻属。

49. 乌苏里茶〔*Myriophyllum ussuriense*（Regel）Maxim.〕

双子叶植物纲、小二仙草科、狐尾藻属。又名三裂叶狐尾藻等。

50. 轮生茶（*Myriophyllum verticillatum* L.）

双子叶植物纲、小二仙草科、狐尾藻属。又名轮叶狐尾藻、狐尾藻等。

51. 黄花狸藻（*Utricularia aurea* Lour.）

双子叶植物纲、狸藻科、狸藻属。

52. 挖耳草 (*Utricularia bifida* L.)

双子叶植物纲、狸藻科、狸藻属。

53. 短梗挖耳草 (*Utricularia racemosa* Wall.)

双子叶植物纲、狸藻科、狸藻属。

54. 耳叶水苋 (*Ammannia arenaria* H. B. K.)

双子叶植物纲、千屈菜科、水苋菜属。

55. 水苋菜 (*Ammannia baccifera* L.)

双子叶植物纲、千屈菜科、水苋菜属。

56. 多花水苋 (*Ammannia multiflora* Roxb.)

双子叶植物纲、千屈菜科、水苋菜属。

57. 密花节节菜 [*Rotala densiflora* (Roth) Koehne]

双子叶植物纲、千屈菜科、节节菜属。

58. 节节菜 [*Rotala indica* (Willd.) Koehne]

双子叶植物纲、千屈菜科、节节菜属。又名红茎鼠耳草、水豌豆等。

59. 轮叶节节菜 (*Rotala mexicana* Cham. et Schltdl.)

双子叶植物纲、千屈菜科、节节菜属。

60. 圆叶节节菜 [*Rotala rotundifolia* (Buch. -Ham.) Koehne]

双子叶植物纲、千屈菜科、节节菜属。

61. 草龙 (*Jussiaea linifolia* Vahl)

双子叶植物纲、柳叶菜科、水龙属。

62. 水龙 (*Jussiaea repens* L.)

双子叶植物纲、柳叶菜科、水龙属。

63. 细花丁香蓼 [*Ludwigia caryophylla* (Lam.) Merr. et Metc.]

双子叶植物纲、柳叶菜科、丁香蓼属。

64. 丁香蓼 (*Ludwigia prostrata* Roxb.)

双子叶植物纲、柳叶菜科、丁香蓼属。

65. 水蓼（*Polygonum hydropiper* L.）

双子叶植物纲、蓼科、蓼属。又名辣蓼等。

66. 蚕茧草（*Polygonum japonicum* Meisn.）

双子叶植物纲、蓼科、蓼属。

67. 酸模叶蓼（*Polygonum lapathifolium* L.）

双子叶植物纲、蓼科、蓼属。

68. 水葫芦苗〔*Halerpestes cymbalaria*（Pursh）Greene〕

双子叶植物纲、毛茛科、水葫芦苗属（有的称碱毛茛）。

69. 虻眼〔*Dopatrium junceum*（Roxb.）Buch. Ham. ex Benth.〕

双子叶植物纲、玄参科、虻眼属。

70. 石龙尾〔*Limnophila sessiliflora*（Vahl.）Bl.〕

双子叶植物纲、玄参科、石龙尾属。

71. 长蒴母草〔*Lindernia anagallis*（Burm. f.）Penell〕

双子叶植物纲、玄参科、母草属。又名长果母草等。

72. 窄叶母草〔*Lindernia angustifolia*（Benth.）Wettst.〕

双子叶植物纲、玄参科、母草属。又名狭叶母草等。

73. 泥花草〔*Lindernia antipoda*（L.）Alston.〕

双子叶植物纲、玄参科、母草属。

74. 母草〔*Lindernia crustacea*（L.）F. Muell.〕

双子叶植物纲、玄参科、母草属。

75. 宽叶母草〔*Lindernia nummularifolia*（D. Don）Wettst.〕

双子叶植物纲、玄参科、母草属。又名圆叶母草等。

76. 陌上菜〔*Lindernia procumbens*（Krock.）Philcox〕

双子叶植物纲、玄参科、母草属。

77. 北水苦荬（*Veronica anagallis-aquatica* L.）

双子叶植物纲、玄参科、婆婆纳属。

78. 水苦荬（*Veronica undullata* Wall.）

双子叶植物纲、玄参科、婆婆纳属。

四、藻蕨类杂草

藻蕨类杂草属于藻类植物和蕨类植物。本书收录稻田藻蕨类杂草6科6属6种，其中属于藻类植物的3科3属3种，属于蕨类植物的3科3属3种。藻类植物是最低等的植物类群，蕨类植物是高等植物中较低等的植物类群，均为孢子植物、隐花植物。

虽然黑藻、金鱼藻、穗花狐尾藻、大茨藻、小茨藻等杂草的名称中有"藻"字，但它们均不是藻类，而属于被子植物。

目前防除藻蕨类杂草的高效除草剂很少。藻蕨类杂草中的满江红、网藻、水绵常与单子叶阔叶型杂草中的浮萍、紫萍混合发生，长势繁茂，形成密布水面的漂浮群体，集聚成丛，遮蔽水面，造成水中缺光、缺氧、低温，严重影响水稻正常生长发育。据资料报道，嘧苯胺磺隆能同时防除这些"棉被型"漂浮状杂草。结构特殊的新型除草剂嘧苯胺磺隆能同时防除水绵、网藻、满江红等藻蕨类杂草，此外还能防除稗草、莎草、阔草，这在众多稻田除草剂中是独一无二和难能可贵的。

1. 满江红〔*Azolla imbricata*（Roxb.）Nakai.〕

蕨类植物门、真蕨亚门、薄囊蕨纲、槐叶苹目、满江红科、满江红属。又名红萍、绿萍、红浮萍、红浮漂、细绿萍、三角藻、紫藻等。防除药剂有嘧苯胺磺隆、唑草酮等。

2. 槐叶苹〔*Salvinia natans*（L.）All.〕

蕨类植物门、真蕨亚门、薄囊蕨纲、槐叶苹目、槐叶苹科、槐叶苹属。

3. 蘋（*Marsilea quadrifolia* L.）

蕨类植物门、真蕨亚门、薄囊蕨纲、蘋目、蘋科、蘋属。又名苹、四叶菜、四叶草、四叶蘋、四字蘋、田字蘋、田字草、夜合草、破铜钱等。防除药剂很多，例如苄嘧磺隆、吡嘧磺隆。

4. 轮藻（*Chara fragilis* Desv）

绿藻门、轮藻纲、轮藻目、轮藻科、轮藻属。又名脆轮藻等。植物体具有类似根、茎、叶的分化。茎有节和节间之分，在节上轮生有相当于叶的小枝。

5. 网藻 ［*Hydrodictyon reticuatum* （L.）Lag］

绿藻门、绿藻纲、绿球藻目、水网藻科、水网藻属。又名水网藻、水网、油青苔等。是一种大的群体型绿藻，网片状或网袋状，肉眼可见。藻体鲜黄绿色，长可达 1m 以上，由多数圆柱形细胞组成囊状的网，每一网眼多为 5～6 边形。因藻体连接成网状，故名。繁殖能力很强，生长的温度范围较广，生长时消耗水中养料，浮游生物不能大量繁殖。防除药剂有嘧苯胺磺隆等。

6. 水绵 ［*Spiregyra communis* （Hass.）Kutz.］

绿藻门、绿藻纲、双星藻目（有的归入接合藻目）、双星藻科（有的归入星接藻科）、水绵属。一年生杂草。又名青苔、油泡泡、油泡子、普通水绵等。防除药剂有硫酸铜、嘧苯胺磺隆、西草净、三苯基乙酸锡、乙氧磺隆等。

第三节　稻田除草剂标签识读

登记用于水稻的除草剂的类型和品种是所有作物中最多的。在按化学结构划分出来的 29 类有机合成除草剂中，除了酰酰亚胺类、三氮苯酮类、咪唑啉酮类、环己烯酮类、脂肪族类之外，另外 24 类均有品种登记用于水稻。

获准登记用于水稻的除草剂有效成分逾 83 种，其中已有单剂的有效成分逾 69 种，目前尚无单剂而只出现在混剂中的有效成分逾 14 种（如甲草胺、*R*-左旋敌草胺、异丙隆、苯磺隆、麦草畏、麦草畏异丙胺盐、唑草酮、哌草磷、异戊乙净、2 甲 4 氯、2 甲 4 氯丁酸乙酯、硫酸铜、吡氟酰草胺、呋喃磺草酮）。此外，既无单剂也无混剂登记用于水稻，但生产上却有着应用的有溴苯腈、乙羧氟草醚、氯氟吡氧乙酸、氯氟吡氧乙酸异辛酯、敌草快、草甘膦铵盐、草甘膦钠盐、草甘膦二甲胺盐、草铵膦、精草铵膦钠盐等逾 17 种。所以可用于水稻的除草剂有效成分共计逾 100 种。

获准登记用于水稻的除草剂产品累计逾 4000 个，其中单剂产品逾2100个（单剂成分逾69种）、混剂产品逾1900个（混剂组合逾100个）。在已经获准登记用于水稻的逾83种有效成分中，除了稗草稀、克草胺、杀草胺、杀草隆、灭草灵等几个有效成分和氟吡磺隆、嘧苯胺磺隆等几个新的有效成分之外，另60多种有效成分均已有混剂产品获准登记用于水稻。获准登记用于陆稻的除草剂为零，目前陆稻生产上所用除草剂是从其他作物上"推论"和"借用"过来的。

一、稻田除草剂的类型

（1）**按毒杀范围分类**　分为选择性除草剂、灭生性除草剂2类。

选择性除草剂是指在一定剂量范围内，按推荐方法使用情况下，虽然杂草和作物同时接触了药剂，但只杀杂草不伤作物，即在作物与杂草之间存在选择性的除草剂，例如敌稗、丁草胺、苄嘧磺隆、二氯喹啉酸、五氟磺草胺。选择性除草剂品种很多，在本书收录的稻田化学除草剂单剂中，有85%以上为选择性除草剂。

灭生性除草剂是指在一定剂量范围内，按推荐方法使用情况下，如果杂草和作物同时接触了药剂，就会"草苗不分"，对杂草和作物均有杀伤，即在作物与杂草之间没有选择性的除草剂，又叫非选择性除草剂，例如草甘膦（包括其铵盐、钠盐、钾盐、异丙胺盐、二甲胺盐）、草硫膦、草铵膦、精草铵膦钠盐、双丙氨膦（包括其钠盐）、百草枯、敌草快、五氯酚钠、氟氯氨草酯。2012年4月24日农业部、工业和信息化部、国家质量监督检验检疫总局发布第1745号公告，规定"自2014年7月1日起，撤销百草枯水剂登记和生产许可、停止生产，保留母药生产企业水剂出口境外使用登记、允许专供出口生产，2016年7月1日停止水剂在国内销售和使用"。

（2）**按作用性质分类**　分为触杀型除草剂、内吸型除草剂2类。

触杀型除草剂是指只能在杂草接触到药剂的部位起灭杀作用而不能在杂草体内由此及彼传导的除草剂，又叫非内吸型、非传导型、非内吸传导型除草剂，例如噁草酮、丙炔噁草酮、敌稗、灭草松、唑草酮、溴苯腈、乙氧氟草醚、百草枯、敌草快、五氯酚钠。稻田触杀型除草剂品种较少，仅有10多个。

内吸型除草剂是指经杂草吸收后能在杂草体内由此及彼传导至未接触到药剂的杂草部位甚至整个杂草植株的除草剂，又叫传导型、内吸传导型除草剂，例如乙草胺、吡嘧磺隆、氰氟草酯、噁唑酰草胺、2甲4氯二甲胺盐、草甘膦。稻田内吸型除草剂品种很多，所占比例达85%以上。

（3）**按施用方式分类**　分为土壤处理剂、茎叶处理剂2类。

土壤处理剂是指只能或通常在杂草萌芽出土前施用于土壤表面或土壤耕层的除草剂，又叫杂草萌前、杂草芽前、杂草苗前、杂草苗前封闭、土壤封闭除草剂等。土壤处理剂中，只能作土壤处理的品种有杀草隆、五氯酚钠等；通常作土壤处理，也可在杂草苗后早期作茎叶处理的品种有丙草胺、扑草净、甲磺隆等，有的资料称之为土壤兼茎叶处理剂、芽前土壤处理兼杂草苗后早期茎叶处理剂、苗前和苗后早期除草剂等。土壤处理剂所占比例约55%。

茎叶处理剂是指只能或通常在杂草出苗后施用于杂草茎叶的除草剂，又叫杂草萌后、杂草芽后、杂草苗后、杂草苗期、杂草叶面处理除草剂等。茎叶处理剂中，只能作茎叶处理的品种有敌稗、氰氟草酯、嘧啶肟草醚、草甘膦、草硫膦、草铵膦、双丙氨膦、百草枯、敌草快等；通常作茎叶处理，也可作土壤处理的品种有五氟磺草胺、2甲4氯钠等。茎叶处理剂所占比例约45%。茎叶处理剂作土壤处理的用量一般高于作茎叶处理的用量。

（4）**按防除对象分类**　分为莎草除草剂、禾草除草剂、阔草除草剂、藻蕨除草剂、多能除草剂5类。

莎草除草剂是指只能防除莎草科杂草的除草剂，又叫莎草科杂草除草剂，例如杀草隆。这类除草剂品种极少。

禾草除草剂是指只能防除禾本科杂草的除草剂，又叫禾本科杂草除草剂，例如氰氟草酯、精噁唑禾草灵、噁唑酰草胺、稗草稀。这类除草剂品种较少。

阔草除草剂是指只能防除阔叶型杂草的除草剂，又叫阔叶型杂草除草剂，例如甲磺隆、氯氟吡氧乙酸、唑草酮、麦草畏、溴苯腈。这类除草剂单剂很少。

藻蕨除草剂是指只能防除藻蕨类杂草的除草剂，又叫藻蕨类杂草除草剂，例如硫酸铜、三苯基乙酸锡。这类除草剂单剂颇少。

多能除草剂是指同时防除莎草科、禾本科、阔叶型、藻蕨类杂草中两类及两类以上杂草的除草剂。兼除莎草、禾草两类杂草的如禾草敌、哌草丹；兼除莎草、阔草两类杂草的如醚磺隆、灭草松、2甲4氯钠；兼除禾草、阔草两类杂草的如异噁草酮、二甲戊灵、杀草胺；兼除莎草、禾草、阔草三类杂草的如丙草胺、五氟磺草胺、嘧草醚、双草醚、环酯草醚、嘧啶肟草醚、氟吡磺隆；兼除莎草、禾草、阔草、藻草四类杂草的如西草净、嘧苯胺磺隆、乙氧磺隆、乙氧氟草醚、丙炔噁草酮、草甘膦、草硫膦、草铵膦、双丙氨膦、百草枯、敌草快。草甘膦、百草枯等杀草范围很广，被称为广谱除草剂。

（5）按有效成分分类　分为化学除草剂、生物除草剂2类。

化学除草剂是指以化学物质为原料，经过机械加工或化学反应而制成的除草剂。在化学除草剂中，人工合成的居多，天然的较少；有机的居多，无机的较少。无机除草剂因选择性差、用量大、毒性高、杀草谱窄，除硫酸铜等个别品种以外，现在已很少使用了。有机合成化学除草剂是现代除草剂的主体部分，品种很多，全世界已商品化的逾500种。迄今为止，人们已研究了50多类有机化合物，几乎每类化合物中都有除草剂品种诞生。根据化学结构，可以将众多的除草剂分成不同的类型。在每一大类型中，以基本结构——母核为中心，由于取代基及取代位的不同而形成不同品种。在每一大类型中，因为各个品种的基本结构相似，所以它们在理化特性、吸收部位、作用机制、杀草范围、使用方法等许多方面具有共通性。掌握每一大类型除草剂的特性与特点，有助于准确掌握其性能，有利于科学合理地使用除草剂。按照化学结构进行分类已经被广泛采用，并在除草剂的研究开发和推广使用历史中发挥了积极的作用。由于分类标准有"粗"有"细"，因而不同资料划分出来的化学结构类型的数量有多有少。本书按化学结构将有机合成化学除草剂进行分类，参见附录。

生物除草剂是指利用生物活体或生物代谢产物而制成的除草剂，例如胶孢炭疽菌、双丙氨膦。目前生产上所用的除草剂几乎都是化学除草剂，生物除草剂品种凤毛麟角。

二、标签的作用及鉴别

在中国境内经营、使用的农药产品应当在包装物表面印制或者贴有标签。2017年6月21日农业部以部令第7号公布的《农药标签和说明书管理办法》（自2017年8月1日起施行，此前2007年12月8日农业部公布的《农药标签和说明书管理办法》同时废止）第三条规定，本办法所称标签和说明书，是指农药包装物上或附于农药包装物的，以文字、图形、符号说明农药内容的一切说明物。农药标签过小，无法标注规定全部内容的，应当至少标注农药名称、有效成分含量、剂型、农药登记证号、净含量、生产日期、质量保证期等内容，同时附具说明书。说明书应当标注规定的全部内容。登记的使用范围较多，在标签中无法全部标注的，可以根据需要，在标签中标注部分使用范围，但应当附具说明书并标注全部使用范围。

农药登记申请人应当在申请农药登记时提交农药标签样张及电子文档。附具说明书的农药，应当同时提交说明书样张及电子文档。农药标签和说明书由农业农村部核准。农业农村部在批准农药登记时公布经核准的农药标签和说明书的内容、核准日期。产品毒性、注意事项、技术要求等与农药产品安全性、有效性有关的标注内容经核准后不得擅自改变，许可证书编号、生产日期、企业联系方式等产品证明性、企业相关性信息由企业自主标注，并对真实性负责。农药登记证持有人变更标签或者说明书有关产品安全性和有效性内容的，应当向农业农村部申请重新核准。农业农村部应当在三个月内作出核准决定。农业农村部根据监测与评价结果等信息，可以要求农药登记证持有人修改标签和说明书，并重新核准。农药登记证载明事项发生变化的，农业农村部在作出准予农药登记变更决定的同时，对其农药标签予以重新核准。

标签和说明书的内容应当真实、规范、准确，其文字、符号、图形应当易于辨认和阅读，不得擅自以粘贴、剪切、涂改等方式进行修改或者补充。标签和说明书应当使用国家公布的规范化汉字，可以同时使用汉语拼音或者其他文字。其他文字表述的含义应当与汉字一致。汉字的字体高度不得小于1.8mm。

1. 标签的作用

标签和说明书是农药生产企业对农药产品特性和特征的说明，也是企业向社会做出的明示和承诺，是农民了解农药产品信息、选购农药产品的重要依据。生产企业应当对标签和说明书内容的真实性、科学性、准确性负责。对用户来说，标签是一种重要的技术和法律凭证，其作用不可低估，一定要仔细阅读、完全理解、妥善保存标签。

（1）指导用户合理用药　标签上的每项内容都有足够的试验数据做支持，是生产厂家试验结果的高度概括和总结。标签是将技术信息传递给用户，指导用户安全合理用药的直接工具。"使用除草剂，安全放第一"，因此使用除草剂之前一定要仔细阅读标签，按照标签指示的要求用药。

（2）帮助用户鉴别质量　通过标签可简单判别产品质量优劣。

（3）维护用户合法权益　标签内容是经过农药登记管理部门严格审查批准的，在一定程度上具有法律效力。如果用户按标签指示用药出现了药害或中毒问题，可向有关部门投诉，要求赔偿经济损失，生产厂家将承担相应法律责任；反之，如果未按标签建议用药出了意外事故，则由用户自己负责。

2. 标签的鉴别

标签犹如一台"显微镜"，其质量状况在一定程度上反映产品质量。凡是标签不合格者，其质量令人担忧。国家规定，包装上无标签、标签内容不齐全又无说明书做补充的或者标签残缺不全的农药禁止经营。

（1）看有无　除草剂产品应当在包装物表面印制或贴有标签。产品包装尺寸过小、标签无法标注规定的全部内容的，应当附具相应的说明书。

（2）看贴否　标签应当印制或者紧贴在除草剂包装物表面。

（3）看外观　标签必须清楚、完整、整洁、美观。

（4）看内容　经核准的标签，不得擅自改变标注内容。标签的内容应当真实、规范、准确，其文字、符号、图案应当易于辨认和阅读，不得擅自以粘贴、剪切、涂改等方式进行修改或者补充。标签上不得出现未经登记的使用范围和防治对象的图案、符号、文字。劣质除草剂的标签往往材质粗糙、板式错乱、字迹模糊、语句不通、错字较多，虽然有的模仿得足以以假乱真，但只要和原标签一对照，便可看出破绽。

三、标签的内容及释义

农药标签应当标注 11 个方面的内容。

除规定内容外，下列农药标签标注内容还应当符合相应要求：其一，原药（母药）产品应当注明"本品是农药制剂加工的原材料，不得用于农作物或者其他场所"，且不标注使用技术和使用方法，但是经登记批准允许直接使用的除外；其二，限制使用农药应当标注"限制使用"字样，并注明对使用的特别限制和特殊要求；其三，用于食用农产品的农药应当标注安全间隔期，但属于第十八条第三款所列情形的除外；其四，杀鼠剂产品应当标注规定的杀鼠剂图形；其五，直接使用的卫生用农药可以不标注特征颜色标志带；其六，委托加工或者分装农药的标签还应当注明受托人的农药生产许可证号、受托人名称及其联系方式和加工、分装日期；其七，向中国出口的农药可以不标注农药生产许可证号，应当标注其境外生产地，以及在中国设立的办事机构或者代理机构的名称及联系方式。

与 2007 年《农药标签和说明书管理办法》相比，新增标注内容有五：其一是可追溯电子信息码；其二是限制使用农药还应当标注"限制使用"字样，以红色标注在农药标签正面右上角或者左上角，并与背景颜色形成强烈反差，其单字面积不得小于农药名称的单字面积，并注明对使用的特别限制和特殊要求，如注明施药后设立警示标志，明确人畜允许进入的间隔时间；其三是贮存和运输方法应当标明"置于儿童接触不到的地方""不能与食品、饮料、粮食、饲料等混合贮存"等警示内容；其四是不得使用未经注册的商标，使用注册商标也应标注在标签的四角，所占面积不得超过标签面积的九分之一，其文字部分的单字面积不得大于农药名称的单字面积；其五是不得标注虚假、误导使用者的内容。

1. 农药名称、剂型、有效成分及其含量

（1）农药名称　　农药名称分为通用名称、化学名称、商标名称、试验代号、其他名称。农药通用名称应引用国家标准 GB 4839—2009《农药中文通用名称》规定的名称，尚未制订国家标准的，应向由农

药登记审批部门指定的有关技术委员会申请暂用名称或建议名称。农药国际通用名称执行国际标准化组织（ISO）批准的名称。暂无规定的通用名称或国际通用名称的，可使用备案的建议名称。标签上的农药名称应当与农药登记证的农药名称一致。

单剂的通用名称，字数最少的仅 1～2 个，如碘（杀菌剂）、敌稗（除草剂），多的有 10 多个，如甲氨基阿维菌素苯甲酸盐（杀虫剂）、氯氟吡氧乙酸异辛酯（除草剂）。

混剂的简化通用名称，字数 5 个以下，如苄・丁、苄・乙・扑、苄・乙・二氯喹、噻酮・异噁唑。各有效成分名称之间插入间隔号（以圆点"・"表示，中实点，半角），以反映几元混配制剂。

农药名称应当显著、突出，字体、字号、颜色应当一致，并符合以下要求：对于横版标签，应当在标签上部三分之一范围内中间位置显著标出；对于竖版标签，应当在标签右部三分之一范围内中间位置显著标出；不得使用草书、篆书等不易识别的字体，不得使用斜体、中空、阴影等形式对字体进行修饰；字体颜色应当与背景颜色形成强烈反差；除因包装尺寸的限制无法同行书写外，不得分行书写。除"限制使用"字样外，标签其他文字内容的字号不得超过农药名称的字号。

标签使用注册商标的，应当标注在标签的四角，所占面积不得超过标签面积的九分之一，其文字部分的字号不得大于农药名称的字号。不得使用未经注册的商标。

（2）剂型　农药剂型名称应引用 GB/T 19378—2017（取代 GB/T 19378—2003）《农药剂型名称及代码》规定的名称，例如 18％草铵膦可溶液剂标注"剂型：可溶液剂"。应当醒目标注在农药名称的正下方（横版标签）或者正左方（竖版标签）相邻位置（直接使用的卫生用农药可以不再标注剂型名称），字体高度不得小于农药名称的二分之一。

（3）有效成分及其含量　单剂标注所含一种有效成分的"有效成分含量"，例如 17％氟吡呋喃酮可溶液剂标注"有效成分含量：17％"。混剂标注"总有效成分含量""各有效成分的中文通用名称及其含量"，例如 43％氟菌・肟菌酯悬浮剂标注"总有效成分含量：43％，肟菌酯含量：21.5％，氟吡菌酰胺含量：21.5％"。

有效成分及其含量应当醒目标注在农药名称的正下方（横版标签）或者正左方（竖版标签）相邻位置（直接使用的卫生用农药可以不再标注剂型名称），字体高度不得小于农药名称的二分之一。字体、字号、颜色应当一致。

2. 农药登记证号、农药产品质量标准号、农药生产许可证号

这三种证件合称农药"三证"。向中国出口的农药可以不标注产品质量标准号和农药生产许可证号，即标签上只有"一证"。

（1）农药登记证号　新条例取消了临时登记、分装登记、续展登记，只保留一个登记（即原来的正式登记），统一为农药登记。普通农药的登记类别代码为PD，卫生用农药的代码为WP，仅供境外使用农药的代码为JD。农药登记证应当载明农药名称、剂型、有效成分及其含量、毒性、使用范围、使用方法和剂量、登记证持有人、登记证号以及有效期等事项。农药登记证有效期为5年。

此前的农药登记证号以PD（汉字"品""登"的声母）或PDN、WP打头，农药临时登记证号以LS（汉字"临""时"拼音的第一个字母）、WL打头。农药临时登记证有效期为1年，可以续展，累积有效期不得超过3年（原来规定为4年）。农药登记证有效期为5年，可以续展。分装登记证号系在原大包装产品的登记证号后接续编号。

（2）农药产品质量标准号　农药生产企业应当严格按照产品质量标准进行生产，确保农药产品与登记农药一致。农药出厂销售，应当经质量检验合格并附具产品质量检验合格证。产品标准号以GB或Q等打头。农药标准有国家标准、行业标准、企业标准之分。

（3）农药生产许可证号　农药生产许可证应当载明农药生产企业名称、住所、法定代表人（负责人）、生产范围、生产地址以及有效期等事项。农药生产许可证有效期为5年。取消工信部、质检总局实施的对农药生产企业设立审批和"一个产品一证"生产许可，实行"一个企业一证"，生产范围原药按品种填写，制剂按剂型填写，并区分化学农药和非化学农药。此前的农药生产许可证号以XK打头，农药生产批准证号以HNP打头。

3. 农药类别及其颜色标志带、产品性能、毒性及其标识

（1）农药类别及其颜色标志带　农药类别应当采用相应的文字

和特征颜色标志带表示。不同类别的农药采用在标签底部加一条与底边平行的、不褪色的特征颜色标志带表示。除草剂用"除草剂"字样和绿色带表示；杀虫（螨、软体动物）剂用"杀虫剂"或者"杀螨剂""杀软体动物剂"字样和红色带表示；杀菌（线虫）剂用"杀菌剂"或者"杀线虫剂"字样和黑色带表示；植物生长调节剂用"植物生长调节剂"字样和深黄色带表示；杀鼠剂用"杀鼠剂"字样和蓝色带表示；杀虫/杀菌剂用"杀虫/杀菌剂"字样、红色和黑色带表示。农药类别的描述文字应当镶嵌在标志带上，颜色与其形成明显反差。其他农药可以不标注特征颜色标志带。

（2）**产品性能** 产品性能主要包括产品的基本性质、主要功能、作用特点等。对农药产品性能的描述应当与农药登记批准的使用范围、使用方法相符。

（3）**毒性及其标识** 毒性分为剧毒、高毒、中等毒、低毒、微毒5个级别。标识应当为黑色，描述文字应当为红色。由剧毒、高毒农药原药加工的制剂产品，其毒性级别与原药的最高毒性级别不一致时，应当同时以括号标明其所使用的原药的最高毒性级别。毒性及其标识应当标注在有效成分含量和剂型的正下方（横版标签）或者正左方（竖版标签），并与背景颜色形成强烈反差。

4. 使用范围、使用方法、使用剂量、使用技术要求和注意事项

（1）**使用范围** 使用范围主要包括适用作物或者场所、防治对象。不得出现未经登记批准的使用范围或者使用方法的文字、图形、符号。

（2）**使用方法** 使用方法是指施用方式。

（3）**使用剂量** 使用剂量以每亩使用该产品的制剂量或者稀释倍数表示。种子处理剂的使用剂量采用每100kg种子使用该产品的制剂量表示。特殊用途的农药，使用剂量的表述应当与农药登记批准的内容一致。

（4）**使用技术要求** 使用技术要求主要包括施用条件、施药时期、施药次数、最多使用次数，对当茬作物、后茬作物的影响及预防措施，以及后茬仅能种植的作物或者后茬不能种植的作物、间隔时间等。限制使用农药，应当在标签上注明施药后设立警示标志，并明确人畜允许进入的间隔时间。安全间隔期及农作物每个生产周期的最多使用次数的标注应当符合农业生产、农药使用实际。下列农药标签可以不标注安全间隔期：用于非食用作物的农药；拌种、包衣、浸种等用于种子处理的农药；用于非耕地（牧场除外）的农药；用于苗前土壤处理剂的农药；仅在农作物苗期使用一次的农药；非全面撒施使用的杀鼠剂；卫生用农药；其他特殊情形。"限制使用"字样，应当以红色标注在农药标签正面右上角或者左上角，并与背景颜色形成强烈反差，其字号不得小于农药名称的字号。安全间隔期及施药次数应当醒目标注，字号大于使用技术要求其他文字的字号。

（5）注意事项　注意事项应当标注以下内容：对农作物容易产生药害，或者对病虫容易产生抗性的，应当标明主要原因和预防方法；对人畜、周边作物或者植物、有益生物（如蜜蜂、鸟、蚕、蚯蚓、天敌及鱼、水蚤等水生生物）和环境容易产生不利影响的，应当明确说明，并标注使用时的预防措施、施用器械的清洗要求；已知与其他农药等物质不能混合使用的，应当标明；开启包装物时容易出现药剂撒漏或者人身伤害的，应当标明正确的开启方法；施用时应当采取的安全防护措施；国家规定禁止的使用范围或者使用方法等。

5. 中毒急救措施

中毒急救措施应当包括中毒症状及误食、吸入、眼睛溅入、皮肤沾附农药后的急救和治疗措施等内容。有专用解毒剂的，应当标明，并标注医疗建议。剧毒、高毒农药应当标明中毒急救咨询电话。

6. 贮存和运输方法

贮存和运输方法应当包括贮存时的光照、温度、湿度、通风等环境条件要求及装卸、运输时的注意事项，并标明"置于儿童接触不到的地方""不能与食品、饮料、粮食、饲料等混合贮存"等警示内容。

7. 生产日期、产品批号、质量保证期

生产日期应当按照年、月、日的顺序标注，年份用四位数字表示，月、日分别用两位数表示。产品批号包含生产日期的，可以与生产日期合并表示。质量保证期应当规定在正常条件下的质量保证期限，质量保证期也可以用有效日期或者失效日期表示。

8.农药登记证持有人名称及其联系方式

联系方式包括农药登记证持有人、企业或者机构的住所和生产地的地址、邮政编码、联系电话、传真等。除规定应当标注的农药登记证持有人、企业或者机构名称及其联系方式之外，标签不得标注其他任何企业或者机构的名称及其联系方式。

9.可追溯电子信息码

可追溯电子信息码应当以二维码等形式标注，能够扫描识别农药名称、农药登记证持有人名称等信息。信息码不得含有违反本办法规定的文字、符号、图形。可追溯电子信息码格式及生成要求由农业农村部另行制订。

10.象形图

象形图包括贮存象形图、操作象形图、忠告象形图、警告象形图。象形图应当根据产品安全使用措施的需要选择，并按照产品实际使用的操作要求和顺序排列，但不得代替标签中必要的文字说明。象形图应当用黑白两种颜色印刷，一般位于标签底部，其尺寸应当与标签的尺寸相协调。

11.农业农村部要求标注的其他内容

农业农村部根据监测与评价结果等信息，可以要求农药登记证持有人修改标签和说明书，并重新核准。农药登记证载明事项发生变化的，农业农村部在作出准予农药登记变更决定的同时，对其农药标签予以重新核准。标签和说明书不得标注任何带有宣传、广告色彩的文字、符号、图形，不得标注企业获奖和荣誉称号。法律、法规或者规章另有规定的，从其规定。

四、标签的式样及图示

每个农药最小包装应当印制或者贴有独立标签，不得与其他农药共用标签或者使用同一标签。标签上汉字的字体高度不得小于1.8mm。

有效成分及其含量和剂型应当醒目标注在农药名称的正下方（横版标签）或者正左方（竖版标签）相邻位置（直接使用的卫生

用农药可以不再标注剂型名称），字体高度不得小于农药名称的二分之一。

混配制剂应当标注总有效成分含量以及各有效成分的中文通用名称和含量。各有效成分的中文通用名称及含量应当醒目标注在农药名称的正下方（横版标签）或者正左方（竖版标签），字体、字号、颜色应当一致，字体高度不得小于农药名称的二分之一。

农药标签和说明书不得使用未经注册的商标。

毒性及其标识应当标注在有效成分含量和剂型的正下方（横版标签）或者正左方（竖版标签），并与背景颜色形成强烈反差。

象形图应当用黑白两种颜色印刷，一般位于标签底部，其尺寸应当与标签的尺寸相协调。

安全间隔期及施药次数应当醒目标注，字号大于使用技术要求其他文字的字号。

"限制使用"字样，应当以红色标注在农药标签正面右上角或者左上角，并与背景颜色形成强烈反差，其字号不得小于农药名称的字号。

标签上的图示主要有 4 种，要仔细阅读、正确理解。

（1）毒性标识　农业部 2001 年 4 月 12 日发布的《农药登记资料要求》将农药急性毒性分为剧毒、高毒、中等毒、低毒、微毒五级，不同毒性级别的标志不同，如表 1-4 所示。目前所用除草剂中，没有剧毒和高毒的品种；原药是中等毒的品种仅有百草枯（大鼠急性经口 LD_{50} 为 112～150mg/kg）、燕麦枯（原药大鼠急性经口 LD_{50} 为 239mg/kg）等几个，制剂是中等毒的品种仅有氰草津（80％可湿性粉剂的大鼠急性经口 LD_{50} 为 266～380mg/kg）等几个；绝大多数除草剂原药和制剂属低毒、微毒的品种。

表 1-4　毒性分级与毒性标识和毒性描述文字

毒性分级	级别符号语	经口半数致死量 /（mg/kg）	经皮半数致死量 /（mg/kg）	吸入半数致死浓度 /（mg/m³）	毒性标识	毒性描述文字
Ⅰa 级	剧毒	≤5	≤20	≤20	☠	剧毒
Ⅰb 级	高毒	＞5～50	＞20～200	＞20～200	☠	高毒

毒性分级	级别符号语	经口半数致死量 /(mg/kg)	经皮半数致死量 /(mg/kg)	吸入半数致死浓度 /(mg/m³)	毒性标识	毒性描述文字
Ⅱ级	中等毒	>50～500	>200～2000	>200～2000	◆	中等毒
Ⅲ级	低毒	>500～5000	>2000～5000	>2000～5000	低毒	
Ⅳ级	微毒	>5000	>5000	>5000		微毒

注：毒性标识应当为黑色，毒性描述文字应当为红色。

（2）类别色带　农药按防治对象分为除草剂和杀虫剂等8大类。不同类别的农药采用在标签底部加一条与底边平行的、不褪色的特征颜色标志带表示。对于单剂，除草剂为绿色带，杀虫（螨、软体动物）剂为红色带，杀菌（线虫）剂为黑色带，杀鼠剂为蓝色带，植物生长调节剂为深黄色带。对于混剂，例如杀虫/杀菌剂用红色和黑色带、"杀虫/杀菌剂"字样表示。农药种类的描述文字应当镶嵌在标志带上，颜色与其形成明显反差。

（3）象形图案　考虑到大多数发展中国家的农民文化水平比较低，阅读和理解标签上的文字有一定困难，联合国粮农组织（FAO）和世界农药生产者协会（GIFAP）共同设计了一套农药标签象形图，作为文字说明的一种补充，帮助识字不多的用户理解有关内容。多数进口除草剂标签上采用了象形图。我国农药登记管理部门对此建议持积极支持的态度。这套象形图共12个图案，分为4大类型：贮存象形图、操作象形图、忠告象形图、警告象形图。操作象形图不单独出现，需与忠告象形图搭配使用。

象形图应当根据产品安全使用措施的需要选择，但不得代替标签中必要的文字说明。一个标签不一定将所有象形图都用上，具体用多少、用哪些，因药而异。象形图所表达的含义必须同标签内容一致。象形图应当根据产品实际使用的操作要求和顺序排列，包括贮存象形图、操作象形图、忠告象形图、警告象形图。象形图应当用黑白两种颜色印刷，一般位于标签底部，其尺寸应当与标签的尺寸相协调。

（4）操作图例　即演示除草剂操作使用的一些直观图例，这样做有利于除草剂使用者正确掌握操作要领，用好除草剂。

第四节　稻田除草剂使用要领

除草剂是"危险的朋友"，必须善待它、科学合理使用它。使用除草剂有三项基本原则——安全、高效、经济。安全是前提，高效是关键，经济是目标。安全指的是对作物、人畜、天敌、生态环境不污染伤害或少污染伤害；高效指的是大量杀灭杂草，压低杂草密度，使作物免遭危害或少受危害；经济指的是投入少、产出高。

怎样使用才符合上述三项基本原则呢？答案为看作物"适类"用药、看杂草"适症"用药、看天地"适境"用药、看关键"适时"用药、看精准"适量"用药、看过程"适法"用药，这就是稻田除草剂的使用要领，可概括为"六看"或"六适"。

一、看作物"适类"用药

使用除草剂，安全放第一，千万要看作物"适类"用药。

1. 作物种别类属

选择除草剂时必须弄清其适用的稻的种别类属，切勿想当然，切勿张冠李戴，切勿擅自扩大使用范围，以免作物"吃错药"后出现苗死草不死或者草苗同归于尽的现象。

（1）物种类型　我国栽培的稻为亚洲栽培稻，"种"下可按亚种、群、型、变种、品种进行分类，如表1-1我国栽培稻种五级分类所示。选择除草剂时，需弄清稻的具体类型，例如双草醚，籼稻对其耐药力较强，粳稻耐药力相对较差，有的资料说粳稻对本品较为敏感，所以干脆只推荐在籼稻上使用。又如异噁草酮在南方水稻直播田使用，一般早稻播后7～12天、晚稻播后5～10天施药，施药时间存在细微差异。再如吡嘧磺隆，不同水稻品种对其耐药性有差异，但在正常条件下使用对水稻安全。

（2）栽种类型　例如异丙甲草胺仅限用于大苗移栽田，秧田、直播田、抛秧田不宜使用。又如噁嗪草酮对抛秧稻敏感，不宜使用。

（3）地域类型　例如甲磺隆限用于南方水稻区。又如乙氧氟草醚虽然登记用于水稻，但从安全角度考虑，北方不宜推广。

2. 作物生长状况

（1）生育阶段　例如二氯喹啉酸，在水稻 2.5 叶期前勿用。又如 2 甲 4 氯钠，在水稻 4 叶期前和拔节后不宜使用。再如 2,4-滴丁酯在水稻分蘖盛期前不宜使用。

（2）生长态势　例如乙氧氟草醚，若在水稻移栽田应用，对于秧苗过小、嫩弱细长或遭受伤害未能恢复的稻田不宜施用，秧苗高应在 20cm 以上，秧龄应在 30 天以上，植株健壮。例如移栽田使用丁草胺，秧苗素质若不好，可能产生药害。

3. 作物耕制布局

选择除草剂时必须了解作物种植制度，弄清净种复种、每年熟制、单作多作、连作轮作、前茬后茬、本茬邻茬、栽种季节等情况，否则会殃及无辜、祸患无穷，例如莠去津不宜用于玉米套种豆类的田块。种植制度是指一个地区或生产单位的作物布局和种植方式的总称。作物种植方式分为净种、复种、连作、轮作、单作、多作、混作、间作、套作等。

（1）净种复种　净种是指在同一块田地上一年内种植一季作物。复种是指在同一块田地上一年内种植两季或两季以上作物，根据一年内种植作物的次数分为一年两熟、一年三熟、两年三熟等。实行净种的田地很好选择除草剂。而实行复种的田地往往很难选择除草剂，因为选择除草剂时需瞻前顾后、左顾右盼，通盘考虑、统筹兼顾，既要考虑当季作物，也要考虑旁邻作物，还要考虑前茬、后茬作物，例如甲磺隆限用于长江流域及以南麦-稻轮作地区。

（2）连作轮作　连作是指在同一块田地上连年种植相同作物，采用同一种复种方式连年种植的叫做复种连作。轮作是指在同一块田地上有顺序地轮换种植不同作物，例如一年一熟制地区的大豆→小麦→玉米三年净种轮作，一年多熟制地区的油菜-水稻→绿肥-水稻→小麦-大豆三年复种轮作。实行连作的田地很好选择除草剂，因为知道下茬会种植什么作物。而实行轮作的田地往往很难选择除草剂，因为涉及的作物种类很多，有时很难保证除草剂对所有作物均安全。

（3）单作多作　单作是指在同一块田地上每茬种植一种作物。多作是指在同一块田地上每茬种植两种或两种以上作物，根据作物分布形式分为混作、间作、套作等。实行单作的田地很好选择除草剂。而实行多作的田地往往很难选择除草剂，因为选择除草剂时需左顾右盼、周密考虑，既要考虑当季作物，也要考虑旁邻作物，还要考虑前茬、后茬作物。

（4）季节茬次　晚稻秧田播种前后正值高温期，在选择除草剂品种和确定除草剂用量时，一定要注意跟早稻秧田和晚稻秧田的差别。

4. 作物栽培方式

选择除草剂时需弄清作物是直接播种还是育苗移栽，是翻耕栽培还是免耕栽培，是平作栽培还是垄作栽培，是旱作栽培还是水作栽培，是露地栽培还是保护栽培等情况。例如精异丙甲草胺，若在水稻上应用，只能用于移栽田，禁止用于秧田、直播田、抛秧田、制种田。又如五氟磺草胺，虽然在水稻秧田、直播田、抛秧田、移栽田广泛应用，但应避免在制种田使用。

（1）直播移栽　例如精异丙甲草胺能用于水稻移栽田，不能用于直播田。

（2）免耕翻耕　我国传统农业讲究精耕细作，水稻实行免耕栽培后，其除草技术与传统翻耕稻田有所不同。

（3）平作垄作　水稻半旱式栽培是在稻田中按一定规格起沟作埂（垄），沟中灌水，埂面两侧栽秧，实行浸润灌溉的一种栽培方法，其除草技术与传统翻耕稻田有所不同。

（4）旱作水作　例如旱育秧田由于生境发生了变化，其杂草发生情况和除草技术与传统稻田有所不同。

（5）露地保护　对于实行设施栽培的稻田，在选择除草剂品种和确定除草剂用量时，一定要注意跟露地栽培稻田的差别。

5. 作物农事田间管理

使用除草剂需要良好的田间管理配套条件，包括土壤耕作（如整田、混土、盖土、培土、镇压、塌泥、翻土）、肥料施用（如施肥）、水浆灌排（如灌水、排水、保水、复水、过水、湿润、露水）、种子处理（如催芽）、种苗栽植（如播种、栽插）、设施管护（如覆膜、揭膜）、杂草调节（如诱发、剔除、刈割）等因素。

二、看杂草"适症"用药

1. 杂草种别类属

目前人们尚未研制成功是草皆可除的"全能型"除草剂，每种除草剂都只能防除一些类、一些种的杂草，例如氰氟草酯只能防除禾草，氯氟吡氧乙酸只能防除阔草；又如五氟磺草胺只能防除稗草等禾草，不能防除千金子等禾草。即使是广谱、灭生性除草剂，也不能将所有杂草一扫而光。

（1）杂草物种　稻田杂草很多，选择除草剂时，需弄清杂草的物种名称，即若要除草，必须认得草。

（2）杂草属别　稻田杂草的属别不同，对同一种除草剂的反应有可能不同，例如五氟磺草胺，对稗属杂草防效佳，对假稻属杂草防效差。

（3）杂草科别　稻田杂草的科别不同，对同一种除草剂的反应有可能存在很多差异，例如敌稗，对禾本科杂草防效好，对莎草科杂草则无效。

（4）杂草类群　稻田杂草可按亲缘关系、生命周期、植株形态等进行分类。选择除草剂时，需弄清杂草的具体类群，例如硫酸铜能防除藻类植物杂草，不能防除被子植物门杂草；又如灭草松能防除莎草科和阔叶型杂草，不能防除禾本科和藻蕨类杂草。

2. 杂草生长状况

（1）生育阶段　防效高低与杂草大小密切相关，例如禾草丹，于稗草2叶期前使用防效显著，3叶期后使用防效明显下降。

（2）生长态势　例如乙草胺，在杂草出水后施药防效差。

3. 杂草抗性情况

稻田杂草产生抗性后，应采取更换除草剂品种、搭配使用、混合使用等措施，以确保防除效果。

三、看天地"适境"用药

1. 气候条件

成事在天，使用除草剂要不违天时（适宜的气候条件）。气候环境条件包括太阳光照、空气温度、空气湿度、大气降水、空气流动等因素。

2. 土壤条件

凡事讲求天时、地利、人和，使用除草剂要因地制宜，充分发挥地利（土地对农业生产的有利因素）。土壤环境条件包括土壤温度、土壤湿度、土壤质地、土壤有机质、土壤微生物、土壤酸碱度、土壤养分、土壤空气、土壤农药残留等因素。

四、看关键"适时"用药

时间就是效果，时间就是金钱，使用除草剂必须掌握好最适或最佳的施药时期，抓准、抓紧时机施用除草剂。除草剂的施用时期可用下列6种指标来表述，具体到某一种除草剂，其施药时期通常只用其中1～3种指标来表述即可。

1. 施用时节

有的除草剂对环境条件要求不甚严格，一年四季均可使用；有的则只能在特定季节使用。

2. 施用时段

直播作物的栽培管理通常分播种之前、播后苗前、出苗之后3个阶段进行，育苗移栽作物通常分移栽之前、移栽之后等两个阶段进行。对应作物的栽培管理来说，除草剂的施用分为播栽之前、播后苗前、生长期间3个时段。

3. 施用时序

除草剂宜在作物最安全、杂草最敏感的时候施用，其施用时序以作物生育进程或杂草生育进程为参照，例如2,4-滴丁酯，在水稻5叶期至拔节前（分蘖末期耐药力最强）施药，若在水稻4叶期前和拔节后施用则易产生药害。

4. 施用时日

在干旱、刮风、下雨、有露水等天气恶劣的日子里不要施用除草剂。

5. 施用时辰

晴天一般选择气温低、风小的早晚（上午 10 点前和下午 4 点后）施药，阴天全天可进行。有的人认为，中午气温高，施药效果好。其实不然，例如中午施用百草枯虽然见效快，但不及傍晚施药效果佳，因为傍晚施药有利于杂草充分吸收药剂，使除草更彻底。

6. 施用时距

（1）施种时距　指施用除草剂距离当茬或后茬作物种植的时间。例如丁草胺，水稻种子萌芽期对其敏感，若在播种前 1 天施药，对成秧率有严重影响。长残效除草剂的施种时距较长，例如异恶草酮施用后需间隔 1 年才能种植小麦等敏感后茬作物。《农药标签和说明书管理办法》规定，对后茬作物生产有影响的，应当标注其影响以及后茬仅能种植的作物或后茬不能种植的作物、间隔时间。

（2）施萌时距　指施用除草剂距离作物萌发出苗的时间。陆稻播后苗前使用百草枯的施萌时距为 3 天，即在作物萌芽前 3 天必须抢时间施药。

（3）施管时距　指施用除草剂距离可以开展田间管理的时间。敌稗一般于施药后 1 天再灌水，施药后立即灌水影响药效。草甘膦施用后要求 3 天内勿翻地。

（4）施收时距　指最后一次施用除草剂距离作物收获的时间，即通常所说的安全间隔期。《农药标签和说明书管理办法》第十五条规定，"产品使用需要明确安全间隔期的，应当标注使用安全间隔期"。但不少除草剂其合理使用标准"安全间隔期"项目一栏缺少技术指标或施药时间。

（5）施降时距　有的除草剂耐雨水冲刷，如百草枯施药后 0.5h 下雨能基本保证药效，不必重喷；多数除草剂施药后至少 4h 内无雨才能保证药效。

（6）施施时距　又称连用时距。某些除草剂与其他除草剂（或其他非除草剂农药）之间非但不能混用，就是连用也要求间隔一定时间、遵循一定顺序。例如氰氟草酯与能防除阔草的部分除草剂（如2,4-滴丁酯、2甲4氯钠、灭草松、三氯吡氧乙酸、磺酰脲类）混用有可能出现拮抗作用，导致本品防效降低；最好是氰氟草酯施用7天之后再施用上述能防除阔草的除草剂。又如敌稗不能与氨基甲酸酯类、有机磷类农药混用，敌稗施用前后10天内不能施用这些农药。

7. 除草剂最佳施用时期的确定

（1）土壤处理剂 土壤处理剂主要靠杂草芽或根吸收，其施用时期为杂草萌发之前或萌发初期。土壤处理剂中的一些品种虽可在杂草苗后早期施用，但须在杂草草龄较小时进行。

（2）茎叶处理剂 总的来说茎叶处理剂施用适期在"五时"。

其一是作物的耐药力最强时。水稻4叶期至拔节期对2,4-滴丁酯的耐药力最强（分蘖末期耐药力最强），此期施药对水稻很安全，若在水稻4叶期前和拔节后施用则易产生药害。

其二是杂草大多数已萌发时。茎叶处理剂被杂草吸收的主要或唯一部位是地上部分的茎叶，因此必须在杂草大多数已经萌发出土，并且有一定叶面积时施用。

其三是杂草的耐药力最差时。禾本科杂草一般在1.5～3叶期，阔叶杂草一般在4～5叶期前对茎叶处理剂最敏感。总而言之，茎叶处理剂应在杂草基本出齐后尽早用药。

其四是杂草造成显著危害前。在水稻生长前期发生的杂草对水稻的危害最大，如果施药过晚，即使除掉了杂草，但损失也已经造成了。

其五是环境条件相当适宜时。施用茎叶处理剂必须充分考虑太阳光照、空气温度、空气湿度、大气降水、空气流动等环境条件的影响。

8. 除草剂最佳施用时期的调整

当确定施用适期的多个因素不协调时，应周密考虑、全面分析、权衡定夺，总的原则是安全第一、除草保苗。几种除草剂混用时，应结合各种除草剂的性能特点来调整施用适期。

五、看精准"适量"用药

除草剂的药效和药害均与其使用剂量、使用浓度、使用次数、使用批次4个"量"密切相关，因此，使用除草剂必须"斤斤计较"、精益求精、"适量"用药。

1. 使用剂量

单位面积上所用除草剂有效成分或商品制剂的数量叫做使用剂量，又叫施药剂量、用药剂量、使用量、施药量、用药量、用量、药量、剂量等。面积的计量单位有公顷（hm²）、亩、平方米（m²）等。除草剂数量的计量单位有克（g）、千克（kg）、毫升（mL）、升（L）等。除草剂使用剂量的表述方式有 2 种。《农药标签和说明书管理办法》第十五条规定，"使用剂量采用每公顷使用该产品的制剂量表示，并以括号注明亩用制剂量"。

（1）有效量　指单位面积上所用除草剂有效成分的数量，又叫有效成分用量、有效量等。计量单位一般为克（有效成分）/公顷、有效成分克/公顷，符号 $g(a.i.)/hm^2$。除草剂登记证上的用量为有效量，例如 10%苄嘧磺隆可湿性粉剂的农药登记证上的用药量，参 PD132-91，如表 1-5 所示。

表 1-5　10%苄嘧磺隆可湿性粉剂的使用范围及施用方法

作物	防治对象	用药量/[g(a.i.)/hm²]	施用方法
水稻	阔叶杂草、莎草	19.95～45	喷雾或毒土

（2）制剂量　指单位面积上所用除草剂商品制剂的数量，又叫商品制剂用量、商品用量、制剂量等。计量单位有克/公顷（g/hm²）或克/亩（g/亩）、毫升/公顷（mL/hm²）或毫升/亩（mL/亩）等。

2. 使用浓度

除草剂经稀释配制后所成混合物中除草剂有效成分或商品制剂的数量叫做使用浓度。除草剂使用浓度的表述方式有 3 种。

（1）百万分浓度　以有效成分的百万分数表述，如 20%氯氟吡氧乙酸乳油 15mL 加水 10L 配制成的药液，其百万分浓度为（15×20%×1000）÷10＝300mg/L。百万分浓度过去称做 ppm 浓度，现改用 mg/L 或 mg/kg 等计量单位来表示。

（2）百分浓度　以有效成分的百分数表述，如 20%氯氟吡氧乙酸乳油 15mL 加水 10L 配制成的药液，其百分浓度为（15×20%）÷（10×1000）＝0.03%。

（3）**稀释倍数**　以商品制剂的稀释倍数（稀释倍数等于稀释物数量除以商品制剂数量）表述，如20%氯氟吡氧乙酸乳油15mL加水10L配制成的药液为$(10×1000)÷15≈667$倍液或1:667倍液。若稀释倍数小于100，配制时应扣除除草剂所占的1份；若大于100则可不扣除除草剂所占的1份。

百万分浓度与稀释倍数之间的换算关系为：百万分浓度＝产品含量×1000000÷稀释倍数，稀释倍数＝产品含量×1000000÷百万分浓度。为了计算简便，第二个公式可以转化为"稀释倍数的'千数'＝除草剂产品含量的'分子数'×10÷百万分浓度数"。

3. 使用次数

《农药安全合理使用准则》对除草剂"常用药量、最高用药量、最多使用次数（每季作物）"等有明确规定，例如50%禾草丹乳油防除水稻田杂草亩用330mL最多使用2次。《农药标签和说明书管理办法》规定，产品使用需要明确安全间隔期的，应当标注使用安全间隔期及农作物每个生产周期的最多施用次数。

4. 使用批次

有人认为一次使用剂量越大除草效果越好，其实不然，比如防除多年生杂草时，如果一下子用药量过大，会很快杀死地上部分并破坏杂草的输导组织，进入地下根茎的除草剂数量却很少，这样即使把地上部分杀死，而其地下部分仍不死，很快又长出新枝，达不到理想的除草效果。据试验，高含量的苄嘧磺隆两次施药，不仅对难治的扁秆蔍草、日本蔍草等多年生莎草有效，对萤蔺、谷精草、野慈姑、泽泻、雨久花、小茨藻等的防效亦好。

5. 使用剂量与使用浓度

这是两个不同的概念，千万不要混淆。使用剂量＝除草剂的量÷使用面积，使用浓度＝除草剂的量÷配制后混合物的量。除草剂的使用效果主要取决于使用剂量，也与使用浓度有关。

6. 使用剂量的登记核准

除草剂产品标签上的使用剂量是经过农业农村部登记核准的。不同除草剂的登记用量存在着差异。就是对同一种除草剂而言，其登记用量也可能会因为作物品类、防除对象、地理位置、施用时期、施用方式、施用方法、生产厂家、有效含量、加工剂型、配方工艺等不同而有出入，如表 1-6 所示。

表 1-6　同一种除草剂登记用量变动因素

单位：g(a.i.)/hm^2

通用名称	产品规格	登记作物		防除对象	登记用量	施用方法	登记证号	原因
丙草胺	30%乳油	水稻	秧田	一年生杂草	450～525	喷雾	LS2001290	作物品类
			直播田	一年生杂草	450～675	喷雾		
			抛秧田	一年生杂草	495～675	毒土		
苄嘧磺隆	30%可湿性粉剂	水稻移栽田		一年生阔草、莎草	30～45	药土	LS20001114	防除对象
				多年生阔草、莎草	45～60	药土		
2甲4氯胺盐	75%水剂	水稻移栽田		阔草、莎草	450～562.5（南方稻区）	喷雾	LS200125	地理位置
					787.5～1012.5（北方稻区）	喷雾		
氟吡磺隆	10%可湿性粉剂	水稻移栽田		多种一年生杂草	20～30（杂草苗前）	毒土	LS20070092	施用时期
					30～40（杂草2～4叶期）	毒土		
五氟磺草胺	2.5%油悬浮剂	水稻		一年生杂草	15～30（稗草2～3叶期）	茎叶喷雾	PD20070350	施用方式
					22.5～37.5（稗草2～3叶期）	毒土		
氰氟草酯	10%乳油	水稻直播田		稗草、千金子等禾草	75～105	喷雾	PD20060041	生产厂家
	10%乳油	水稻直播田		稗草、千金子等禾草	75～90	茎叶喷雾	LS20070759	
吡嘧磺隆	10%可湿性粉剂	水稻		稗草、阔草、莎草	15～30	药土或喷雾	PD187-94	有效含量
	7.5%可湿性粉剂	水稻		阔草、莎草、幼龄稗草	16.875～22.5	毒土或喷雾	PD20040025	

通用名称	产品规格	登记作物	防除对象	登记用量	施用方法	登记证号	原因
苄嘧磺隆	30%可湿性粉剂	水稻移栽田	阔草、莎草	45～67.5	药土	LS20031075	加工剂型
	30%水分散粒剂	水稻移栽田	一年生阔草及部分莎草	36～72	药土	LS20051950	

7. 使用剂量的酌情敲定

除草剂产品标签和技术资料所提供的有效（推荐、建议、参考、登记）使用剂量大多有一定幅度，例如50%扑草净可湿性粉剂登记用于水稻育秧田、移栽田（本田），防除阔草，亩用20～120g。具体到一个地区或一块农田，怎样确定具体的、适宜的使用剂量呢？一要仔细阅读正确理解标签；二要虚心请教专业技术人员；三要坚持试验示范推广原则；四要根据具体情况作出抉择。这里所说的具体情况涵盖以下多个方面。

（1）杂草情况　包括杂草的种别类属、生育阶段、生长态势（疏密、高矮、老嫩）、抗性情况等。例如氰氟草酯应根据杂草叶龄酌情确定用药量，若于稗草、千金子1.5～2叶期施药，亩用10%乳油30～50mL；2～3叶期亩用40～60mL；4～5叶期亩用70～80mL；5叶期以上适度提高用药量。又如草甘膦异丙胺盐，若天气干燥杂草枯萎，应适当增加用量。

（2）环境情况　环境情况复杂多变，包括气候条件（太阳光照、空气温度、空气湿度、大气降水、空气流动）和土壤条件（土壤温度、土壤湿度、土壤质地、土壤有机质、土壤微生物、土壤酸碱度、土壤养分、土壤空气、土壤农药残留）等因素，例如氰氟草酯，在田面干燥情况下使用应适当增加用药量。

（3）作物情况　包括作物的种别类属、生长状况、耕制布局、栽培方式、田间管理等。例如30%丙草胺乳油用于育秧田，登记亩用100～116.7mL，直播田亩用100～150mL，移栽田亩用110～150mL，参见LS2001290。

（4）**药剂情况**　包括施用时期、施用方式、施用方法、混用配方、使用历史等。例如凡当地未曾使用过或使用时间不长的除草剂，一般取低剂量，这有利于降低成本、延缓抗性，因此一些厂家告诫说："建议用量已能提供良好防效，不要使用过高剂量，超量使你浪费金钱"。

六、看过程"适法"用药

良药需良法，用药须有方，得法者事半功倍，包括施用方式、施用方法、施用方剂3个层面。

1. 施用方式

施用方式指的是将除草剂送达目标场所的总体策略。长期以来，很多人不区分施用方式与施用方法，有的甚至混为一谈，其实它们是两个完全不同的概念，是两个层面上的东西。施用方式是战略考虑，是宏观的；施用方法是战术运用，是微观的。一种施用方式可以由多种施用方法来实现，例如作土壤处理可以采取喷雾或毒土等方法。有时施用方式和施用方法连在一起说，例如土壤喷雾、茎叶喷雾。除草剂施用方式的类型如表1-7所示。

表1-7　除草剂施用方式

分类标准	施用方式	具体操作
按照作业靶分类	土壤处理	在杂草出苗前将除草剂施用于土壤表面或土壤耕层
	茎叶处理	在杂草出苗后将除草剂施用于杂草茎叶上或茎叶中
按照作业范围分类	全面处理	将除草剂施用于整个田间
	苗带处理	将除草剂施用于作物苗带
	定向处理	将除草剂施用于特定空位
按照作业位置分类	地面处理	在地面施用除草剂
	航空处理	在空中施用除草剂
按照作业时段分类	播栽之前处理	在作物播种之前或在作物移栽之前施用
	播后苗前处理	在作物种子播后苗前或宿根作物出苗前施用
	生长期间处理	在作物出苗后或移栽后的作物生长期间施用

2. 施用方法

施用方法指的是将除草剂送达目标场所的具体措施。除草剂的施用方法只有近 10 种。

(1) 喷雾　通过喷雾机具将除草剂成品或稀释液分散成细小雾滴而沉积在目标场所（杂草或土壤）上。喷雾法用得相当普遍，除了颗粒剂、粉剂等之外，其他剂型的除草剂均可喷雾。采取喷雾法施用除草剂，要根据施药器械种类、施用方式、除草剂类型等来确定适宜的兑水量，如表 1-8 所示。目前水稻田除草喷雾施药技术中常规喷雾应用最多，例如 20%（1.5%～18.5%）吡嘧磺隆·二氯喹啉酸 WP 的标签上提示，"建议用手动喷雾器施药，如选用机动弥雾机不可高浓度喷药，并建议采用平喷"，参 PD20090013。

表 1-8　除草剂喷雾法每亩的兑水量　　　　单位：L

施用方式	背负式喷雾器	喷杆式喷雾机	农用飞机	除草剂类型
土壤处理	30～50	13	2～3.3	
茎叶处理	20～40	10～13	2～3	触杀型除草剂
	10～20	5～20	1～2	内吸型除草剂

(2) 毒土　将除草剂与泥土、细沙、肥料等载体拌混均匀，配制成毒土（药土）、毒沙（药沙）、毒肥（药肥），然后抛撒在目标场所上。毒土法多用于水田施药，水田采用毒土法要求保持浅水层（深度 3～5cm，时间 3～7 天），人们将其专称为"浅水层毒土法"。几乎所有剂型的除草剂均适于采取毒土法施药。有的资料根据所用载体种类将广义上的毒土法细分为毒土法（药土法）、毒沙法（药沙法）、毒肥法（药肥法）3 种。

(3) 瓶甩　甩动瓶体，使除草剂从瓶盖上的小孔流出，到达目标场所。12% 噁草酮乳油可用此法在水稻移栽前 1 天施用，高效水面扩散剂使药液在水面迅速扩散，然后沉入水中，在土表形成药土层，发挥除草效力。瓶甩法又称瓶洒法，简单方便，深受农民欢迎。

(4) 施粒　将粒状、块状、片状除草剂成品直接抛掷到目标场所上。若除草剂用量较低，担心抛掷不匀，可制成毒土后撒施。

(5) 滴灌　将除草剂加入灌溉系统或置于农田进水处，使其随水到达目标场所。硫酸铜、苄嘧磺隆、禾草敌等除草剂可采取滴灌法施药。滴灌施药又叫灌注、灌溉、水口、流水施药。

（6）泼浇　用瓢等工具将除草剂药液舀起泼浇到目标场所上。采用泼浇施药的除草剂（如丙炔噁草酮）要求在水中的扩散性能良好。此法广泛用于水田施药。亩用水 15～100L 配制药液。

（7）喷雨　摘去喷雾器的喷头片、喷头甚至喷杆，让药液直接喷出。这种方法粗放而落后，不提倡采取此法施药。

（8）喷沫　加入发泡剂，通过特制喷头使药液形成泡沫状雾滴喷向目标场所。此法防止药液飘逸效果十分明显。

（9）涂抹　用涂抹器具将除草剂涂抹到目标杂草上。此法主要用于防除高茎干的杂草。采取涂抹法施药需选用草甘膦等传导性强的除草剂品种，稀释倍数 2～10 倍。

3. 施用方剂

将除草剂与清水或泥土、细沙、肥料等稀释物掺兑成可施用状态的过程叫做配药，又称稀释配制等。除了 0.101% 苄·丁颗粒剂等少数除草剂可以直接施用以外，绝大多数除草剂必须经稀释配制之后才能施用。

（1）所需要除草剂准确称取或量取　需把好 3 关。

其一是校正习惯面积。我国很多地方的农民所说的面积是习惯面积，而非标准面积，1 习惯亩（有的称老亩）相当于 1.2～1.5 标准亩（有的称新亩，1 标准亩约为 $667m^2$），两者差异很大。如果将 1 标准亩的除草剂用于 1 习惯亩，则用量偏低。可见校正习惯面积是非常必要的。

其二是折算商品用量。当除草剂的使用剂量以有效量表述时，在称取或量取除草剂之前应按相关公式将有效用量折算成商品用量。

其三是选择称量器具。目前除草剂用户普遍缺乏必要的和严格的称量手段，有的凭肉眼或凭经验加估计进行称量，有的利用非专用计量器具进行称量。少数厂家为了方便用户，随产品附赠称量器具或者将产品包装的一部分做成称量器具。应大力发展定量小包装除草剂产品，例如 1 包除草剂兑 1 桶清水、1 亩面积用 1 包除草剂。

（2）除草剂兑水量或喷液量的确定　除草剂加水配制成的供喷雾施用的药液叫喷施液（又称喷雾液或喷液）。由于除草剂的使用剂量和使用浓度较低，因此兑水量约等于喷液量（又称施液量或施药液量）。怎样确定兑水量或喷液量呢？

其一是初定。选定兑水量需考虑下列因素。①药剂。一般来说，兑水量触杀型除草剂＞内吸型除草剂，土壤处理剂＞茎叶处理剂。例如 2,4-滴丁酯挥发性强，它虽是内吸型茎叶处理除草剂，但兑水量不能太低。又如百草枯毒性较高，兑水量大（使用手动喷雾器喷药，稀释 1 份制剂应兑水 40 倍以上）有利于提高除草剂对人畜的安全性。②杂草。若田间草稀、草小，兑水可少些；反之，兑水要多些。以药液能完全覆盖杂草为准，避免药液流淌浪费。③环境。当天气、土壤干旱时，兑水量要适当加大。④使用。兑水量与施用方式、施用方法、施药器械等密切相关。

其二是校定。喷液量＝喷头流量×行进速度÷有效喷幅。从公式可以看出，任何一个参数改变都会引起喷液量波动。正式喷雾前必须对喷雾压力和喷头流量等技术指标进行校定。

其三是确定。选定兑水量要因药、因草、因时、因地制宜，具体情况具体分析，具体问题具体解决。

（3）稀释配制除草剂喷液时的作料　在除草剂使用过程中加入一些适宜的辅助物质，有助于改善药剂的理化性质，提高除草效果，减轻毒害影响，人们形象地称它们为除草剂的"作料"或"调料"。

①作料的种类。有 3 类。一是助剂类作料。以非离子型表面活性剂居多，常用的种类有洗衣粉、油（如柴油、机油等）和润湿剂、渗透剂、增效剂等专用助剂。近年农用有机硅喷雾助剂（品牌如好湿、优捷高）应用广泛。二是肥料类作料。用作作料的肥料主要有尿素、碳铵、硫酸铵、氯化钾等。三是农药类作料。有些杀虫剂、植物生长调节剂等农药与除草剂混用具有良好的效果，例如速灭威与敌稗混用能增强敌稗的除草效果。

②作料的作用。除草剂使用过程中所加的作料主要通过增强药剂润湿性、展布性、黏着性、渗透性等理化性能来达到加快杀草速度、延长持效时间、提高除草效果、降低毒害影响等目的。

③作料是否加。有 4 种情形。一是必须添加。例如 10% 双草醚

悬浮剂，登记证上载明展着剂用量为 $0.03\% \sim 0.1\%$，标签上提示"使用本品必须同时加入同等剂量的专用展着剂"，参见 PD20040014。早前施行的《农药登记标签内容要求（国内适用）》规定，喷药时"如需添加助剂，其添加量也应标志，按使用药液量的百分比计算"。二是不能添加。例如 70.5% 2 甲 4 氯钠·唑草酮水分散粒剂（66.5%＋4%），生产厂家提醒说"严禁与任何农药和助剂混用"。三是不必添加。例如 41% 草甘膦异丙胺盐水剂已含有足够助剂，生产厂家告诫说，喷药时不必再加入助剂。四是加否两可。例如 10% 草甘膦水剂，施用时可不加任何作料，若加入适量柴油或洗衣粉，能增强除草效果、节省用药量。

（4）液态使用的除草剂的稀释配制　需把好 5 关。

其一是注意选择水质。配药要选用雨水、河水、塘水、田水、自来水等清洁水、软水，不要选用地下水、海水等污浊水、硬水、苦水，如百草枯遇土即钝化失活，若选用泥水配制，会导致药效减低。无论选用哪种水，最好经过过滤。环嗪酮等除草剂稀释时水温不可过低，否则易有结晶析出，影响药效。

其二是严格掌握水量。要根据除草剂的类型、施药器械种类、施用方式等确定适宜的兑水量，如表 1-8 所示。

其三是两次稀释配制。先取少许水将除草剂调制成浓稠的母液，再将母液稀释配制成可喷雾的药液，人们称这种方法为"两次稀释法"或"两步配制法"。操作程式为：①第一步，找一个小容器，舀一些清洁水倒入容器内（若配制 3 喷桶药液就舀 $3n$ 盅子水，n 为自然数），然后加除草剂，边加边搅，搅散搅匀；②第二步，在喷雾器中装一些水，舀一定量母液倒入喷雾器，稍加振荡或搅拌，然后补足水量，再充分振荡或搅拌，即可喷雾。

其四是正确倒水加药。往喷雾器里倒水加药时应分成三步：先倒部分清水，再加所有母液，最后补足规定水量（清水分两次倒）。切忌先加母液后倒清水。

其五是合理添加作料。所谓作料是指润湿剂、渗透剂、增效剂等。

（5）固态使用的除草剂的稀释配制　用泥土、细沙、肥料等稀释物将除草剂配制成毒土（药土）、毒沙（药沙）、毒肥（药肥），需掌握好 3 个要点。

其一是载体干湿适中。载体含水量控制在 60％ 左右，以手捏成团、手松即散为宜。载体过干过湿都不利于均匀撒施。

其二是载体数量恰当。水田采取毒土法施用除草剂亩用载体 15～25kg。

其三是分次逐步拌匀。先取少量载体与除草剂产品或除草剂母液拌混，再逐渐加入载体，一步一步扩大，直至拌匀。可湿性粉剂等剂型的除草剂可直接与载体拌混（干拌），水分散粒剂等剂型的除草剂和液态除草剂须先加水稀释再与载体拌混（湿拌）。拌混后堆闷 2～4h，让土粒充分吸收除草剂。

（6）现混现用的除草剂的稀释配制　现混现用时稀释配制方式总共有 3 种：其一是逐个稀释直至混完（先稀释一种除草剂，再逐次稀释另几种除草剂）；其二是分别稀释然后混合（先将几种除草剂分别稀释，然后混合稀释液）；其三是先混药剂再稀释（先将几种除草剂混合起来，再用稀释物去稀释）。经常采用的是第一种方式。无论采用哪种方式，在每次稀释配制的操作过程中，均应遵循"两次稀释配制"或"分次逐步拌匀"的原则，以保证将除草剂与稀释物配制均匀。

第五节　除草剂药效

除草剂灭杀杂草的能力叫毒力，毒杀杂草的效果叫药效，二者统称为毒效，它们是既有联系又有区别的两个概念。毒力反映除草剂本身对杂草直接作用的性质和强度，毒力大小的测定一般是在室内控制条件下进行（有室内毒力测定之说）；药效反映除草剂和作物、环境对杂草共同作用的结果，药效高低的测定一般是在田间生产条件下进行（有田间药效试验之说）。毒力测定结果和田间药效表现多数情况下是一致的（即毒力大、药效高），有时差异较大，故毒力资料只能供推广上参考而不能作为依据。除草剂大面积使用之前必须进行药效试验。我国规定，新除草剂登记需按照田间试验、临时登记、正式登记 3 个阶段进行。

一、药效内涵解析

药效是一个内涵极其丰富的概念，可从以下几方面进行解析。

(1) 杀草谱 即防除对象的范围，又叫除草谱、杀草范围。除草剂的杀草谱有广有窄，如精喹禾灵只能除禾草，草除灵只能除阔草，乙草胺可兼除禾草和阔草。杀草谱广的除草剂叫广谱性除草剂，如百草枯（杀草谱很广，被形容为"见青杀"或"一扫光"）、草甘膦（杀草谱很广，对40多科的杂草有防除作用，包括单子叶和双子叶、一年生和多年生、草本和灌木等杂草）。

(2) 杀草率 即杀灭杂草的比率。通常认为，杀草率95％～100％为好，80％～94.9％为中等，79.9％以下为不好。

(3) 杀毙状 即除草剂将杂草杀毙后的杂草状况，又称杂草中毒受害症状。下面介绍几种除草剂的杀毙状。一是甲氧咪草烟，杀毙状为禾本科杂草首先生长点及节间分生组织变黄、变褐坏死，心叶先变黄紫色后枯死；3～5叶期一年生禾本科杂草死亡需5～10天，阔叶杂草叶脉先变褐色，叶皱缩，心叶枯萎，一般5～10天死亡。二是环丙嘧磺隆，杀毙状为杂草从吸收到死亡有个过程，一般一年生杂草需5～15天，多年生杂草要长一些；有时施药后杂草仍呈绿色，多年生杂草不死，但已停止生长，失去与作物竞争的能力。三是嗪草酮，杀毙状为杂草叶缘变黄或火烧状，整个叶可变黄，但叶脉常常残留有淡绿色（间隔失绿）。四是氯氟吡氧乙酸，杀毙状为杂草出现典型激素类除草剂的反应，植株畸形、扭曲，最终枯死。

(4) 速效性 很多人都希望除草剂能立竿见影、药到草除，但是，有两点需注意。一是杀草速度有快有慢。一般来说，触杀型除草剂的杀草速度快于内吸型除草剂，如百草枯，杂草叶片着药后2～3h即开始受害变色，1～2天后杂草枯萎死亡（人们用"见效神速"等词语来形容）；又如唑草酮，喷药后3～4h杂草出现中毒症状，2～4天死亡。内吸型除草剂中氯氟吡氧乙酸是见效很快的品种，施药几小时后敏感杂草就可以出现中毒症状。二是杀草速度与光照和温度关系密切。光照可加速百草枯药效发挥；蔽阴或阴天虽然延迟药剂显效速度，但最终不降低除草效果。温度影响氯氟吡氧乙酸药效发挥的速度（对最终效果无影响），温度低时药效发挥较慢，虽可使杂草中毒后停止生长，但不立即死亡；气温升高后杂草很快死亡。

（5）**持效性** 许多除草剂不但能防除施药前后较短一段时间内萌生的杂草，而且能防除施药后较长一段时间才萌生的杂草。除草剂对施药后较长一段时间才萌生的杂草所具有的灭杀效果叫持留药效（又称持效或残效），这种效果所延续的时间叫持效期（又称残效期）。除草剂的持效期有长有短，如丁草胺在土壤中的持效期为 30～40 天、灭草敌为 30～90 天、异噁草酮为 180 天。持效期的长短与药剂种类、使用剂量、土壤质地、气象条件等密切相关。持效期是决定使用次数和施种时距的依据。

（6）**残留性** 残留期较长的稻田除草剂有甲磺隆、异噁草酮等。

二、影响药效因素

除草剂的药效是诸多因素综合作用的结果。除草剂的药效既取决于除草剂本身的毒力，也受制于杂草、药剂、环境、作物条件（表 1-9）。

表 1-9　除草剂药效的影响因素

杂草	种别类属	杂草物种、杂草属别、杂草科别、杂草类群
	生长状况	生育阶段、生长态势
	抗性情况	
药剂	性能特点	
	含量剂型	
	配方工艺	
	使用技术	
	使用历史	
环境	气候条件	太阳光照、空气温度、空气湿度、大气降水、空气流动
	土壤条件	土壤温度、土壤湿度、土壤养分、土壤空气、土壤质地、土壤有机质、土壤酸碱度、土壤微生物、土壤农药残留
作物	种别类属	物种类型、耕种类型、地域类型 作物类群、作物科别、作物属别、作物物种、作物品种
	生长状况	生育阶段、生长态势
	耕制布局	净种复种、连作轮作、单作多作、季节茬次
	栽培方式	直播移栽、免耕翻耕、平作垄作、旱作水作、露地保护

作物	田间管理	土壤耕作	整田、混土、盖土、培土、镇压、塌泥、翻土
		肥料施用	施肥、秸秆还田
		水浆灌排	灌水、排水、保水、复水、过水、湿润、露水
		种子处理	催芽
		种苗播栽	播种、栽插
		设施管护	覆膜、揭膜
		杂草调节	诱发、剔除、刈割

1. 杂草

（1）种别类属　同一种除草剂对不同物种或不同属别、科别、类群的杂草的药效可能会有差异。

（2）生长状况　①生育阶段。杂草生长发育期间有一些"薄弱""敏感"的阶段和部位易被除草剂攻击，通常杂草幼小期较成株期敏感，生长点较其他部位敏感，如亩用20%氯氟吡氧乙酸乳油40mL＋20% 2甲4氯水剂150mL于豚草2～4叶期、8～10叶期、开花期喷施，药后15天调查，株防效分别为80%、60%、10%。例如环庚草醚在水稻田最佳施药时期为杂草处于幼芽或幼嫩期，草龄越大，防效越差。又如丙草胺是稻田苗前和苗后早期除草剂，施药时间不能太晚，杂草1.5叶期后耐药力迅速增强，影响防效。②生长态势。众所周知，草甘膦除草十分"霸道"，但当天气干燥、杂草枯萎时，可能药效不佳。

（3）抗性情况　当杂草产生抗药性后，会导致药效下降，例如苄嘧磺隆已使用20余年了，目前很多地方反映它对野慈姑、雨久花等药效很差甚至无效。

2. 药剂

（1）性能特点　有效成分不同的除草剂，其理化性质和作用机制不同，因而药效存在差异。

（2）含量剂型　剂型对药效影响很大，一般来说，几种常见剂型的产品其药效高低顺序为油悬浮剂＞乳油＞水分散粒剂＞悬浮剂＞可湿性粉剂。

（3）配方工艺　即使是有效成分相同的除草剂，倘若其助剂种类、组成配方、工艺流程、技术指标等不同，药效也会有差异。因此，常常听说不同厂家所生产的有效成分完全相同的除草剂其药效有优劣。

（4）使用技术　良药还须良用，使用技术的好与差对药效发挥至关重要。除草剂使用要领可概括为"六看"或"六适"，无论哪个环节稍有不慎，都易导致药效不佳。

（5）使用历史　有的除草剂使用一段时间后，用户反映该除草剂药效逐渐下降。

3. 环境

气候、土壤环境条件对药效发挥起着至关重要的作用。影响苗前土壤处理剂药效的气候条件主要是大气降水等，土壤条件主要是土壤湿度、土壤质地、土壤有机质等，农事条件主要是整田、混土等。影响苗后茎叶处理剂药效的气候条件主要是太阳光照、空气温度、空气湿度、大气降水、空气流动，土壤条件主要是土壤湿度等。

（1）太阳光照　对绝大多数除草剂来说，其杀草速度和除草效果与光照成正相关，除草醚等光活性除草剂尤其如此（在光的作用下才起杀草作用），这是因为光照强，温度上升快；光照强，光合作用旺，例如光照可加速百草枯药效发挥（蔽阴或阴天虽然延缓显效速度，但最终不降低除草效果；傍晚喷施百草枯有利于杂草充分吸收，虽见效稍慢，但杀草更彻底）。对某些除草剂来说，其药效则与光照成负相关，例如氟乐灵在有光条件下光解加速，导致药效降低。

（2）空气温度　对绝大多数除草剂来说，其杀草速度和除草效果在一定温度范围内与气温成正相关，这是因为温度高，杂草生命活动旺盛，杂草对除草剂的吸收能力强、传导速度快。例如亩用25%绿麦隆可湿性粉剂300g防除小麦田牛繁缕，在2～10℃时需30天见效，防效为80.5%；在9～13.6℃时7天见效，防效达98.3%。又如除草醚在20℃以上使用效果好，20℃以下使用效果差。再如2,4-滴丁酯在气温高时使用能显著提高药效。对氯氟吡氧乙酸、苯磺隆等除草剂来说，温度对其除草的最终药效无影响，但影响其药效发挥的速度。

（3）空气湿度　对茎叶处理剂来说，其药效在一定湿度范围内与湿度成正相关，这是因为湿度适宜，杂草叶面气孔大量开启，加之除草剂在杂草表面的干燥时间延长，因此有利于杂草对除草剂的吸收。例如低湿条件下田蓟和乳浆草仅吸收草甘膦处理量的27％，而高湿条件下可吸收85％。若湿度过小，一来杂草为了适应干旱环境，减少水分蒸发，大部分气孔关闭；二来杂草生长缓慢，生理活性受限，茎叶表面角质层增厚，可润湿性降低，从而影响杂草对除草剂的吸收，导致药效降低。因此，空气湿度低于65％时不宜施药。若湿度过大，杂草茎叶表面结露，药效易流失，从而导致药效降低。敌稗比较特殊，空气干燥时反而作用快速，杀伤力大，选择晴天排净田水后施药，使杂草周围空气干燥，待稗草中毒并开始死亡时再灌深水淹至稗草顶心，可提高药效。

（4）大气降水　对土壤处理剂来说，施药前后适时、适量降雨有利于药效发挥（以降水量 $10\sim15mm$ 为宜），这是因为雨水可使除草剂在更大范围内扩散和移动，形成均匀的药土层，同时还可使杂草整齐萌发、迅速生长，充分吸收除草剂。对茎叶处理剂来说，施药后短时间内降雨是不利的，因为雨水会冲刷掉药剂，从而导致药效降低。不同茎叶处理剂的耐雨性能有差异，例如百草枯施后 $30min$ 遇雨时能基本保证药效，草甘膦施后 $4h$ 内遇雨时会降低药效。

（5）空气流动　由于气压差异而产生的空气流动现象叫做风。风会打乱除草剂的正常沉降行为（使除草剂不能准确、足量地沉积在目标场所上），风会吹落沉积在杂草上的茎叶处理剂药液，风会吹破分布在土壤表层的土壤处理剂药膜（甚至刮走表土），从而影响药效。施用除草剂需要注意风速和风向，施药时风速不宜超过 $3\sim5m/s$，大风天严禁施药。

（6）土壤温度　土壤温度适宜时，杂草萌发整齐、生长迅速，有利于除草剂药效充分发挥。

（7）土壤湿度　土壤湿度会影响除草剂药膜形成、药剂解吸、药剂下渗、杂草生长整齐度、杂草对除草剂的吸收运转，从而影响药效，如土壤干旱时施用甲草胺，药剂难以下渗到达杂草萌发部位，药效较差。在土壤水分和养分充足的条件下，杂草生长一致、生育旺盛、组织柔嫩，对除草剂的敏感性强，药效提高；反之，在干旱、瘠薄条件下，杂草长势偏弱，不利于吸收和传导除草剂，使药效下降。

多数土壤处理剂随着土壤湿度增大而药效有所增强，甚至有些除草剂的药效由土壤湿度决定。

（8）土壤养分　稻田有过多未充分腐熟的有机肥，使用禾草丹后易产生药害。

（9）土壤空气　禾草丹在嫌气性土壤中降解，产生脱氯禾草丹，严重抑制水稻生长发育，造成矮化现象。

（10）土壤质地　对土壤处理剂来说，其药效按沙土、壤土、黏土顺序递减，这是因为沙质土对除草剂吸附能力弱，除草剂易向土壤深处淋溶，有助于药效提高。

（11）土壤有机质　对土壤处理剂来说，其药效与土壤有机质含量呈负相关，这是因为土壤有机质会影响除草剂在土壤中的吸附性和淋溶性，从而影响药效。有机质含量高的土壤，除草剂施用后易被吸附，不易移动，难以形成稳定的药土层，常出现封不住的现象。

（12）土壤酸碱度　土壤酸碱度主要影响除草剂的稳定性和化学反应的过程，从而影响药效。在酸性土壤中除草剂易被吸附，药效降低，有些品种的残效期会增长；碱性条件下吸附力降低，开始时药效较好，但残效期缩短；中性土壤中微生物活力最大，降解作用强，除草剂活性丧失较快。许多除草剂在土壤呈酸性和碱性条件下不稳定，容易发生化学分解，降低药效 $10\% \sim 20\%$。

（13）土壤微生物　土壤微生物对不同除草剂的影响程度不同，如赛松只有经微生物降解和氧化后才能发挥杀草活性，而敌稗经微生物降解后则失去杀草活性。

（14）土壤农药残留　前茬作物使用的除草剂残留在土壤中，常会危害下茬敏感作物，当前常见的存在土壤残留影响的除草剂品种有氯磺隆、甲磺隆、胺苯磺隆、氯嘧磺隆、莠去津、咪唑乙烟酸、异噁草酮、氟磺胺草醚、唑嘧磺草胺、二氯喹啉酸等，要注意了解前茬作物所用除草剂品种、使用剂量、使用时期等情况。

4. 作物

作物的种别类属、生长状况、耕制布局、栽培方式、田间管理对药效均有影响，下面重点讨论作物田间管理对除草剂药效的影响，如表 1-10 所示。

表 1-10　作物田间管理对除草剂药效的影响

土壤耕作	整田	要求整细、整平，即把泥团土块整细，把田面地面整平。这是使用所有除草剂对整田质量的最低标准也是最高要求。土壤处理剂的药效与整地质量密切相关
	混土	有些除草剂施用后，需用农具进行耙地混土，将除草剂与耕作层土壤拌和均匀。少数除草剂施用后必须混土
	盖土	有些除草剂接触作物种子影响出苗，要求盖种要严。例如丁草胺，对露籽有严重影响，露籽多的陆稻田不宜使用
	镇压	例如丁草胺，若用于水稻旱育秧田，应在播下浸种不催芽的谷种，盖土（土层1cm）并镇压后施药。混土后及时镇压有利于保墒和提高除草效果
	塌泥	例如除草醚，若在稻田随播随用，要在塌谷后才能施药
	翻土	例如精异丙甲草胺，若作物移栽前施药，应尽量不要翻动开穴周围的土层。又如除草醚，施药后不能翻土层，以免破坏药层影响药效。再如草甘膦，施药后3天内请勿翻地
肥料施用	施肥	例如禾草丹，若用于施用大量未腐熟有机肥的田块，易形成脱氯禾草丹，使水稻产生矮化药害
水浆灌排	灌水	水分可帮助除草剂迅速扩散，使少量除草剂得以在较大范围内均匀分布。灌水有几种情况。一是水田施用除草剂前灌水：很多水田除草剂都要求施药前灌水，施药时田内有一定水层（以水面不淹过秧心、田面不现出泥巴为准），例如苄嘧磺隆，施药时稻田内必须有3～5cm水层，以使药剂均匀分布。二是水田保水期间补充灌水：保水期间若水不足，应缓慢灌入，即缺水则缓灌补水。三是旱田施用药前后灌水：很多土壤处理剂的药效与土壤墒情密切相关，要求药前或药后灌水
	排水	有几种情况。一是水田施用除草剂前排水。目的是使杂草茎叶露出水面，让杂草与除草剂充分接触。例如敌稗，要求施药前排干田水。再如氰氟草酯，施药前将田表水层降到1cm以下或将田水排干（保持土壤水分呈饱和状态），可获得最佳药效；杂草植株50%露出水面也可达到理想效果。二是水田施药后排田间深水。例如乙氧氟草醚，在水稻田施药后遇大暴雨田间水层过深，需要排出深水层，保持浅水层，以免伤害稻苗。三是水田排除药水后再播种。四是施药前后排出田间积水。施药前排出田间积水，有利于发挥药效和避免药害。例如除草醚，若用于秧田，在施药后至出苗前要进行湿润管理，秧板面不能积水，以免发生药害
	保水	苄嘧磺隆等水田除草剂施用后必须保持水层，稳定一段时间，这是因为苄嘧磺隆在水中扩散性好，但沉降缓慢，因此施药后必须保持水层5～7天，以避免药剂随水流失，降低药效

水浆灌排	复水	又叫回水或放水回田。例如二氯喹啉酸,施药前 1 天排干田水,保持湿润;施药后 1～2 天复水,保持 3～5cm 水层 5～7 天;之后恢复正常田间管理。水层不能太深(不能超过 5cm),否则将会降低对稗草的防效。再如敌稗,施药前排干水,施药后 1～2 天不灌水,晒田后再灌水淹稗心(不要淹没秧心)2 天,可提高除稗效果
	过水	保水期间只能灌水,不能排水、串水(过水),勿使田内药水外流
	湿润	例如丙草胺(含安全剂),若用于旱育秧田,田面湿润(以土壤含水量 40%～60%为宜)是保证药效的关键
	露水	例如敌稗,杂草叶面潮湿时施药会降低效果,要待露水干后再施药。再如五氯酚钠,水稻叶片上露水未干不能用药
种子处理	催芽	个别水稻田除草剂要求谷种必须催芽。例如含安全剂的丙草胺制剂,若用于水稻水育秧田和水直播田,谷种必须预先经过浸种催芽,这是因为安全剂主要通过水稻根部吸收而发挥作用。某些水稻田除草剂要求谷种不能催芽,例如噁草酮,若在秧田和水直播田应用,勿使用催芽谷。又如禾草丹,若在水稻播后苗前施药,不要播种催芽的谷种。再如丁草胺,若用于东北覆膜湿润秧田,是在播下浸种不催芽的谷种、覆盖土层后施药。另外如二氯喹啉酸,浸种和露芽种子对该药敏感,不能在此时期施药
种苗播栽	播籽	例如丁草胺,对露籽陆稻出苗有严重影响,播种要有一定深度
	栽苗	例如环庚草醚,在水稻田使用,要求插秧不要露根
设施管护	覆膜	例如精异丙甲草胺,若施药后不混土,药后须立即覆膜
	揭膜	例如精异丙甲草胺,小拱棚(弓棚)作物施药后,如膜内温度过高,应及时揭开棚两端的塑料薄膜通风降温,以防发生药害
杂草调节	诱发	对于小麦茬免耕水稻田、油菜茬免耕水稻田、蔬菜茬免耕水稻田,若计划在前茬作物收获后及时施药,可先灌些水,既泡田,又诱发杂草迅速萌生出土,以便最大限度地集中歼灭。干旱条件下灌水,可诱使杂草及时整齐出土,以利集中消灭
	剔除	很多土壤处理剂对已出土杂草效果差,要求施药前予以清除。例如敌草胺,对已出土的杂草效果差,对于这部分杂草,施药前应事先予以清除
	刈割	例如草甘膦,施药后 3 天内请勿割草、放牧

三、药效试验设计

任何除草剂在推广使用之前都必须进行田间试验,即必须坚持试验、示范、推广"三步走"的原则。实验室试验、温室试验(盆栽试验)、田间试验是农业科学试验的三种主要形式和方法。实验室试验与温室试验统称为室内试验,田间试验又叫室外试验。温室试验与田间试验均可用于药效研究,但以田间试验为主(有田间药效试验之说)。田间试验是在田间自然生产条件下或一定人为控制条件下进行的试验。我国已制订农药田间药效试验准则国家标准逾 31 个,如《农药 田间药效试验准则 (一)除草剂防治水稻田杂草》(GB/T 17980.40—2000),请遵照执行。

1.田间药效试验的类型

在田间试验中,安排一个处理的小块地段称为试验小区或小区。按小区面积和试验范围分类,除草剂田间药效试验分为田间小区药效试验、田间大区药效试验、田间示范药效试验。

(1)小区试验 习惯上把小区面积小于 $120m^2$ 的田间试验称做小区试验。小区面积通常为 $15\sim50m^2$,全试验区面积 $1\sim3$ 亩。小区试验的目的是获得比较详细的田间药效资料,明确防除对象,使用剂量、方法、时期等技术指标,验证田间应用情况是否与室内测定结果相符。小区试验要求的条件比较严格,应尽量使各小区的外界条件一致,必要时需添加辅助条件。申请办理除草剂登记证必须提供田间小区药效试验报告。

(2)大区试验 小区面积 $333\sim1333m^2$,全试验区面积 15 亩以内。大区试验是供试除草剂已有一定技术资料,为了鉴定它在当地气候条件、作物布局和生态环境下是否适用而进行的验证性试验。在田间自然条件下进行即可,不需人为辅助其他条件。

(3)示范试验 又叫大面积示范试验、多点大面积试验。小区面积 15 亩以上,全试验区面积超过 150 亩。示范试验是供试药剂已完成小区和大区试验,已有较齐全的技术资料,已获准农药临时登记,为大面积推广应用做准备而进行的试验。开展示范试验要求试验条件与实际生产条件完全一致,不需人为附加其他辅助条件。

2.田间药效试验的设计

除草剂田间药效试验设计要遵循四个基本原则:重复、随机、局控、对照。对照是用来评价试验各个处理优劣的标准,它分为空白对照(不施药对照)、清水对照、标准药剂对照、人工除草对照。

3. 田间药效试验的调查

药效试验进行后，要及时开展调查，并采用相应标准对药效予以鉴定评价。

（1）取样方法　常用方法有五点取样法、棋盘式取样法、对角线取样法等。可对整个小区进行调查，也可在每个小区随机选择 $0.25 \sim 1m^2$ 面积进行调查。小区试验每区查 3~5 点，大区和示范试验查 5 点以上。样点（样方）面积 $0.25m^2$ 左右或更多。

（2）调查内容　需观察、调查、记录的内容包括杂草、气象资料、土壤资料、田间管理资料、作物生长发育、作物产量质量、副作用等。应分小区、分样点调查记载。调查杂草时既可按种或按类分开调查，也可不分种类笼统调查，据此计算而得药效叫总（总体、总草、全草）防效。

（3）调查方法　有绝对值调查法（数量调查法）、估计值调查法（目测调查法）2 种。绝对值调查法又分为直接计数法、分级计数法。估计值调查法是将每个处理小区与相邻对照小区进行比较，估计杂草的总种群量或各种杂草的种群量，用株数、覆盖度、高度、长势长相、鲜重或干重等指标表示，据此评价药效，又分为直接目测法、分级目测法。

（4）药效计算　可按下列公式进行计算。

$$株防效(\%)=\frac{对照区杂草株数-处理区杂草株数}{对照区杂草株数}\times100\%$$

$$株防效(\%)=\frac{处理区药前杂草株数-处理区药后杂草株数}{处理区药前杂草株数}\times100\%$$

$$鲜重防效(\%)=\frac{对照区杂草鲜重-处理区杂草鲜重}{对照区杂草鲜重}\times100\%$$

（5）总结报告　用于申请办理除草剂登记的田间药效小区试验报告有规定的统一格式模板，逐项填入相关文字和数字即可。杂志和报纸上刊登的田间药效试验报告一般包括题目、作者及单位、引言、材料与方法、结果与分析、小结、作者简介等内容。

第六节　稻田除草剂药害预防

作物受除草剂的压迫性作用，生理、组织、形态上发生一系列变化，脱离正常生长发育状态，表现出异常特征，从而降低了对人类的经济价值，这种现象叫做除草剂药害。简而言之，除草剂药害是除草剂对作物的损害作用，是除草剂应用过程中的"意外事故"。某些除草剂施用后，短期内作物不可避免地会产生一些异常现象，但很快恢复正常。这些现象是除草剂品种本身的特性所致，由于不造成作物产量和品质影响，未降低对人类的经济价值，因此人们不视其为药害。有的病害、虫害、肥害、其他农药药害、环境污染危害易与除草剂药害混淆，要注意区分。

一、药害原因探析

　　除草剂药害产生的原因错综复杂、多种多样，大致分为药剂、环境、作物三个方面的原因。对于具体药害而言，可能由某一方面的某一种或某几种原因引起，也可能由某几方面的某几种原因引起，除草剂药害原因探析路径如表 1-11 所示。沿着此路径，深入探析、准确找出引起药害的原因。

表 1-11　除草剂药害原因探析路径

本畦药害	当季用药	药剂	生产环节	
			经营环节	
			运输环节	
			贮存环节	
			监管环节	
			使用环节	使用时期
				使用剂量
				使用方法
		环境	气候条件	
			土壤条件	
		作物	种别类属	
			生长状况	
			耕制布局	
			栽培方式	
			田间管理	
	前茬残留			
外畦药害	药剂飘移			
	药剂串动			

1. 药剂方面的原因

除草剂在生产、经营、运输、贮存、监管、使用等一系列过程中，无论哪个环节稍有不慎，都容易引发药害。使用环节出现药害的概率最高。农药生产企业应有产品质量标准和产品质量保证体系，并严格按照农药产品质量标准、技术规程进行生产。产品出厂前，应当经过质量检验并附具产品质量检验合格证；不符合产品质量标准的，不得出厂。

（1）产销运贮

① 性状欠佳。例如72% 2,4-滴丁酯乳油等除草剂挥发性强，气体易随风飘逸，距离达1000～2000m，殃及毗邻的敏感作物。

② 杂质超限。除草剂产品标准对主要杂质的组成及其限量有详细规定，若杂质的种类和数量超过了控制范围，就容易造成药害，例如由于产品杂质超标，本是十分安全的苄嘧磺隆1998年在一些地区对水稻造成了药害。

③ 敏感物多。据试验，即使敌稗中混入不到1%的2,4-滴丁酯也会引起水稻药害。又如含有甲草胺等敏感成分的丁草胺1986年在东北一些地区应用于水稻旱育秧田发生了大面积药害事故。再如禾草丹，最好的产品只含邻位氯，不含对位氯，若将含对位氯的禾草丹用于北方水稻旱育秧田及直播田，则很容易造成药害。含有隐性成分或称第三成分的除草剂最易产生药害。

④ 技标偏低。乳液稳定性和悬浮率等重要技术指标达不到要求的除草剂，配成药液后出现沉降或上浮，喷施不匀，易造成药害。

⑤ 安全剂剂量不足。安全剂是除草剂的保护神，绝不能短斤少两。在安全剂种类和数量上偷工减料的产品容易造成药害。

⑥ 残效期长。氯磺隆、胺苯磺隆、莠去津、咪唑乙烟酸等除草剂在土壤中的残留量高、残效期长，易使旁茬或下茬作物受害，如38%莠去津悬浮剂亩用量260mL以上，第二年除了玉米和高粱之外，种植其他任何作物都不安全。国产甲磺隆1992年首次获准登记，限于长江流域及以南麦-稻轮作区麦田除草使用，但一些地方将其扩展到旱地小麦除草和防除空心莲子草（水花生），由于该药适用作物少（除小麦和水稻之外的绝大多数作物均对它"过敏"），残效期很长

（达 5～12 个月），因而在间作套种复杂的旱地屡生药害，许多人大上其当，深受其害。四川等省的农业行政主管部门已发文禁用、限用长残效除草剂氯磺隆、甲磺隆、胺苯磺隆等的单剂及其混剂。

⑦ 成分劣变。某些除草剂在贮存期间有效成分发生劣变，生成对目标作物有害的活性杂质，使用这种产品易造成药害。

⑧ 标示模糊。由于运输、贮存不当，除草剂标签脱落、标示模糊，很容易造成误用，从而产生药害。

⑨ 污物排放。除草剂工厂污水、废气等超标排放，很容易造成除草剂药害事故。

⑩ 误导用户。除草剂经营单位或经营网点的营业人员，应当向使用者正确说明除草剂的用途、使用方法、用量、中毒急救措施和注意事项，不得误导除草剂使用者扩大适用范围。有的营业人员刻意夸大除草剂的优点，恶意回避缺点，导致使用者误选误用，这样很容易出现药害事故。除草剂使用者应当严格按照标签的内容使用除草剂，不得随意扩大使用范围、加大施药剂量和改变使用方法。

⑪ 监管失察。执法不严格、监管不到位，假冒伪劣除草剂流入市场，很容易造成大面积严重性药害。

（2）使用时间

① 时机不准。这里所说的时机包括时节、时段、时序、时日、时辰等 5 个概念。除草剂应在规定时间内施用，提前或拖后都易引起作物受害，例如水稻出苗时至立针期不要使用禾草丹，否则易产生药害。

② 间隔不够。包括施种、施萌、连用间隔期等 3 个方面。a. 施种时距不够。例如水稻秧田和直播田不要在播前 1 天或随播随用丁草胺进行处理，否则会产生严重药害。b. 施萌时距不够。例如水稻播后苗前施用土壤处理剂最好在播种后 3 天内施药，若延误施药常会产生药害。c. 连用时距不够。例如施用敌稗前后 10 天内避免使用氨基甲酸酯类、有机磷类杀虫剂，以免产生药害。

（3）使用剂量

① 剂量不精。每种除草剂都有适宜的推荐用药量，擅自提高用药量，易对当茬甚至后茬作物产生药害，例如稻麦连作区在小麦田使

用绿麦隆的量过大或重喷时，易造成麦苗及翌年水稻的药害。有的使用者抱着宁多勿少的心理，有的对超高效除草剂用少许药剂就能除草持怀疑态度，有的凭经验加估计称量药剂，凡此种种，都会造成用药过量而引起药害。

② 浓度不佳。在施用茎叶处理剂，特别是触杀型茎叶处理剂时，配制的药液浓度过大会导致着药不均而酿成局部药害。

③ 次数不宜。除草剂在作物生长发育期间可以用多少次是有规定的，多次使用会对当茬甚至后茬作物产生药害。

（4）使用方法

① 施法不妥。敌稗的施用方法为喷雾，若采取毒土法施药，因水稻根内缺乏足够的酰胺水解酶不能解毒而使水稻中毒。五氯酚钠不得在水稻田进行叶面喷雾，以防产生药害。乙氧氟草醚在水稻移栽田使用时，毒土法施药比喷雾法安全。

② 配制不好。药剂与稀释物未混合均匀常会造成局部药害。

③ 喷撒不均。使用多喷头喷雾器械施药，如果各个喷头的流量不一致，喷幅的连接带重叠过度及喷嘴后漏等，或采用非扇形喷头，皆能造成喷施药液不均匀，致使局部地面、叶面着药量过多而出现药害。使用手动背负式喷雾器施药，如果步行速度不一致、把持喷头高低位置不准、左右摆动不定、喷头方向不正、给液泵加压不均等，更易使局部地面、叶面着药量过多而铸成药害。采用毒土法施药，如果撒施不均匀，也会造成局部药害。

④ 防护不严。在作物行间或稻田田埂等处施用敌草快、草铵膦、草甘膦等灭生性除草剂，由于防护措施不严，常有少量雾滴沾染到作物叶片上，造成一些局部的药害。

⑤ 性能不优。若施药工具存在漏水、喷头堵塞、机械泵调节差等"跑、冒、滴、漏"现象，造成局部药液过多，就易出现药害。

⑥ 器械不洁。用残存有除草剂的不清洁器械来盛装或喷施其他农药，易造成药害。清洗盛装除草剂器具和清洗喷施除草剂器械的废水不能随意倾倒，以免殃及作物。

⑦ 混用不当。除草剂混用不当会产生药害或加重药害。某些由叶片吸收的选择性除草剂，加入表面活性剂大水量喷雾后，药液在阔叶作物叶缘聚积，选择作用削弱，易发生药害。

2. 环境方面的原因

除草剂药害的发生概率和程度与环境密切相关，因而许多除草剂都特别指出了它不适应的环境条件，例如西草净"用于有机质含量低的沙质土、低洼排水不良地及重盐碱或强酸性土，易发生药害，不宜使用"；乙氧磺隆"不宜用于渗漏性大的稻田，因为有效成分会随水渗漏，集中到根区，导致药害"；乙氧氟草醚"防除水稻移栽田杂草切忌在日温低于 20℃、水温低于 15℃时施用"。

（1）气候条件

① 太阳光照。光照对温度具有直接调节作用，因而对药害的产生有间接作用，一些除草剂施用后遇到寡照天气便易发生药害。

② 空气温度。施药时温度过高过低或者施药前后温度骤升骤降容易导致药害发生，例如使用哌草磷·异戊乙净防除稻田杂草，施药时气温超过 30℃或水温超过 23℃易发生药害，施药后气温大幅升降（尤其在春季）也易发生药害。

③ 空气湿度。有些除草剂施用时或施用后遇干旱天气易使作物受害，例如在极度干旱和水涝的田间不宜使用灭草松，以防发生药害。

④ 大气降水。施药后降雨量过大，造成除草剂下渗，接触到作物种子或根系，易出现药害。在农田或非耕地使用的某些水溶性较强、持效期较长的选择性或灭生性除草剂，随着降雨形成的地表径流进入敏感作物田，或随着排水进入灌渠，易直接或间接导致作物受害。乙氧氟草醚等除草剂施用后降大雨，田间积水，水层加深，作物生长点被淹，这种情况下易发生药害。

⑤ 空气流动。风能使除草剂发生飘移，引起外畴药害，因而施药要选在风小时进行，当风速超过 5m/s 时应停止作业，严禁在大风天施药。有些除草剂虽然不易挥发，但施药时应注意风向，防止药剂飘移到敏感作物上造成药害。小拱棚（弓棚）作物施药后，若膜内温度过高，应及时揭开小拱棚（弓棚）两端的薄膜，通风、降温，避免药害。

（2）土壤条件

① 土壤温度。水稻移栽田施用乙氧氟草醚，若土壤温度低于 15℃，容易发生药害。

② 土壤湿度。土壤含水量增加，除草剂水解作用增强。在保水性差、田水不多的田块施用禾草敌，药剂渗透至根系，对水稻不安全。水层过深也不利，例如在水田施用噁草酮，水层过深，淹至心叶，也易发生药害。

③ 土壤养分。稻田有过多未充分腐熟的有机肥，使用禾草丹后易产生药害。

④ 土壤空气。禾草丹在嫌气性土壤中降解，产生脱氯禾草丹，严重抑制水稻生长发育，造成矮化现象。

⑤ 土壤质地。沙质土壤对除草剂吸附力弱，淋溶性增强，因而易产生药害。发生药害的可能性依次为沙土＞壤土＞黏土。

⑥ 土壤有机质。不少除草剂，特别是土壤处理剂，在有机质含量低的土壤上应用很容易发生药害，且药害往往较重。

⑦ 土壤酸碱度。氯磺隆和甲磺隆等在 pH＜7 的土壤中降解较快，残留量低，使用较安全；若在碱性土壤使用，则易对当茬和下茬作物造成药害。因此农业农村部在办理 20％氯磺隆可湿性粉剂的登记时明确规定它"限于在长江流域麦-稻轮作区土壤 pH 值为中性或酸性的农田使用"（参见 LS93569）。

⑧ 土壤农药残留。土壤中残留的除草剂常常危害下茬敏感作物，例如亩用 50％二氯喹啉酸可湿性粉剂 40～53g，第二年种植茄子、烟草不安全，第三年种植番茄、胡萝卜不安全。当前常见的存在土壤残留影响的除草剂品种有氯磺隆、甲磺隆、胺苯磺隆、氯嘧磺隆、莠去津、咪唑乙烟酸、异噁草酮、氟磺胺草醚、唑嘧磺草胺、二氯喹啉酸等。

3. 作物方面的原因

不同作物或者同一种作物的不同类型、品种、组合甚至不同生长发育状态，对同一种除草剂的敏感性也可能不同。例如秧苗过小、嫩弱或遭受伤害未能恢复的稻田切忌使用苄嘧磺隆·乙草胺、乙氧氟草醚等。当作物长势较弱时，对除草剂耐受性差，应选用安全系数大的产品或降低用量。

作物田间管理主要注意以下几点。

① 土壤耕作。例如在水稻育秧田应用丁草胺于播种后进行土壤处理，若未将种子用土盖严或盖土厚度不够，则易造成药害。

② 肥料施用。稻田中施入过多未充分腐熟的有机肥，使用禾草丹后产生药害。

③ 水浆灌排。例如乙氧氟草醚施用后遇大暴雨，需要及时排水，以免水层过深淹没水稻心叶而伤害稻苗。又如施用过二氯喹啉酸的稻田串水，会危及临近的敏感作物。

④ 种子处理。例如直播田使用30％丙草胺乳油（含安全剂），水稻种子必须催芽，否则易产生药害。

⑤ 种苗栽植。例如使用野麦畏，作物播种深度与药害关系很大，如果小麦种子在药层之中直接接触药剂，则会产生药害。

⑥ 设施管护。对于实行设施栽培的稻田，在选择除草剂品种和确定除草剂用量时，一定要注意跟露地栽培稻田的差别，当温度过高时，应及时揭开塑料薄膜进行通风，防止发生药害。

二、药害事故处理

为了加速除草剂安全、高效、经济使用进程，植物保护和农药管理部门需将药害事故处理工作纳入重要议事日程，尽早建立报查制度，完善操作规程。2011年11月10日，农业部农药检定所在北京组织召开"农药药害司法鉴定制度建设研讨会"。专家们在会上交流了近年农药药害发生与技术鉴定的基本情况；研讨了农药药害技术鉴定程序及制度建设中的重点和难点问题；讨论了《农作物农药药害鉴定管理办法》（建议稿），并提出了完善和修改意见。怎样处理除草剂药害事故呢？农药行政执法人员在遇到除草剂药害事件后，应立即到现场取证，并指导受害人采取补救措施。除草剂药害事故的处理通常按下列三大步骤进行。

1. 调查原因

（1）查看登记内容　核对使用的除草剂是否取得农药登记，标签上的内容是否与农业农村部登记核准的相一致。

（2）询问使用人员　了解使用人员是否按照除草剂标签上的适用作物、防除对象、推荐剂量、使用方法等要求用药。

（3）检测产品质量　在排除上述两种原因后，执法人员可委托质检机构对产品质量进行检测。一是检测技术指标。检测有效成分含量和悬浮率、乳液稳定性等技术指标。二是检测可疑异物。执法人员应向植保和生测等方面的专家请教，根据药害症状初步判定产品中可能含有的导致药害的敏感物质，然后委托相关机构对可疑成分进行鉴定。三是检测有害杂质。产品标准对主要杂质的组成及其限量有着明确规定，若生产企业改变工艺配方、改变原材料，就很可能给产品引入新杂质，从而造成药害。执法人员可委托质检机构对产品杂质情况与登记备案资料对比，确认产品杂质是否发生变化。

（4）考察环境因素　了解施药前、施药时、施药后的气候和土壤等外界环境条件。

2. 落实责任

国务院 2017 年发布的新《农药管理条例》第六十四条规定，"生产、经营的农药造成农药使用者人身、财产损害的，农药使用者可以向农药生产企业要求赔偿，也可以向农药经营者要求赔偿。属于农药生产企业责任的，农药经营者赔偿后有权向农药生产企业追偿；属于农药经营者责任的，农药生产企业赔偿后有权向农药经营者追偿。"此前国务院 2001 年修订发布的《农药管理条例》第四十五条是这样规定的："违反本条例规定，造成农药中毒、环境污染、药害等事故或其他经济损失的，应当依法赔偿"。受损失的单位和个人可以依法向违法生产者、经营者、使用者索赔。执法人员查出药害原因、找准问题根源后，应划清责任，并落实到具体的单位或个人。对于违反农药管理法律法规者，按相关规定对生产、经营、使用者进行处罚；对于其他情况产生的药害，执法人员应做好善后工作，切实帮助他们解决问题。①如果除草剂产品未获准登记，如果产品擅自扩大使用范围和擅自更改使用方法，如果产品技术指标达不到要求，如果产品混有药害成分，如果产品杂质含量超标，生产企业应承担全部责任。②如果使用者是完全按照标签指示用药的，原则上不承担责任；如果未按照标签指示用药，使用者应承担全部或主要责任。③如果系因环境不适而引起药害，由除草剂生产、经营、使用者和受害人协商解决。

3. 撰写报告

药害事故处理结束后，执法人员应及时撰写书面报告。对重大药害事故，要逐级上报。文字、图片、音像等资料应妥善保管，存档备查。同时，加强宣传教育，降低除草剂药害事故的发生频率。

三、药害补救办法

亡羊补牢，未为晚也。除草剂药害发生后，要及时采取补救措施，将损失降低到最低限度。

（1）**淋洗排毒**　若是土壤处理剂，应尽早换水洗田。若是茎叶处理剂，可喷洒清水，把黏附在作物表面的除草剂洗刷掉。水稻秧田发生丁草胺药害后灌水可能会加重药害，需要注意。

（2）**追施药物**　解毒药物主要有 3 类。一是安全剂。水稻对丙草胺具有较强的分解能力，具有把丙草胺分解为失活的代谢产物的能力，3.5 叶期后的秧苗能快速分解丙草胺。但是，水稻幼芽对本品的耐药力并不强，分解不够迅速。为了早期施药的安全，加入安全剂可大大改善制剂对水稻幼芽和幼苗的安全性。安全剂通过水稻根部吸收而发挥作用。不含安全剂的产品登记用于水稻抛秧田、移栽田，含有安全剂的产品登记用于水稻秧田、直播田、抛秧田。二是拮抗剂。有些除草剂施用后，喷施具有拮抗效应的物质，有明显解毒作用。三是分解剂。有些除草剂遇酸或碱不稳定，可单独施用或在喷洒的清水中加入碳酸钠、生石灰、硫酸锌等物质。四是刺激剂。喷施赤霉素、芸薹素内酯、复硝酚钠等植物生长调节剂和尿素等速效肥料，可缓解药害。

（3）**加强田间管理**　中耕松土、排水晒田，促进药剂分解。追施速效氮肥，增施磷、钾肥和微肥，合理"疗养"，促进根系发育和茎叶生长，增强作物补偿能力。

（4）**及时补种**　若药害严重，挽救无望，应果断补种作物。

四、药害预防措施

除草剂药害并非防不胜防，只要把握住关键节点，就完全可以预防药害发生。

（1）**三步**　坚持试验、示范、推广"三步走"的原则，因地制宜使用除草剂，不要一知半解、道听途说。我国地域辽阔，各地情况千差万别，使用除草剂必须遵守这一点，如乙氧氟草醚虽然在水稻上取得了登记，但从对水稻安全的角度考虑，北方地区不宜使用；又如

30％丙草胺（扫弗特）乳油在南方用得非常"舒心"，但在北方水稻直播田和秧田使用时，应先试验，取得经验后再推广。

（2）三证　到正规经营单位购买正规生产厂家制造的"三证"（农药登记证或农药临时登记证，农药生产许可证或农药生产批准证书，农药标准证）齐全的除草剂，切忌贪图便宜，因小失大。

（3）五看　有五个方面。①看医生。切忌自以为是、不懂装懂，有除草剂方面的问题必须看植物医生，向技术部门、专业人员或文献资料请教。②看标签。仔细阅读标签和使用说明书，看懂其内容。有的厂家特别提醒道，"误用农药会导致危险，必须按照产品标签指示使用"。③看作物。选择除草剂时必须弄清其适用的作物种类，切勿想当然，切勿张冠李戴，切勿擅自扩大使用范围，以免作物"吃错药"后出现苗死草不死或者草苗同归于尽的现象。④看天气。谋事在人，成事在天，使用除草剂要不违天时（适宜的气候条件）。气候环境条件包括太阳光照、空气温度、空气湿度、大气降水、空气流动等5个因素。⑤看地况。凡事讲求天时、地利、人和，使用除草剂要因地制宜，充分发挥地利（土地对农业生产的有利因素）。土壤环境条件包括土壤温度、土壤湿度、土壤养分、土壤空气、土壤质地、土壤有机质、土壤酸碱度、土壤微生物、土壤农药残留9个因素。

（4）六适　使用除草剂的三项基本原则是安全、高效、经济，六个基本要领是"六看"或"六适"。

（5）六环　无论是除草剂生产、运输、贮藏环节，还是经营、监管、使用环节，都必须严格照章办事，切不可疏忽大意。

第二章

稻田杂草全程防除

第一节　水稻田杂草全程防除策略

我国农田化学除草工作是从水稻开始的，1956 年在水稻田试验 2,4,5-涕，1959 年首次在黑龙江省延寿县进行飞机喷洒 2,4,5-涕防除稻田杂草 3 万余亩。六十多年来，我国水稻田化学除草工作取得了长足发展和可喜进步，形成了完整的水稻田杂草综合治理技术体系和实用技术措施。

为推动农田杂草科学防控，促进除草剂减施增效、安全使用，全国农业技术推广服务中心组织有关专家围绕水稻、小麦、玉米、大豆、马铃薯、油菜、棉花田草害防控，研究制订了《2020 年农田杂草科学防控技术方案》，包括技术思路、技术措施、保障措施 3 大模块。技术思路模块的内容为"农田杂草防控要以农业绿色高质量发展为引领，以作物增产增收和除草剂减量控害为目标，科学制订化学除草使用策略，实施综合防控，努力降低除草剂药害，确保农业生产安全、农产品质量安全和农业生态环境安全。①坚持综合防控。结合轮作休耕、翻耕整地等农业措施，发挥以水控草、天敌控草等生态控草作用，降低杂草发生基数，减轻化学除草压力。②坚持减量增效。大力推广除草剂减量使用技术，选用高效安全除草剂并适期施药，杜绝超剂量使用，保障安全，提升防效。"

技术措施模块中稻田杂草防控方案的详细内容如下：稻田杂草分为三类，稗草、千金子、杂草稻等禾本科杂草，野慈姑、雨久花、鸭舌草等阔叶杂草和异型莎草、碎米莎草、萤蔺等莎草科杂草。杂草防控要立足早期治理、综合防控，根据水稻种植模式、杂草种类与分布特点，开展分类指导。

其一是非化学控草技术。①种子精选。通过对稻种调进、调出检疫，检查稻种中是否夹带稗草等杂草种子，经过筛、风扬、水选等措施，汰除杂草种子，减少杂草的远距离传播与危害。②农业措施。通过深翻平整地、水层管理、肥水壮苗、水旱轮作、轮作换茬等措施，保持有利于水稻良好生长的生态条件，促进水稻生长，提高水稻对杂草的竞争力。在水稻生长中后期，可人工拔除杂草，避免新一代杂草种子侵染田间。③物理措施。水源及茬口条件容许的地方，可采取在灌水口安置尼龙纱网拦截杂草种子，田间灌水 10～15cm 捞取水面漂浮的杂草种子，以及清除田埂周围的杂草等措施，努力减小土壤杂草种子库数量，降低农田杂草的发生量。④生物措施。在水稻抽穗前，通过人工放鸭、养鱼来取食株、行间杂草幼芽等措施，减少杂草的发生基数。

其二是化学除草技术。稻田杂草因地域、种植方式的不同，采用的化除策略和除草剂品种有一定差异。

机插秧田。在东北稻区灌溉水充足的稻田，杂草防控采用"两封一补"策略，插秧前和插秧后各采用土壤封闭处理 1 次，插后 20 天视草情茎叶喷雾处理 1 次；在灌溉水紧缺的稻田，杂草防控采用"一封一杀"策略，插后土壤封闭处理 1 次，插后 20 天茎叶喷雾处理 1 次。插前 3～7 天选用噁草酮、丁草胺、丙草胺、莎稗磷、吡嘧磺隆及其混剂土壤封闭处理；插后 10～12 天（返青后）选用丁草胺、丙草胺、苯噻酰草胺、莎稗磷、丙嗪嘧磺隆、吡嘧磺隆、苄嘧磺隆及其混剂土壤封闭处理；插后 20 天左右可选用五氟磺草胺、氰氟草酯、二氯喹啉酸、噁唑酰草胺、氯氟吡啶酯、二甲四氯、灭草松及其混剂进行茎叶喷雾处理。在长江流域及其他稻区机插秧田，杂草防控采用"一封一杀"策略，在插前 1～2 天或插后 5～7 天选用丙草胺、苯噻酰草胺＋苄嘧磺隆等药剂土壤封闭处理；插后 15～20 天选用二氯喹啉酸、五氟磺草胺、氰氟草酯、噁唑酰草胺、吡嘧磺隆、二甲四氯、灭草松及其混剂进行茎叶喷雾处理。

旱直播稻田。在长江流域稻区，杂草防控采用"一封二杀三补"策略，播后苗前选用丁草胺、噁草酮、二甲戊灵、丙草胺及其混剂土壤封闭处理，播后 15～20 天选用五氟磺草胺、二氯喹啉酸、氰氟草酯、氯氟吡啶酯及其混剂进行茎叶喷雾处理。根据田间残留草情，选用氰氟草酯、五氟磺草胺、二氯喹啉酸、噁唑酰草胺及其复配剂进行补施处理。以旱直播为主的西北稻区，播种时用仲丁灵封闭，在水稻 2～3 叶期选用五氟磺草胺、氰氟草酯、噁唑酰草胺及其混剂进行茎叶喷雾处理。

水直播稻田。在长江流域及华南稻区，杂草防控采用"一封二杀"策略。播后苗前选用丙草胺（含安全剂）、苄嘧磺隆及其混剂进行土壤封闭处理；水稻 3～4 叶期选用五氟磺草胺、氰氟草酯、噁唑酰草胺、二氯喹啉酸、双草醚、二甲四氯、灭草松及其混剂进行茎叶喷雾处理。西北稻区，在水稻 2～3 叶期选用五氟磺草胺、氰氟草酯、噁唑酰草胺及其混剂进行茎叶喷雾处理，上水后结合施肥撒施苯噻酰草胺、丙草胺、吡嘧磺隆、苄嘧磺隆及其混剂防除杂草。

人工移栽及抛秧稻田。在秧苗返青后，杂草 1 叶前选用丙草胺、苯噻酰草胺、丁草胺、苄嘧磺隆、吡嘧磺隆、丙嗪嘧磺隆、嗪吡嘧磺隆、嘧苯胺磺隆、氟吡磺隆、氟酮磺草胺及其混剂进行土壤封闭处理；或在杂草 2～3 叶期，选用五氟磺草胺、氰氟草酯、二氯喹啉酸及其混剂进行茎叶喷雾处理。

一、对草下药选用水稻田除草剂

在所有农作物中，登记用于水稻的除草剂有效成分种数和产品个数最多。获准登记用于水稻的除草剂有效成分逾 83 种，其中已有单剂的有效成分逾 69 种，目前尚无单剂而只出现在混剂中的有效成分逾 14 种。此外，既无单剂也无混剂登记用于水稻，但生产上却有着应用的逾 17 种。所以可用于水稻的除草剂有效成分共计逾 100 种。

1. 水稻种植之前使用的除草剂

登记用于水稻种植之前使用的除草剂有效成分有百草枯、草甘膦铵盐、草甘膦钾盐、草甘膦异丙胺盐、苄嘧磺隆、丁草胺等，已登记混剂如50%苄嘧磺隆·草甘膦·丁草胺可湿性粉剂（0.5%＋31.2%＋18.3%），用于水稻免耕直播田，防除一年生和多年生杂草，每亩用50%可湿性粉剂400~500g，喷雾，参见LS20050309。

2. 水稻种植期间使用的除草剂

登记用于水稻种植期间使用的除草剂有效成分逾75种（除了五氯酚钠之外均为选择性除草剂）。

3. 水稻田埂畦畔使用的除草剂

登记用于水稻田埂或水田畦畔使用的除草剂有效成分有氯氟吡氧乙酸、氯氟吡氧乙酸异辛酯（两者登记用于水田畦畔除草，每亩用20%乳油50mL，参见PD148-91）、草甘膦异丙胺盐（登记用于水稻田埂除草，每亩用41%水剂200~400mL，参见PD73-88）。

稻田杂草种类众多，适用的除草剂种别类属繁多，如何科学选用除草剂呢？编者根据多年经验，从杂草类型和除草剂类型两个方向着手，率先创建了水稻田化学除草"对草下药"明细表（表2-1），有了这张小小的表格之后，在选用除草剂时一目了然，可避免误选误用，提高针对性。

表2-1　水稻田化学除草"对草下药"明细表

防除对象	除草剂类型		
	土壤处理剂		茎叶处理剂
只除莎草	杀草隆*		—
只除禾草		1类	氰氟草酯*、精噁唑禾草灵*、稗草稀*、噁唑酰草胺*、二氯喹啉草酮
只除阔草	甲磺隆*、呋喃磺草酮		溴苯腈、麦草畏、麦草畏异丙胺盐、唑酮、氯氟吡氧乙酸、氯氟吡氧乙酸异辛酯
防除水绵	西草净*、三苯基乙酸锡*、硫酸铜		—

稻田杂草原色图谱与全程防除技术（第二版）

防除对象		除草剂类型	
		土壤处理剂	茎叶处理剂
兼除莎草、禾草	2类	克草胺*、哌草磷、哌草丹*、禾草敌*	—
兼除莎草、阔草		醚磺隆*、氯吡嘧磺隆*	2,4-滴丁酸钠盐*、2,4-滴丁酯*、2,4-滴二甲胺盐*、2甲4氯、2甲4氯钠*、2甲4氯二甲胺盐*、2甲4氯丁酸乙酯、灭草松*
兼除禾草、阔草		杀草胺*、二甲戊灵*、仲丁灵*、敌草隆*、异丙隆*、灭草灵*、异噁草酮*	敌稗*、二氯喹啉酸、乙羧氟草醚
兼除莎草、禾草，抑制阔草		莎稗磷*	
兼除莎草、阔草，抑制禾草		苄嘧磺隆*、环丙嘧磺隆*	乙氧磺隆*
兼除莎草、禾草、阔草	3类	五氯酚钠*（灭生性除草剂）、毒草胺*、甲草胺、乙草胺*、丙草胺*、丁草胺*、异丙草胺*、异丙甲草胺*、苯噻酰草胺*、吡氟酰草胺、精异丙甲草胺*、R-左旋敌草胺*、吡嘧磺隆*、四唑嘧磺隆*、噁草酮*、丙炔噁草酮*、四唑酰草胺*、除草醚*（已禁用）、乙氧氟草醚*、异戊乙净*、扑草净*、西草净*、禾草丹*、环庚草醚*、噁嗪草酮*、硝磺草酮*、双唑草腈*、双环磺草酮*、环戊噁草酮*、氟酮磺草胺*	五氟磺草胺*、氟吡磺隆*、双草醚*、嘧草醚*、环酯草醚*、嘧啶肟草醚*、三唑磺草酮*、嗪吡嘧磺隆*、丙嗪嘧磺隆*、氯氟吡啶酯* 百草枯*、敌草快、草甘膦铵盐*、草甘膦钠盐*、草甘膦钾盐*、草甘膦异丙胺盐*、草甘膦二甲胺盐*、草硫膦、草铵膦、精草铵膦钠盐*、双丙氨膦、双丙氨膦钠盐（上列12种均为灭生性除草剂）
兼除莎草、禾草、阔草、藻草	4类	嘧苯胺磺隆*	—

注：带 * 的有效成分已有单剂产品获准登记用于水稻。虽然个别产品能兼除莎草、禾草、阔草、藻草4类杂草，但目前尚无一个产品取得登记。

二、因地制宜应用水稻田除草剂

选择水稻田除草剂应高度注意以下几点，慎重制订使用策略和使用技术，否则无法保证药效，甚至产生药害。

1. 北方南方地域的差异

（1）适用与否　有些除草剂在北方和南方水稻田的适应性是不同的，例如含有乙草胺、异丙甲草胺、精异丙甲草胺等的除草剂不宜或不能在北方应用。又如乙氧氟草醚虽然获准登记用于水稻，但从安全角度考虑，北方不宜推广。再如丙草胺（含安全剂的产品）不宜在北方水稻直播田应用。

（2）用量高低　很多水稻田除草剂在北方的用量高于南方。从登记情况看，在北方的用量为在南方的用量的1.3～4.7倍，如表2-2所示。

表2-2　水稻田除草剂在北方和南方的登记用量

单位：g（a.i.）/hm^2

除草剂	登记作物	登记用量		登记证号
		北方地区	南方地区	
36%异噁草酮微囊悬浮剂	水稻直播田	189～216	150～189	PD20070528
10%双草醚悬浮剂	水稻直播田	30～37.5	22.5～30	PD20040014
10%环丙嘧磺隆可湿性粉剂	水稻移栽田、直播田	30～40	15～30	PD350-2001
80%丙炔噁草酮可湿性粉剂	水稻移栽田	72～96	72	PD20070611
30%莎稗磷乳油	水稻移栽田	270～315（长江以北）	225～270（长江以南）	PD20050150
15%乙氧磺隆水分散粒剂	水稻移栽田、抛秧田	15.75～31.5（东北、华北地区）	11.25～15.75（长江流域地区）、6.75～11.25（华南地区）	PD20060010

2. 水稻耕种类型的差异

（1）水稻类型　水稻有粳稻和籼稻之分，有晚稻和早、中稻之分，同一种除草剂在这些水稻上的适应性可能不同。例如粳稻对双草醚较为敏感，所以只推荐在籼稻上应用；而吡嘧磺隆恰相反，在直播田应用，籼稻比粳稻对其敏感。

（2）稻田类型　水稻田有制种田、育秧田、直播田、抛秧田、移栽田等之分，同一种除草剂在这5种稻田的适应性是不同的，例如异丙甲草胺、精异丙甲草胺等只推荐用于移栽田，不能用于育秧田、直播田、抛秧田和制种田，噁嗪草酮只推荐用于育秧田、直播田、移栽田，不宜用于抛秧田和制种田。一般来说，除草剂在上述五种稻田可以从左到右依次"套用"，即能用于制种田的，就能用于育秧田；能用于育秧田的，就能用于直播田、抛秧田、移栽田；能用于直播田的，就能用于抛秧田、移栽田；能用于抛秧田的，就能用于移栽田。但是，千万不能自右往左"反串"，即能用于移栽田的，不一定能用于抛秧田、直播田、育秧田；能用于抛秧田的，不一定能用于直播田、育秧田；能用于直播田的，不一定能用于育秧田；能用于育秧田的，不一定能用于制种田。制种水稻最为"娇气"，目前尚无一种除草剂专门登记用于制种田，很多产品标签上特别声明"本品应避免在制种田使用"，生产上仅推荐苄嘧磺隆、吡嘧磺隆、丙草胺（含安全剂）、氰氟草酯、五氟磺草胺等少数几种除草剂用于制种田（表2-3）。

表2-3　水稻田5种类型化学除草相互关系

水稻田类型		化学除草可以相互参照的类型
制种田		播籽育秧田、栽苗育秧田、直播田、抛秧田
育秧田	播籽育秧田（如水育秧田）	直播田
	栽苗育秧田（如温室两段寄栽秧田）	制种田、抛秧田
直播田		播籽育秧田
抛秧田		栽苗育秧田、制种田
移栽田	小乳苗移栽田	栽苗育秧田、抛秧田
	中苗移栽田	

（3）用量高低　多数除草剂在移栽田的用量高于抛秧田、直播

田、育秧田，例如 50％丙草胺乳油在移栽田的登记亩用量为 60～70mL，在抛秧田为 40～60mL，参见 LS20052196。又如 30％丙草胺乳油（含安全剂）在抛秧田的登记亩用量为 110～150mL，在直播田为 100～150mL，在育秧田为 100～116.7mL，参见 LS2001290。

3. 防除对象类型的差异

很多除草剂针对不同防除对象（杂草类型）的用量是不同的，例如 30％苄嘧磺隆可湿性粉剂防除多年生莎草、阔草的登记用量为 13.3～20g/亩，防除一年生莎草的登记用量为 6.67～13.3g/亩，参见 PD267-99。

4. 水稻生育时期的差异

有些除草剂对水稻生育时期的要求是很严格的，例如噁嗪草酮必须在直播田水稻播种 2 天后使用，禾草丹必须在水稻 1 叶期后使用，丙草胺（不含安全剂）宜在水稻 3.5 叶期后使用，2 甲 4 氯钠宜在水稻 4 叶期后使用（表 2-4）。

表 2-4　水稻田除草剂安全施药期与禁止施药期

除草剂	安全施药期	禁止施药期
丙草胺（含有安全剂）	水稻扎根后	水稻胚根萌发达标前
丁草胺（含有安全剂）	水稻扎根后	水稻胚根萌发达标前
噁嗪草酮	水稻播后 5～7 天	水稻播后 0～2 天
禾草丹	水稻 1.5 叶期后	水稻 1 叶期前
二氯喹啉酸	水稻 2.5 叶期后	水稻 2 叶期前
丙草胺（不含安全剂）	水稻 3.5 叶期后	水稻 3 叶期前
醚磺隆	水稻 3～4 叶期后	水稻 3 叶期前
莎稗磷	水稻 4 叶期后	水稻 4 叶期前
2,4-滴丁酯	水稻 5 叶期至拔节前	水稻 4 叶期前、拔节后
2 甲 4 氯钠	水稻 5 叶期至拔节前	水稻 4 叶期前、拔节后
异丙草胺	水稻 5 叶期后	水稻 5 叶期前
异丙甲草胺	水稻 5.5 叶期后	水稻 5.5 叶期前
精异丙甲草胺	水稻 5.5 叶期后	水稻 5.5 叶期前
麦草畏	水稻分蘖盛期至拔节前	水稻拔节后

5. 杂草生育进程的差异

很多除草剂对不同生育进程的杂草的用量是不同的，例如 10％氟吡磺隆可湿性粉剂防除移栽田杂草，于杂草苗前施药，登记用量为 13.3～20g/亩，于杂草 2～4 叶期施药，登记用量为 20～26.7g/亩，参 LS20070092。

6. 药剂施用方法的差异

有些除草剂会因为施药方法不同而导致用量不同，例如 2.5％五氟磺草胺油悬浮剂于稗 2～3 叶期施药，若采取毒土法，登记用量为 60～100mL，若采取喷雾法，登记用量为 40～80mL，参 PD20070350。

三、科学合理施用水稻田除草剂

1. 施用方式

水稻田除草剂的施用方式按作业靶的不同分为土壤处理、茎叶处理 2 种。在划归土壤处理剂的除草剂中，杀草隆等对已出土杂草基本无效，只能作土壤处理；禾草敌等既可作土壤处理，也可在杂草苗后早期作茎叶处理。在划归茎叶处理剂的除草剂中，敌稗、氰氟草酯、嘧啶肟草醚等只能作茎叶处理；2,4-滴丁酯、2 甲 4 氯钠、乙氧磺隆、五氟磺草胺等通常作茎叶处理，也可作土壤处理。

2. 施用方法

水稻田除草剂的施药方法灵活多样，有喷雾、毒土、毒沙、毒肥、瓶甩、施粒、滴灌、泼浇、喷雨、喷沫、涂抹等法。

3. 水分管理

水稻田除草剂对水分管理的要求可分成 3 种类型。

其一是灌水-保水型。施药时田内必须灌有水层 3～5cm，以利于药剂迅速扩散开来、全田均匀分布；施药后保持水层 5～7 天，以避免药剂随水流失，降低药效。灌水的深浅标准为水面不淹过秧心、田面不现出泥巴。保水总的要求为只灌不排，即这期间不能排水（遇暴雨需撤水的情况除外）、不能串水，若缺水则缓灌补水。例如移栽田施用乙草胺、禾草敌等除草剂即要求如此进行水分管理。

其二是排水-回保型。施药前排水，使杂草植株至少 50％露出水面；施药后 1～2 天回水，并保持 3～5cm 水层 5～7 天。例如直播田施用二氯喹啉酸、噁唑酰草胺等除草剂即要求如此进行水分管理。

其三是湿润-湿水型。施药时田间呈湿润状态，施药后保持湿润状态或保持薄水层。例如直播田播后苗前施用丙草胺（含安全剂）等除草剂即要求如此进行水分管理。

第二节　水稻移栽田杂草全程防除

移栽田又叫定植田、插秧田、栽秧田、本田、大田。移栽田的栽秧方式有手插、机插 2 种。在 5 种稻田类型中，用于移栽田的除草剂产品最多，可用于水稻的全部逾 100 种除草剂有效成分及其所有单剂产品、混剂产品都可以用于大中苗翻耕移栽田。在登记用于水稻的逾 83 种除草剂有效成分中，除了杀草隆、醚磺隆、氯氟吡氧乙酸、氯氟吡氧乙酸异辛酯、灭草松、2,4-滴丁酯、2 甲 4 氯钠等 10 多种之外，另 60 多种均对稗草有效。水稻移栽田除稗剂可用时期与施药适期如表 2-5 所示。

表 2-5　水稻移栽田除稗剂可用时期与施药适期

除草剂类型与品种		施药适期	可用时期
土壤处理剂	丙草胺	稗草 1.5 叶期前	
	丁草胺	稗草种子萌动期	稗草 2 叶期后施药防效明显下降
	异丙草胺	稗草 1.5 叶期前	
	异丙甲草胺	稗草 1.5 叶期前	
	精异丙甲草胺	稗草 1.5 叶期前	稗草 2.5 叶期后施药防效明显下降
	哌草丹	稗草 1.5 叶期前	对萌芽期至 1.5 叶期稗草具有理想防效
	乙草胺	稗草 1.5 叶期前	
	环庚草醚	稗草 1.5 叶期前	于稗草 2 叶期前施药效果好
	吡嘧磺隆	稗草 1.5 叶期前	对稗草的效果因施药时期而异,在稗草萌芽期施药效果最佳;对 1.5 叶期以前的稗草,低剂量抑制作用,高剂量有好的防效;对 2 叶期以上稗草防效很差

除草剂类型与品种		施药适期	可用时期
土壤处理剂	苯噻酰草胺	稗草1.5～2叶期	对稗草有特效,能防除3叶期前稗草
	禾草敌	稗草2.5叶期前	对稗草有特效,对1～4叶期的各生态型稗草均有效
	异噁草酮	稗草萌生高峰期(稗草1.5～2.5叶期)	
	噁嗪草酮	稗草2叶期前	
	禾草丹	稗草2叶期前	稗草2叶期前施药效果显著,3叶期后效果明显下降
	莎稗磷	稗草2叶期前	稗草2叶期前施药效果最佳,超过3.5叶期防效显著降低
	四唑酰草胺	稗草2叶期前	对2叶期前稗草具有特效,也可有效防除3叶期后的高龄稗草
茎叶处理剂	五氟磺草胺	大多数杂草1～4叶期施药最佳	在稗草出苗后到抽穗期施药均可有效防除稗草。对大龄稗草有极佳防效。既可作土壤处理,也可作茎叶处理
	敌稗	稗草1.5～2.5叶期施药最佳	稗草1～3叶期(稗草2叶期最为敏感),对3叶期以上稗草防效差。只能作茎叶处理
	氰氟草酯	禾草1.5～4叶期施药最佳	于禾草出苗后施药,"见草打药"。对大龄稗草效果特别好
	嘧草醚	稗草2～4叶期	对0～4叶期的稗草都有高效。既可作土壤处理,也可作茎叶处理
	二氯喹啉酸	稗草2.5～3.5叶期施药最佳	能杀死1～7叶期的稗草,对4～7叶期的高龄稗草药效突出。既可作土壤处理,也可作茎叶处理
	双草醚	稗草3～5叶期施药最佳	于稗草1～7叶期均可施药。只能作茎叶处理
	嘧啶肟草醚	稗草3.5～4.5叶期施药	对稗草活性尤佳,稗草2.5～3.5叶期最敏感,对大龄稗草也有良效。只能作茎叶处理

一、移栽田·大中苗·翻耕移栽田

大中苗翻耕移栽田即传统的、常规的翻耕移栽田。可用于水稻的全部逾 82 种除草剂有效成分及其所有单剂产品、混剂产品都可以用于大中苗翻耕移栽田。这类稻田全程化学除草可分 2 个阶段进行。

(一) 移栽之前除草

1. 移栽之前的较远期除草

西南等地的稻田有一部分要蓄留冬水，为来年种稻准备水源。为了防除眼子菜等多年生顽固杂草，可提前在头年中稻收后施药。每亩用 50％扑草净可湿性粉剂 200g 或 50％扑草净可湿性粉剂 100g＋56％2 甲 4 氯钠 100g。采取毒土法施药，施药时田内灌有浅水层，施药后保水；或采取喷雾法，每亩兑水 50L 喷射眼子菜，施药前排干田水，隔 7～10 天再灌水并保水。

2. 移栽之前的临近期除草

(1) 茎叶处理剂单用或混用　稻田耕整前，倘若田内有作物残茬或有杂草长出 (例如冬闲田)，可先将其除掉，再"干干净净"地整田。每亩用 20％敌草快水剂 100～200mL 或 41％草甘膦异丙胺盐水剂 100～200mL。这些药剂均为灭生性除草剂，杀草谱广，待杂草枯黄后即可进行农事操作。对于眼子菜严重的双季稻田，可在早稻收后立即排干田水，每亩用 56％2 甲 4 氯钠原药 100～125g＋20％敌稗乳油 500mL，兑水 50L 喷射眼子菜。施药后保持田内无水 4～5 天，然后按正常程序种晚稻。

(2) 土壤处理剂单用或混用　杀草隆几乎或只能在移栽前施用，且施药后要混土；噁草酮、丙炔噁草酮等最好在移栽前施用，苄嘧磺隆、吡嘧磺隆、丙草胺等主要在移栽后但也可在移栽前施用，施药后不混土。

① 杀草隆。在田块整平后及时施药。每亩用 40％可湿性粉剂 125～500g (防除一年生莎草和浅根性多年生莎草每亩用 125～250g，防除深根性多年生莎草每亩用 375～500g)，拌土撒施于土表，随即混土 (防除一年生莎草和浅根性多年生莎草混土 2～5cm，防除深根

性多年生莎草混土 5～7cm)，混土后平整田面，即可润水栽秧。

② 恶草酮。在耙田后耢平时，趁田水浑浊，抓紧施药。南方每亩用 12% 乳油 133～200mL 或 25% 乳油 65～100mL，北方每亩用 12% 乳油 200～250mL 或 25% 乳油 100～133mL。采取瓶甩（25% 乳油不可采取此法）、毒土、喷雾、泼浇等法施药，施药时田内灌有水层 3cm 左右，施药后保水 2～3 天。施药后至少间隔 2 天再栽秧。

③ 丙炔恶草酮。在耙田后耢平时，趁田水浑浊，抓紧施药。每亩用 80% 水分散粒剂 6g。采取毒土、喷雾、泼浇（先将除草剂溶于少量水中，接着加水 15L 充分搅拌均匀，而后把药液均匀泼浇到田里）等法施药，施药时田内灌有水层 3cm 左右，施药后保水 5～7 天。施药后至少间隔 3 天再栽秧。

（二）移栽之后除草

移栽之后除草可以从除草时段和药剂类型 2 个方面来考量。

首先，从除草时段来看。水稻大中苗翻耕移栽田除草的总体策略是狠抓栽后初前期（栽后 10 天以内）封闭，酌抓栽后中后期（栽后 10 天之后）补杀。栽后初前期是杂草种子的集中萌发期，此时用药主要针对种子繁殖的一年生杂草和抑制多年生杂草，具有费省效宏、将杂草种子消灭在萌芽阶段等优点。栽后中后期用药主要针对营养繁殖的多年生杂草和漏防的一年生杂草。例如防除眼子菜，在水稻分蘖盛期至末期（一般在栽秧后 20～30 天），眼子菜基本出齐、大部分叶片由茶褐色转为绿色时（眼子菜处于 3～5 叶期）施药。水稻移栽田移栽之后除草的 2 个时段如表 2-6 所示。

表 2-6　水稻移栽田移栽之后除草的 2 个时段

施药时段	除草剂类型	单剂品种数量	施药时期	施药方法	配套田灌
移栽之后的初前期	土壤处理剂	多，逾 35 个	移栽后 0～10 天（一般早稻 5～7 天，中稻 5 天左右，晚稻 3～5 天）	主要采取毒土、毒肥等法，也可采取喷雾等法	灌水施药，药后保水
移栽之后的中后期	茎叶处理剂	少，20 多个	根据杂草、水稻生育时期而定	主要甚至只能采取喷雾法	排水施药，药后回水

其次，从药剂类型来看。除草剂按施用方式分为土壤处理剂和茎叶处理剂两类。在水稻移栽之后用于水稻生长期间除草的单剂品种超过 50 个，其中选择性土壤处理剂极多，已登记单剂品种逾 35 个；选择性茎叶处理剂相对要少些，已登记单剂品种仅 20 多个。五氟磺草胺、乙氧磺隆、2,4-滴丁酯、2 甲 4 氯钠等虽然划归茎叶处理剂，但也可作土壤处理。

1. 选择性土壤处理剂单用

在水稻移栽之后用于水稻生长期间除草的选择性土壤处理剂极多，已登记单剂品种逾 35 个。

（1）只除莎草 1 类杂草　用于水稻生长期间只除莎草的选择性土壤处理剂极少，已登记单剂品种如杀草隆。

杀草隆。多在水稻移栽前施用，也可但几乎从不在水稻栽后施用。能防除一年生、多年生的莎草，如扁秆藨草、异型莎草、牛毛毡、萤蔺、日照飘拂草。对莎草有特效，对阔草、禾草基本无效（有的资料说对稗草也有一定效果）。

（2）只除禾草 1 类杂草　用于水稻生长期间只除禾草的选择性土壤处理剂尚无产品面市。

（3）只除阔草 1 类杂草　用于水稻生长期间只除阔草的选择性土壤处理剂极少，已登记单剂品种如甲磺隆。

甲磺隆。在水稻移栽后 20 天施药。每亩用 20％干悬浮剂（水分散粒剂）0.5～0.65g（是所有水稻田除草剂中有效成分用量和商品制剂用量最低的品种）。采取毒土法或喷雾法施药。登记用于水稻，防除阔草，如鸭舌草、泽泻、慈姑、狼巴草、蘋、鳢肠、节节菜、空心莲子草（水花生），尤其对眼子菜有突出防效，参 LS93007。对莎草防效差。本品对水稻安全性差，为保证安全，一是只能用于南方稻区大苗移栽田，二是最好不单用，而与苄嘧磺隆等混用。

（4）只除水绵 1 种杂草　曾经登记用于防除水绵的有三苯基乙酸锡、西草净、硫酸铜等 3 种有效成分。三苯基乙酸锡因对水生生物毒性大而暂未续展登记。硫酸铜可防除水绵、刚毛藻、茨藻、轮藻等水生藻类。据资料报道，乙氧磺隆、丙炔噁草酮、乙氧氟草醚、嘧苯胺磺隆、异丙甲草胺、精异丙甲草胺等能防除水绵。

（5）兼除莎草禾草 2 类杂草　用于水稻生长期间兼除莎草禾草的选择性土壤处理剂不多，已登记单剂品种如禾草敌、哌草丹、克草胺。

① 禾草敌。在水稻移栽后 5～7 天、秧苗缓苗后施药。对稗草有特效，对 1～4 叶期的各生态型稗草均有效；用药早时对牛毛毡、碎米莎草也有效；对阔草无效。

② 哌草丹。在水稻移栽后 3～6 天、稗草 1.5 叶期前施药。每亩用 50％乳油 150～200mL。只防除稗草、牛毛毡，对其他杂草无效。

③ 克草胺。在水稻移栽后 5～7 天、秧苗缓苗后施药。每亩用 47％乳油 75～100mL（东北地区）、50～75mL（其他地区）。拌土撒施。能防除稗草、牛毛毡等。

④ 哌草磷。目前尚无单剂登记用于水稻。已登记混剂如 50％哌草磷·异戊乙净乳油（40％＋10％），每亩用 160～200mL。

（6）兼除莎草阔草 2 类杂草　用于水稻生长期间兼除莎草阔草的选择性土壤处理剂极少，已登记单剂品种如醚磺隆。

醚磺隆。在水稻移栽后 5～15 天、秧苗缓苗后施药。南方每亩用 20％水分散粒剂 6～7g，北方每亩用 20％水分散粒剂 8～10g。能防除莎草阔草，对禾草无效。

（7）兼除禾草阔草 2 类杂草　用于水稻生长期间兼除禾草阔草的选择性土壤处理剂也不多，已登记单剂品种如异噁草酮、杀草胺、灭草灵。

① 异噁草酮。在水稻移栽后 2～5 天、稗草 1 叶 1 心期施药。每亩用 36％微囊悬浮剂 28～40mL 或 48％乳油 25～40mL。

② 杀草胺。在水稻移栽后 3～5 天、秧苗缓苗后施药。每亩用 60％乳油 60～100mL。

③ 灭草灵。在水稻移栽后 3～5 天施药。每亩用 25％可湿性粉剂 1000～1500g。

④ 异丙隆。目前尚无单剂登记用于水稻。已登记混剂如 60％苄嘧磺隆·异丙隆可湿性粉剂（4％＋56％），登记用于水稻移栽田，防除一年生及部分多年生杂草，每亩用 60～80g（南方地区），药土法，参 LS2000868。

⑤ 敌草隆。防除一年生杂草，在水稻移栽后 5～10 天施药，每

亩用 80％可湿性粉剂 9.4～12.5g。防除眼子菜，在水稻移栽后 20～30 天、水稻分蘖盛期，眼子菜基本出齐、大部分叶片由红转绿时施药。每亩用 80％可湿性粉剂 15.6～31.2g，拌土撒施。能防除稗草、眼子菜、蘋等一年生和多年生杂草。

（8）兼除莎草禾草，抑制阔草　用于水稻生长期间兼除禾草莎草，抑制阔草的选择性土壤处理剂很少，已登记单剂品种如莎稗磷。

莎稗磷。在水稻移栽后 4～10 天、稗草 2.5 叶期前施药。南方每亩用 30％乳油 50～60mL，北方每亩用 60～80mL。能防除稗草、光头稗、千金子、碎米莎草、异型莎草、飘拂草等（有资料说莎稗磷对某些一年生阔草有抑制作用）。

（9）兼除莎草阔草，抑制禾草　用于水稻生长期间兼除莎草阔草，抑制禾草的选择性土壤处理剂很少，已登记单剂品种如苄嘧磺隆、环丙嘧磺隆。

① 苄嘧磺隆。主要防除一年生、多年生的阔草、莎草，高剂量下对稗草有一定抑制作用。本品对水稻安全性好，在水稻田施药可选施药期的范围宽。在水稻移栽前至移栽后 20 天均可使用，但以移栽后 5～15 天施药为佳。防除一年生杂草，南方每亩用有效量 1.3～2g（折合每亩用制剂量 10％可湿性粉剂 13.3～20g 或 30％可湿性粉剂 4.3～6.7g），北方每亩用有效量 2～3g；防除顽固性多年生阔草每亩用有效量 3～4g（折合 30％可湿性粉剂 10～13.3g），防除顽固性多年生莎草每亩用有效量 4～6g。若采取两次施药的办法防除顽固性多年生杂草，每亩用有效量 3～4.5g（第一次）＋2～4.5g（第二次）。

② 环丙嘧磺隆。主要防除一年生、多年生的阔草、莎草，高剂量下对稗草有一定抑制作用。在水稻移栽后 3～6 天（南方）、7～10 天（北方）施药。南方每亩用 10％可湿性粉剂 10～20g，北方每亩用 20～26.7g。防除稗草，每亩用 30～40g；防除扁秆藨草、日本藨草、藨草，每亩用 40～60g。

③ 乙氧磺隆。能有效防除阔草、莎草，高剂量下对稗草有抑制作用。本品划归茎叶处理剂，也可作土壤处理剂。若采取毒土法或毒肥法作土壤处理，在水稻移栽后 3～7 天（南方）、4～10 天（北方）施药。华南每亩用 15％水分散粒剂 3～5g，长江流域每亩用 5～7g，华北东北用 7～14g/亩。

（10）兼除莎草禾草阔草 3 类杂草　用于水稻生长期间兼除莎草禾草阔草的选择性土壤处理剂极多，已登记单剂品种逾 20 个，如乙草胺、丁草胺、四唑嘧磺隆。除草醚现已禁用。

① 乙氧氟草醚。若防除以稗草为主的杂草，在水稻移栽后 3～7 天施药；若防除以千金子、阔草、莎草为主的杂草，在水稻移栽后 7～13 天施药。每亩用 24％乳油 10～20mL。本品适用于秧龄 30 天以上、苗高 20cm 以上的一季中稻和双季晚稻移栽田。本品虽然在水稻上取得登记，但从对作物安全角度考虑，北方地区不宜在水稻上使用。

② 扑草净。在水稻移栽后 5～7 天施药。南方每亩用 50％可湿性粉剂 20～40g。防除一年生杂草及牛毛毡显著。若以防除眼子菜和莎草为主，在水稻移栽后 15～20 天（南方）或 20～45 天（北方）、眼子菜由红转绿时施药。每亩用 50％可湿性粉剂 30～40g（南方）或 65～100g（北方）。拌制毒土，于稻叶露水干后撒施。防除一年生的阔草、禾草、莎草和眼子菜、牛毛毡、萤蔺等多年生杂草。

③ 西草净。一般在水稻移栽后 12～18 天施药。每亩用 25％可湿性粉剂 100～200g。能防除 2 叶期前稗草和阔草。若以防除眼子菜为主，在水稻移栽后 20～30 天、眼子菜由红转绿时施药。南方每亩用 25％可湿性粉剂 100～150g，华北每亩用 25％可湿性粉剂 133～150g，东北每亩用 25％可湿性粉剂 200～250g。能防除稗草、鸭舌草、眼子菜（对眼子菜有特殊防效）、矮慈姑、野慈姑、三棱草等。

④ 异戊乙净。目前尚无单剂登记用于水稻。已登记混剂如 50％哌草磷·异戊乙净乳油（40％＋10％），每亩用 160～200mL。

⑤ 毒草胺。在水稻移栽后 4～6 天施药。每亩用 50％可湿性粉剂 200～300g。

⑥ 甲草胺。目前尚无单剂登记用于水稻。已登记混剂如 30％苯噻酰草胺·苄嘧磺隆·甲草胺泡腾粒剂（16％＋6％＋8％），每亩用 60～80g（北方地区）、30～50g（南方地区），直接撒施。

⑦ 乙草胺。在水稻移栽后（一般早稻在移栽后 6～8 天，中稻在移栽后 6 天左右，晚稻在移栽后 5～6 天）、秧苗缓苗后施药。每亩用 20％可湿性粉剂 30～40g。采取毒土法施药。本品主要用于长江流域

及以南稻区，要求秧苗为秧龄 30 天以上（叶龄 5.5 叶以上）的大苗。

⑧ 丙草胺。在水稻移栽后 3～5 天施药。珠江流域每亩用 40～50mL，长江、淮河流域每亩用 50～60mL，北方每亩用 60～80mL。采取毒土法施药。含安全剂的产品可安全地用于移栽田，但"大材小用"了。移栽田使用不含安全剂的产品即可，以降低成本。

⑨ 丁草胺。在水稻移栽后 3～5 天（最迟不超过 7 天）、水稻缓苗后、杂草处于萌动至 1.5 叶期施药。南方每亩用 60％乳油 85～100mL，北方每亩用 60％乳油 100～150mL。采取毒土法或毒肥法施药。

⑩ 异丙草胺。在水稻移栽后 5～7 天施药。每亩用 72％乳油 10mL。本品限于南方稻区大苗移栽田使用。

⑪ 异丙甲草胺。在水稻移栽后 5～7 天施药。每亩用 72％乳油 10～15mL。本品限于南方稻区大苗移栽田使用。

⑫ 苯噻酰草胺。在水稻移栽后 5～7 天、稗草 1.5 叶期前施药。南方每亩用 50％可湿性粉剂 50～60g，北方每亩用 60～80g。

⑬ 精异丙甲草胺。在水稻移栽后 5～7 天、秧苗缓苗后、稗草 1.5 叶期前施药。每亩用 96％乳油 4～7mL。本品限于南方稻区大苗移栽田使用。

⑭ *R*-左旋敌草胺。目前尚无单剂登记用于水稻。已登记混剂如 30％苄嘧磺隆·右旋敌草胺可湿性粉剂（5％＋25％），每亩用 20～30g，毒土法。

⑮ 吡嘧磺隆。在水稻移栽前至移栽后 20 天均可使用，但以移栽后 5～7 天、稗草 1.5 叶期前施药为佳。防除一年生、多年生的阔草、莎草。对稗草的效果因施药时期而异，在稗草萌芽期施药效果最佳；对 1.5 叶期以前的稗草，低剂量有抑制作用，高剂量有好的防效；对 2 叶期以上稗草防效很差。

⑯ 嘧苯胺磺隆。每亩用 50％水分散粒剂 8～10g。拌土撒施或兑水喷雾。登记用于水稻，防除稗草、阔草、莎草，参 LS20090109。

⑰ 四唑嘧磺隆。每亩用 50％水分散粒剂 1.33～2.67g。登记用于水稻移栽田，防除莎草、阔草，毒土法撒施，参 LS200022。

⑱ 四唑酰草胺。在水稻移栽后 0～8 天施药。长江流域及以南每亩用 50％可湿性粉剂 13.3～16g，东北每亩用 16～20g。登记用于水

稻移栽田，防除稗草、千金子、异型莎草及部分阔草，药土法或喷雾，参 LS200053。

⑲ 噁草酮。本品最好在水稻移栽前施用。

⑳ 丙炔噁草酮。本品最好在水稻移栽前施用。也可在水稻移栽后 7～10 天施药。

㉑ 禾草丹。在水稻移栽后 5～7 天、秧苗缓苗后、稗草 2 叶期前施药。每亩用 50％乳油 200～300mL。

㉒ 环庚草醚。在水稻移栽后 5～7 天、秧苗缓苗后、稗草 2 叶期前施药。每亩用 10％乳油 20～25mL。

㉓ 噁嗪草酮。在水稻移栽后 5～7 天施药。每亩用 1％悬浮剂 267～336mL。登记用于水稻移栽田，防除稗草、沟繁缕、千金子、异型莎草，瓶甩或喷雾，参 LS200052。

㉔ 五氟磺草胺。若采取毒土法、毒沙法或毒肥法施药作土壤处理，用量高于茎叶处理。每亩用 2.5％油悬浮剂 60～100mL。施药时田内有水，施药后保持浅水层。

（11）兼除莎草、禾草、阔草、藻草 4 类杂草　虽然嘧苯胺磺隆等产品能兼除莎草、禾草、阔草、藻草 4 类杂草，但尚无一个产品取得登记。

2. 灭生性土壤处理剂单用

在水稻移栽之后用于水稻生长期间除草的灭生性土壤处理剂极少，已登记单剂品种如五氯酚钠。

五氯酚钠。系灭生性除草剂。在水稻移栽后 4～6 天、秧苗缓苗后、杂草萌发时施药。拌制毒土，于稻叶上露水干后撒施（不能采取喷雾法）。主要防除稗草和其他多种由种子萌发的幼芽（对未萌发的草籽和已长出的杂草杀伤力显著下降），如鸭舌草、矮慈姑、水马齿、节节菜、三棱草。对牛毛毡有一定抑制作用，对荆三棱、野荸荠、眼子菜、藊等防效差。

3. 选择性土壤处理剂混用

用于水稻移栽田的选择性土壤处理剂相互之间两两搭配或三三搭配的情况非常普遍（表 2-7），已登记混剂组合逾 80 个，混剂产品众多。

表 2-7　水稻移栽田土壤处理剂部分混用组合

配伍成分	混用组合	配伍搭档
苄嘧磺隆	二元混用	甲磺隆、禾草敌、哌草丹、二甲戊灵、异丙隆、莎稗磷、乙氧氟草醚、扑草净、西草净、毒草胺、乙草胺、丙草胺、丁草胺、异丙草胺、异丙甲草胺、苯噻酰草胺、精异丙甲草胺、R-左旋敌草胺、四唑嘧磺隆、禾草丹、环庚草醚
	三元混用	丙草胺+异噁草酮、丁草胺+甲磺隆、丁草胺+扑草净、丁草胺+乙草胺、丁草胺+异丙隆、二甲戊灵+异丙隆、甲磺隆+扑草净、甲磺隆+乙草胺、甲磺隆+异丙甲草胺、扑草净+乙草胺、苯噻酰草胺+禾草丹、苯噻酰草胺+甲草胺、苯噻酰草胺+乙草胺、苯噻酰草胺+异丙草胺、苯噻酰草胺+异丙甲草胺
吡嘧磺隆	二元混用	丙草胺、丁草胺、莎稗磷、苯噻酰草胺
	三元混用	扑草净+西草净、苯噻酰草胺+甲草胺
甲磺隆	二元混用	苄嘧磺隆、乙草胺
	三元混用	苄嘧磺隆+丁草胺、苄嘧磺隆+乙草胺、苄嘧磺隆+扑草净、苄嘧磺隆+乙草胺
醚磺隆	二元混用	乙草胺、异丙甲草胺
苯噻酰草胺	二元混用	苄嘧磺隆、吡嘧磺隆
	三元混用	苄嘧磺隆+禾草丹、苄嘧磺隆+甲草胺、苄嘧磺隆+乙草胺、苄嘧磺隆+异丙草胺、苄嘧磺隆+异丙甲草胺

4. 选择性茎叶处理剂单用

在水稻移栽之后用于水稻生长期间除草的选择性茎叶处理剂较多，已登记单剂品种有 20 余个。

（1）只除莎草 1 类杂草　用于水稻生长期间只除莎草的选择性茎叶处理剂尚无产品面市。

（2）只除禾草 1 类杂草　用于水稻生长期间只除禾草的选择性茎叶处理剂不多，已登记单剂品种如氰氟草酯、精噁唑禾草灵、噁唑酰草胺、稗草稀。

①氰氟草酯。在水稻移栽后、稗草 2～4 叶期施药；每亩用 10% 乳油 50～70mL。在水稻苗期到拔节期均可安全使用。于禾草出苗后施药，"见草打药"，以禾草 1.5～4 叶期施药最佳。最先登记每亩用 10% 乳油 40～60mL（参 2003 年版《农药登记公告汇编》），后变为

每亩用10%乳油50～70mL（参2008年版《农药管理信息汇编》）。根据杂草叶龄酌情确定用药量，若于稗草、千金子1.5～2叶期施药，每亩用10%乳油30～50mL；2～3叶期每亩用40～60mL；4～5叶期每亩用70～80mL；5叶期以上适度提高用药量。田面干燥情况下使用应适当增加用药量。只能作茎叶处理，作土壤处理没有效果。采取较高压力、低容量喷雾法施药，每亩兑水15～30L，施药前排水，使杂草植株至少50%露出水面。不仅对各种稗草高效，还可防除千金子、马唐、双穗雀稗、狗尾草、牛筋草等。对阔草、莎草无效。本品对大龄稗草效果特别好，且对水稻极为安全，可作为水稻生长中后期补救除草用药。

② 精噁唑禾草灵。在水稻移栽后20天、秧苗分蘖盛期施药。每亩用6.9%水乳剂20～25mL。进口产品6.9%维利水乳剂曾登记用于晚稻移栽田（限于广东省使用）防除稗草、千金子等禾草，但后未见续展登记。

③ 稗草稀。在水稻移栽后7～15天、稗草3叶期前施药。每亩用50%乳油75～100mL。拌土撒施。施药时田内灌有水层3～5cm，施药后保持水层5～7天。能防除稗草，对阔草、莎草几乎无效。

（3）只除阔草1类杂草　用于水稻生长期间只除阔草的选择性茎叶处理剂单剂品种有麦草畏等，但无厂家申办登记。

① 氯氟吡氧乙酸（氯氟吡氧乙酸异辛酯）。在水稻分蘖盛期施药，每亩用20%乳油50mL。每亩兑水30～50L粗雾点喷雾，施药前排出田水。能防除空心莲子草（水花生）等阔草。

② 唑草酮。目前尚无单剂登记用于水稻，已登记混剂如38%苄嘧磺隆·唑草酮可湿性粉剂（30%+8%）。

③ 麦草畏。在水稻分蘖盛期施药。每亩用本品48%水剂15mL+20% 2甲4氯水剂150mL。

④ 溴苯腈。在水稻移栽后20～30天、疣草4～6叶期施药；每亩用本品22.5%乳油70～80mL+25%扑草净可湿性粉剂30～40g，可有效防除比较难除的疣草；施药前1天把田水彻底排净，施药24小时后灌水恢复正常水层管理。施药后需间隔12小时无雨。

（4）只除水绵1种杂草　尚无相应产品面市。

（5）兼除莎草禾草2类杂草　尚无相应产品面市。

（6）兼除莎草阔草 2 类杂草　用于水稻生长期间兼除莎草阔草的选择性茎叶处理剂单剂品种已登记灭草松、2,4-滴丁酯、2 甲 4 氯钠、2 甲 4 氯二甲胺盐等。

① 灭草松。本品在水稻田施药期宽（无需考虑水稻生育时期），但以杂草多数出齐、处于 3～4 叶期施药防效最佳。在水稻移栽后 20～30 天施药。每亩用 25％水剂 200～400mL 或 48％水剂 133～200mL，防除一年生阔草用低量，防除莎草用高量。

② 2,4-滴丁酯。在水稻 5 叶期至拔节前（分蘖末期耐药力最强）施药。每亩用 72％乳油 40～50mL。本品在水稻 4 叶期前和拔节后施用易生药害，要严格掌握施药时期和使用剂量。

③ 2 甲 4 氯钠。在水稻 5 叶期至拔节前施药。

④ 2 甲 4 氯二甲胺盐。在水稻分蘖末期施药。南方每亩用 75％水剂 40～50mL，北方每亩用 70～90mL。

（7）兼除禾草阔草 2 类杂草　用于水稻生长期间兼除禾草阔草的选择性茎叶处理剂单剂品种已登记敌稗、二氯喹啉酸等。它们主要防除稗草。

① 敌稗。在水稻移栽后、稗草 1.5 叶期施药，于稗草 2～3 叶期施药应加大用药量；登记每亩用 16％乳油 1250～1875mL、20％乳油 1000～1500mL 或 36％乳油 416.7～722.2mL；采取喷雾法施药，施药前排水，施药后 1～2 天回水淹没稗心 2 天（不要淹没秧心），可提高除稗效果，以后正常管水。主要防除稗草（稗草 2 叶期前最为敏感），还能防除水马齿、鸭舌草等（有资料说对一年生莎草和多年生莎草牛毛毡也有一定的效果）。对野荸荠、眼子菜、藨等效果不大或基本无效。

② 二氯喹啉酸。在水稻移栽后、稗草 1～7 叶期施药，以稗草 2.5～3.5 叶期施药最佳。不同厂家、含量、剂型的产品的登记用量可能有出入。一般每亩用 300～375g（a.i.）/hm^2，折合制剂 50％可湿性粉剂 40～50g。悬浮剂、可湿性粉剂、可溶粉剂、水分散粒剂等剂型的产品一般采取喷雾法施药（施药前排水，施药后回水、保水），泡腾粒剂剂型的产品一般采取撒施法施药（施药前灌水，施药后保水）。主要防除稗草，是目前防除大龄稗草的特效药剂，能杀死 1～7 叶期的稗草，对 4～7 叶期的高龄稗草药效突出。对田菁、决明、雨

久花、鸭舌草、水芹、茨藻等有一定的防效。

（8）兼除莎草禾草，抑制阔草　尚无相应产品面市。

（9）兼除莎草阔草，抑制禾草　这类除草剂单剂品种仅登记乙氧磺隆1个。

乙氧磺隆。既可作土壤处理，也可作茎叶处理。若采取喷雾法作茎叶处理，在水稻移栽后10～20天施药。华南每亩用15%水分散粒剂3～5g/亩，长江流域每亩用5～7g/亩，华北东北每亩用7～14g/亩。能有效防除阔草、莎草，高剂量下对稗草有抑制作用。

（10）兼除莎草禾草阔草3类杂草　用于水稻生长期间兼除禾草莎草阔草的选择性茎叶处理剂单剂品种仅登记五氟磺草胺、嘧草醚、双草醚、环酯草醚、嘧啶肟草醚、氟吡磺隆等6个。施药前排水（排水露草程度因品种而略异），施药后1～2天恢复水层，并保持水层3～5天。

① 五氟磺草胺。在水稻移栽后、稗草2～3叶期施药；每亩用2.5%油悬浮剂40～80mL，采取喷雾法施药，或每亩用60～100mL，采取毒土法施药。在水稻1叶期至收获前均可安全地使用。在稗草出苗后到抽穗期施药均可有效防除稗草。于大多数杂草1～4叶期施药效果最佳。根据稗草叶龄和密度酌情确定用药量。若于稗草1～3叶期施药，每亩用40～60mL；3～5叶期每亩用60～80mL；5叶期以上适度提高用药量。既可作土壤处理，也可作茎叶处理。若采取喷雾法作茎叶处理，施药前排水，使杂草2/3露出水面，施药后1～3天恢复水层，并保持水层5～7天。若采取毒土法作土壤处理，施药时田内灌有水层，施药后保持水层。防除禾草、阔草、莎草，如稗草、稻稗、雨久花、鸭舌草、泽泻、萤蔺、异型莎草。对稗草防效尤为突出，对大龄稗草有极佳防效，同时对多种亚种的稗草效果好，对已对二氯喹啉酸、敌稗产生抗性的稗草效果好。对许多已对磺酰脲类产生抗性的杂草也有较好防除。对千金子无效。

② 双草醚。在水稻移栽后、稗草3～5叶期、其他杂草发生后施药；南方每亩用10%悬浮剂15～20mL＋0.1%展着剂Surfactant A-100，北方每亩用10%悬浮剂20～25mL＋0.1%展着剂。20%可湿性粉剂登记每亩用10～15g（南方稻区），参LS98468。在稗草1～7叶期均可施药，以稗草3～5叶期施药最佳。采取喷雾法施药，施

药前排水（放干田水或放浅田水，使杂草叶露出水面），施药后1～2天回灌薄水层，并保持水层4～5天。防除一年生、多年生的禾草、莎草、阔草，如稗草、双穗雀稗、稻李氏禾、匍茎剪股颖、马唐、看麦娘、东北甜茅、异型莎草、碎米莎草、牛毛毡、日照飘拂草、水莎草、扁秆藨草、香附子、萤蔺、花蔺、鸭舌草、雨久花、陌上菜、野慈姑、泽泻、丁香蓼、尖瓣花、狼巴草、眼子菜、谷精草、节节菜、水竹叶、空心莲子草、鳢肠、母草、水苋菜、矮慈姑。本品对稗草有很好的效果，是防除大龄稗草的有效药剂。本品对千金子效果较差。

③ 嘧草醚。在水稻移栽后施药；若稗草处于2.5叶期前，每亩用10％可湿性粉剂13.3～25g，若稗草处于2～4叶期，每亩用10％可湿性粉剂20～30g。在移栽田和直播田水稻各生育期均可使用。对芽前至4叶期前的稗草均有效。若采取喷雾法施药，施药前排水（使杂草至少2/3露出水面，确保有足够叶面积便于药液沉积，施药后1天回灌薄水层，并保持水层5～7天。若采取毒土法或毒肥法施药，施药时田内必须灌有水层，施药后保持水层。对稗草有特效（对0～4叶期的稗草都有高效），对莎草、阔草也有很好防效。

④ 环酯草醚。在水稻移栽后5～7天，于杂草2～3叶期施药（以稗草叶龄为主，尽量较早施药，效果更佳；防除稗草须在其2叶期前施药）；每亩用25％悬浮剂50～80mL；每亩兑水15～30L喷雾，施药前1天排干田水，施药后1～2天复水3～5cm，保持水层5～7天。

⑤ 嘧啶肟草醚。在水稻移栽后、稗草3.5～4.5叶期施药。北方地区每亩用1％乳油200～300mL或5％乳油50～60mL，南方地区每亩用1％乳油200～250mL或5％乳油40～50mL。防除一年生杂草用低量，多年生杂草用高量。杂草草龄增大应适当增加用药量。只能采取喷雾法作茎叶处理（必须让药液喷雾到杂草茎叶上才有效果），采取毒土等法作土壤处理没有效果。采取喷雾法施药，施药前排水（放干田水或放浅田水，使杂草叶露出水面），施药后1～2天回灌薄水层，并保持水层5～7天。可防除众多的一年生、多年生的禾草、阔草、莎草，如稗草（对稗草活性尤佳，2.5～3.5叶期稗草最敏感，对大龄稗草也有良效）、千金子、野慈姑、雨久花、谷精草、母草、狼巴草、眼子菜、蘋、鸭舌草、节节菜、泽泻、牛毛毡、异型莎草、

水莎草、萤蔺、日本藨草。对匍茎剪股颖、双穗雀稗、稻李氏禾、疣草等顽固性杂草也有很好的防效。

⑥氟吡磺隆。在水稻移栽后、秧苗缓苗后、杂草萌发前或萌发初期施药，每亩用10％可湿性粉剂13.3～20g。或在水稻移栽后、杂草2～4叶期施药，每亩用10％可湿性粉剂16～20g。若于稗草5叶期以上施药，每亩用10％可湿性粉剂20～24g。兑水喷雾或拌土撒施。

（11）兼除莎草禾草阔草藻草4类杂草　尚无相应产品面市。

5. 选择性茎叶处理剂混用

用于水稻生长期间除草的选择性茎叶处理剂单剂品种仅登记约15个，已登记混剂组合更少，约5个。

（1）只除禾草1类杂草　精噁唑禾草灵＋氰氟草酯。已登记混剂如10％乳油（5％＋5％），每亩用40～60mL，茎叶喷雾。

（2）兼除莎草阔草2类杂草

①2甲4氯钠＋灭草松。在水稻5叶期至拔节前施药。每亩用56％水剂125～150mL＋48％水剂100～150mL。

②2甲4氯异辛酯＋氯氟吡氧乙酸。每亩用混剂42.5％乳油（34％＋8.5％）50～75mL。

（3）兼除禾草阔草2类杂草　氯氟吡氧乙酸＋氰氟草酯、二氯喹啉酸＋氰氟草酯。氰氟草酯与部分能防除阔草的除草剂混用可能会有拮抗现象发生，但上述两个混用组合无拮抗作用。

（4）兼除莎草禾草阔草3类杂草

①二氯喹啉酸＋灭草松。在水稻3叶期后施药。每亩用50％可湿性粉剂25～30g＋48％水剂100～150mL。在稗草3～8叶期施药，每亩用50％可湿性粉剂35～52g＋48％水剂167～200mL，能有效防除一年生杂草和多年生莎草。

②二氯喹啉酸＋乙氧磺隆。每亩用混剂26.2％二氯喹啉酸·乙氧磺隆悬浮剂（25％＋1.2％）30～40mL，茎叶喷雾。

③氰氟草酯＋五氟磺草胺。于稗草2～4叶期施药；每亩用10％乳油50mL＋25％油悬浮剂60mL，或每亩用混剂6％油悬浮剂（5％＋1％）100～133.3mL。

④ 氰氟草酯＋其他茎叶处理剂。氰氟草酯与能防除阔草的部分除草剂（如2,4-滴丁酯、2甲4氯钠、灭草松、磺酰脲类）混用有可能出现拮抗作用，导致本品药效降低，这可通过调高氰氟草酯的用药量来克服；最好是氰氟草酯施用7天之后再施用上述能防除阔草的除草剂。

6. 选择性茎叶处理剂＋选择性土壤处理剂混用

用于水稻生长期间除草的选择性茎叶处理剂有效成分很少，登记用于水稻的选择性茎叶处理剂＋选择性土壤处理剂的混剂也屈指可数。

（1）可以防除禾草的混用组合

① 氰氟草酯＋土壤处理剂。氰氟草酯与异噁草酮、禾草丹、丙草胺、二甲戊灵、丁草胺、噁草酮等混用无拮抗作用。但目前尚无混剂获准登记。

② 敌稗＋土壤处理剂。已登记混剂如55％敌稗·丁草胺乳油（27.5％＋27.5％），每亩用100～130mL（南方地区），喷雾。又如25％苄嘧磺隆·敌稗·二氯喹啉酸可湿性粉剂，每亩用80～100g，喷雾。

③ 二氯喹啉酸＋土壤处理剂。已登记混剂如30％苄嘧磺隆·二氯喹啉可湿性粉剂（5％＋25％），每亩用40～50g，喷雾或毒土法。又如50％吡嘧磺隆·二氯喹啉酸可湿性粉剂（3％＋47％），每亩用30～40g，施药前排干田水喷雾。还如40％二氯喹啉酸·醚磺隆可湿性粉剂（37.5％＋2.5％），每亩用40～50g，药土法或喷雾。再如40％苄嘧磺隆·丙草胺·二氯喹啉酸可湿性粉剂（2％＋24％＋14％）、25％苄嘧磺隆·敌稗·二氯喹啉酸可湿性粉剂。

④ 灭草松＋土壤处理剂。已登记混剂如1.75％丁草胺·西草净·灭草松颗粒剂，每亩用6668.6～7331.4g。

⑤ 2,4-滴丁酯＋土壤处理剂。已登记混剂如35％2,4-滴丁酯·丁草胺乳油（9.5％＋25.5％），每亩用80～100mL，毒土法。

⑥ 2甲4氯＋土壤处理剂。已登记混剂如30％2甲4氯·扑草净可湿性粉剂（20％＋10％），每亩用80～100g，药土法。

⑦ 2甲4氯钠＋土壤处理剂。已登记混剂如61.7％2甲4氯钠·

扑草净·五氯酚钠粉粒剂（5％＋2.7％＋54％），每亩用 405.2～502.4g。又如 40％ 2 甲 4 氯钠·异丙隆可湿性粉剂（20％＋20％），每亩用 60～70g，喷雾。

⑧ 2 甲 4 氯丁酸乙酯＋土壤处理剂。已登记混剂如 78.4％ 2 甲 4 氯丁酸乙酯·禾草敌·西草净乳油（6.4％＋60％＋12％），每亩用 200～255.1mL，撒毒沙或撒毒土。

⑨ 嘧草醚＋土壤处理剂。例如每亩用 10％嘧草醚可湿性粉剂 20g＋10％苄嘧磺隆可湿性粉剂 14g，对大龄稗草的防效高于两药单用，且不影响苄嘧磺隆对莎草和阔草的防效。

⑩ 双草醚＋土壤处理剂。已登记混剂如 30％苄嘧磺隆·双草醚可湿性粉剂（12％＋18％），防除一年生杂草，每亩用 10～15g（南方地区），喷雾。

（2）不能防除禾草或仅能抑制禾草的混用组合

① 氯氟吡氧乙酸＋土壤处理剂。已登记混剂如 14％甲磺隆·氯氟吡氧乙酸乳油（0.3％＋13.7％），每亩用 50～70mL，喷雾。

② 唑草酮＋土壤处理剂。38％苄嘧磺隆·唑草酮可湿性粉剂（30％＋8％），防除阔草、莎草，每亩用 10～13.8g，茎叶喷雾。

③ 麦草畏＋土壤处理剂。已登记混剂如 14％苄嘧磺隆·麦草畏可湿性粉剂（4％＋10％），每亩用 50～60g（南方地区），药土法或喷雾。

二、移栽田·小乳苗·翻耕移栽田

小乳苗翻耕移栽田开展化学除草的总体策略跟大中苗翻耕移栽田完全相同，只是对除草剂安全性要求要高些，适用的除草剂品种要少些（因为小乳苗很幼嫩，耐药力差）。选择除草剂时须高度注意除草剂的"一性一期"。

（1）安全性　含有乙草胺、异丙甲草胺、精异丙甲草胺、甲磺隆等有效成分的除草剂不能或不宜用于小乳苗翻耕移栽田。有的品种在登记时即注明了使用范围，例如 20％苄·甲磺·乙可湿性粉剂"限长江流域及其以南大苗移栽田使用"，参 LS98267。

（2）苗龄期　有些除草剂对秧苗叶龄期有要求，例如水稻 2 叶期前对二氯喹啉酸较为敏感，应在 2.5 叶期后使用。又如丙草胺（不含安全剂）登记用于移栽田，但施药时秧苗叶龄必须达到 3.5 叶期以上，这是因为，虽然水稻本身具有将丙草胺分解成为无活性物质的能力，但 2.5 叶期前降解能力尚未达到较高水平，易生药害，3 叶期后分解能力较强。

三、移栽田·免耕移栽田

（1）移栽之前除草　对于小麦茬免耕水稻田、油菜茬免耕水稻田、蔬菜茬免耕水稻田，在前茬作物收获后及时施药（可先灌些水，既泡田，又诱发杂草迅速萌生出土，以便最大限度地集中歼灭）。每亩用 20%敌草快水剂 100～300mL，兑水 30～50L 喷雾（施药后 1～5 天杂草枯死）；或者每亩用 41%草甘膦异丙胺盐水剂 150～300mL，兑水 20～40L 喷雾（施药后 5～10 天杂草枯死）。杂草枯黄后即可进行农事操作。施用这类除草剂能高效而快速地清除田内已经长出的老草和新草，便于免耕移栽水稻。施药除草后，随即移栽水稻。既可撬窝移栽（有的先撬窝后施药，有的先施药后撬窝），也可不撬窝而直接移栽。

（2）移栽之后除草　参照翻耕移栽田移栽之后除草的技术而进行。

四、移栽田·半旱式栽培田

水稻半旱式栽培即水稻垄作，与常规栽培不同之处是稻田起垄、稻苗移栽在垄上，田间经常处于垄台无水、垄沟有水的状态。这类稻田湿生性杂草发生量较大，特别是稗草、牛毛毡等优势种群要占杂草总量的 70%以上。

（1）移栽之前除草　可选用下列除草剂品种或组合。

① 乙氧氟草醚。在水稻移栽前 2～3 天施药。每亩用 24%乳油 10mL，兑水喷雾。

② 恶草酮。在水稻移栽前 2～3 天施药。每亩用 25%乳油 75mL，兑水喷雾。

（2）移栽之后除草　可选用下列除草剂品种或组合。

① 灭草松。每亩用 25%水剂 400～600mL。兑水喷雾。

② 2 甲 4 氯钠。每亩用 56%原药 75～100g。兑水喷雾。

③ 氯氟吡氧乙酸。每亩用20％乳油30～50mL。兑水喷雾。

五、移栽田·地膜覆盖移栽田

多应用于热量不足的较高纬度地区和山区的冷浸田、高山田。由于田间覆盖了一层地膜，因而可以抑制部分杂草。目前对这类稻田化学除草技术研究不多。据各地实践，在整田前，可选用百草枯、草甘膦等除草剂，消灭已经长出的杂草，待杂草枯黄后翻耕整田。在盖膜前，可选用丁草胺、噁草酮等除草剂，进行土壤封闭处理。

六、移栽田·覆盖旱作移栽田

从水稻育秧到大田栽培管理全都在旱地里进行。育秧采用旱育稀植的方法，大田实行地膜或稻草、麦草覆盖旱作旱管，充分利用自然降水，只在孕穗抽穗关键时期灌1～2次透水。

在旱畦做好后，趁墒情较好时喷施除草剂，每亩用60％丁草胺乳油100mL＋50％扑草净可湿性粉剂25g，兑水40L，充分搅拌均匀后喷施田面，喷后盖上地膜，地膜四周用土压实，墒沟用稻草、麦草或谷壳盖严。

七、移栽田·机械插秧田

随着农村劳动力的大量转移和水稻栽培技术的更新，近年水稻机械插秧发展迅速。一般秧龄15～20天，叶龄3.5～4叶期，苗高12～20cm。选择除草剂时需高度注意除草剂的安全性，含有乙草胺、异丙甲草胺、精异丙甲草胺、甲磺隆等有效成分的除草剂不能用于机械插秧田。

（1）机插之前除草　在最后一次平田后、机插之前施药，选用苄嘧磺隆·丙草胺（含安全剂）、吡嘧磺隆·丙草胺（含安全剂）、苄嘧磺隆·丁草胺或噁草酮等品种或组合，拌底肥均匀撒施，施药后保持水层3～5天，然后机插，水层只灌不排。

（2）机插之后除草　在机插之后6～8天施药，选用苄嘧磺隆·丁草胺、苯噻酰草胺·苄嘧磺隆等产品；在机插之后10～15天施药，根据杂草发生种类，有针对性地选用吡嘧磺隆·二氯喹啉酸等产品；在机插之后15～25天施药，选用氰氟草酯、五氟磺草胺、灭草松、2

甲4氯钠、氯氟吡氧乙酸、唑草酮等选择性茎叶处理剂品种或组合。

第三节　水稻抛秧田杂草全程防除

抛秧既不是用秧苗移栽，也不是用谷种直播，因而与移栽稻和直播稻相比，在生长发育方面颇有不同，在栽培管理和化学除草品种及技术上必然也有一定区别，例如噁嗪草酮可用于移栽田和直播田，但不宜用于抛秧田。

抛秧栽培所需秧苗的育秧方式有旱床秧盘育秧（或称塑盘旱育秧）、湿床秧盘育秧（或称塑盘湿育秧）、肥床旱育秧、湿润育秧等，前两种采用较多。抛秧栽培根据育秧方式可分为塑盘抛秧、旱育抛秧等，根据秧龄长短可分为中壮苗抛秧、小乳苗抛秧，根据作业方式可分为人工抛秧、机械抛秧，根据水稻类型分为早稻抛秧、一季稻抛秧、双季晚稻抛秧，根据耕作状况分为翻耕抛秧、免耕抛秧。抛秧田又叫抛秧栽培田、抛栽田。

一、抛秧田·中壮苗·翻耕抛秧田

这类抛秧田全程化学除草可分3个阶段进行。

（1）抛秧之前的临近期除草　可选用噁草酮等除草剂品种。据资料介绍，苯噻酰草胺·苄嘧磺隆在抛秧前施用，极易产生药害，且药害症状延续时间长，可达30～40天。

噁草酮。在稻田整好后，趁田水浑浊时及时施药；每亩用12%噁草酮乳油150mL；采取瓶甩法施药，施药后保持水层2天，然后薄水抛秧。施药后不能立即抛秧，否则易产生药害。沙质田、漏水田不宜使用。

（2）抛秧之后的初前期除草　可选用下列除草剂品种或组合。

① 苯噻酰草胺＋苄嘧磺隆。在抛秧后3～14天（一般是早稻抛秧后4～5天，晚稻抛秧后3～4天）、水稻活棵竖苗后施药；每亩用53%苯噻酰草胺·苄嘧磺隆可湿性粉剂（50%＋3%）40～50g；采取毒土法、毒沙法或毒肥法施药，施药时田内灌有浅水层，施药后保持水层5天。

② 苄嘧磺隆＋丙草胺。在抛秧后 4～6 天、水稻活棵竖苗后施药；每亩用 10％苄嘧磺隆可湿性粉剂 20g＋30％丙草胺乳油（含安全剂）100mL；采取毒土法、毒沙法或毒肥法施药，施药时田内灌有浅水层，施药后保持水层 5 天。

③ 苄嘧磺隆＋丁草胺。在抛秧后 6～7 天、水稻活棵竖苗后施药；每亩用 30％苄嘧磺隆·丁草胺可湿性粉剂（1.5％＋28.5％）120～160mL（南方地区）；采取毒土法、毒沙法或毒肥法施药，施药时田内灌有浅水层，施药后保持水层 5 天。必须在水稻活棵竖苗后方可施药。秧苗弱、植伤重的稻田不宜使用。

④ 禾草丹。在抛秧后 7～10 天施药；每亩用 90％禾草丹乳油 100～125mL；采取毒土法、毒沙法或毒肥法施药，施药时田内灌有浅水层，施药后保持水层 5 天。沙质田、漏水田不宜使用。

⑤ 苄嘧磺隆＋二氯喹啉酸。在抛秧后 10 天施药；每亩用 36％苄嘧磺隆·二氯喹啉酸可湿性粉剂（3％＋33％）40～50g；采取喷雾法施药，湿润施药（施药前若有水层需撤浅水层），施药后 24～48h 复水，保持水层 5 天。

（3）抛秧之后的中后期除草　根据杂草发生种类，有针对性地选用氰氟草酯、噁唑酰草胺、五氟磺草胺、二氯喹啉酸、灭草松等选择性茎叶处理剂进行防除。

二、抛秧田·小乳苗·翻耕抛秧田

小乳苗翻耕抛秧田开展化学除草的策略跟中壮苗翻耕抛秧田完全相同，只是在适用品种上有差异。毒草胺、克草胺、杀草胺、乙草胺、异丙草胺、异丙甲草胺、精异丙甲草胺、甲磺隆、灭草灵、丙炔噁草酮、西草净、莎稗磷、环庚草醚等除草剂单剂品种不能或不宜用于小乳苗翻耕抛秧田。

三、抛秧田·免耕抛秧田

（1）抛秧之前除草　对于小麦茬免耕水稻田、油菜茬免耕水稻田、蔬菜茬免耕水稻田，在前茬作物收获后及时施药（可先灌些水，既泡田，又诱发杂草迅速萌生出土，以便最大限度地集中歼灭）。每亩用 20％敌草快水剂 100～150mL，兑水 30～50L 喷雾（施药后 1～

5 天杂草枯死）；或者每亩用 41% 草甘膦水剂 150～300mL，兑水 20～40L 喷雾（施药后 5～10 天杂草枯死）。杂草枯黄后即可进行农事操作。施用这类除草剂能高效而快速地清除田内已经长出的老草和新草，便于抛栽水稻。施药除草后，即可抛栽水稻。

（2）抛秧之后除草　参照翻耕抛秧田抛秧之后化学除草技术开展除草。

第四节　水稻直播田杂草全程防除

由于直播稻存在着易缺苗、易倒伏、草害重等问题，直播稻逐步为育秧移栽所代替。我国人少地多的黑龙江、新疆、宁夏、内蒙古等地一直以直播栽培水稻为主。20 世纪 80 年代初，随着旱种技术的改进，北方稻区直播面积又进一步扩大。进入 90 年代，市场经济发展，直播稻省力、省工、节本的优势日益显现出来，南方稻区也开始大力推行，目前江苏、浙江、上海、湖南、湖北等地直播稻面积已占相当大的比例。

根据整地和播种时的土壤水分状况，以及播种前后的灌溉方法，可将直播分为 2 大类（即广义水直播和广义旱直播）、4 小类。广义上的水直播包括水直播和湿直播，见（1）和（2）；广义上的旱直播包括旱直播和旱种稻，见（3）和（4）。

（1）水整水播水长（水直播）　在土壤经过干耕或者水耕，灌水整平，在浅水层条件下播种，播后继续保持浅水层，待幼芽、幼根长出后，再排水落干，保持田面湿润，以利扎根立苗，至 2 叶 1 心后建立浅水层。这是我国应用最广泛的直播类型，习惯上称为水直播。

（2）水整湿播湿长（湿直播）　在土壤经过干耕干整的基础上，再灌水整平，排水后在田面湿糊状态下播种，播后踏谷。在田沟有水田面湿润状态下扎根长芽，待 2 叶 1 心后建立浅水层。这是南方稻区新近发展起来的一种直播类型，应用面积甚广，基本上是由原来移栽稻的湿润育秧技术演变而来，可简称为湿直播。

（3）旱整旱播水长（旱直播）　在旱田状态下整地与播种，种子播入 1cm 左右的浅土层内，播种后再灌水，种子在稳定的浅水层下长芽、长根，出芽后再排水落干，促进扎根立苗，至2叶1心期后再灌水，建立浅水层。这是我国一种典型的旱直播类型，习惯上称为旱直播。

（4）旱整旱播旱长（旱种稻）　　同样在旱田状态下整地与播种，在水源不足的地区，播后多不灌水，靠底墒发芽、扎根、出苗，因此要求播种较深（3cm左右）。出苗后，一般要经过相当长时间的旱长阶段，4叶期为初灌适期。北方稻区的旱种稻或由旱种稻演变过来的旱直播，都属于这种旱种稻类型。

一、直播田·水直播·翻耕水直播田

在可用于水稻的80多种除草剂有效成分中，含有乙草胺、异丙甲草胺、精异丙甲草胺、甲磺隆、莎稗磷等有效成分的除草剂产品不能或不宜用于水直播田。水直播稻田全程化学除草可分播种之前和播种之后2个阶段进行。水稻翻耕水直播田除草的技术要领，通常概括为"一封（播种前后土壤处理剂封闭）、二杀（苗后前期茎叶处理剂灭杀）、三补（分蘖期茎叶处理剂补除）"；我们将其细化为"一清二堵三封四杀五补"，播前灭生性除草称为"清"；播前选择性除草称为"堵"；播后苗前除草，通常称为"封"；生长初前期除草，通常称为"杀"；生长中后期除草称为"补"。

（一）播种之前除草

1. 茎叶处理剂单用或混用

在水稻播种前施药，例如在水稻播种前1～5天施药，每亩用20%敌草快水剂150～300mL，每亩兑水30～50L喷雾；又如在水稻播种前5～10天施药，每亩用41%草甘膦异丙胺盐水剂150～300mL，每亩兑水20～30L喷雾。这些除草剂为灭生性除草剂，杀草谱广，能高效而快速地清除田块内和田埂上已经长出的老草和新草，待杂草枯黄后即可便利地进行农事操作。

2. 土壤处理剂单用或混用

杀草隆几乎或只能在播种前施用；噁草酮、禾草丹、禾草敌、丁草胺、异噁草酮、苄嘧磺隆（在水稻播种前至播种后20天均可使用）、吡嘧磺隆等也可在播种前施用。

（1）施药后必须混土的

①杀草隆。在田块整平后及时施药。每亩用 40％可湿性粉剂 125～500g（防除一年生莎草和浅根性多年生莎草每亩用 40％可湿性粉剂 125～250g，防除深根性多年生莎草每亩用 40％可湿性粉剂 375～500g），拌土撒施于土表，随即混土（防除一年生莎草和浅根性多年生莎草混土 2～5cm，防除深根性多年生莎草混土 5～7cm），混土后平整田面，即可润水播种。

②禾草敌。在田块整平后，采取毒土、泼浇等法施药。每亩用 96％乳油 200～267mL。施药后立即混土 7～10cm，紧接着灌水 3～5cm，1～2 天后播下催芽露白的谷种。

（2）施药后不需混土的

①噁草酮。在开沟平整后，趁田水浑浊（水层 3～5cm），抓紧施药。每亩用 25％乳油 75～100mL。采取瓶甩、毒土等法施药。施药后保持水层，等待 2～3 天，田水自然落干（田水自然沉降落干至厢面无水层）播种或者人工排水播种。

②禾草丹。在田块整好后，灌入浅水层，随即施药。每亩用 50％乳油 200～250mL，兑水喷雾或拌土撒施。施药后保持水层，隔 3～5 天排水播种（不要播催芽的谷种）。播种后不能浸水，以床面湿润为宜（这样有利于谷种扎根立苗）。即使施药后遇低温，也不可上水护芽，否则易生药害。

③禾草敌。在田块整平耙细后，保持 3～5cm 水层，随即采取毒土、泼浇等法施药，1～2 天后播下催芽露白的谷种，保持水层 7～10 天（切勿干水）。

④丁草胺。在开沟平整后，灌入浅水层（水层 3～5cm），随即施药。每亩用 60％乳油 80～100mL。采取毒土、喷雾等法施药。施药后保持水层，等待一段时间，人工排水播种或田水自然落干（田水自然沉降落干至厢面无水层）播种。若播哑谷，可只等待 2～3 天；若播芽谷，需要等待 4～5 天。本品切不可在播种前 1 天施用。

⑤异噁草酮。北方，可在水稻播种前 3～5 天施药。每亩用 36％微囊悬浮剂 35～40mL。施药前排干水层，施药后 1～2 天及时回水，并保水 7 天左右。

（二）播种之后除草

水直播田除草的总体策略是狠抓播后苗前封闭，紧抓生长初前期（秧苗 2.5 叶期前、大约播种 15 天以内）灭杀，酌抓生长中后期（秧苗 2.5 叶期后、大约播种 15 天之后）补救。播后苗前和生长初前期是杂草种子的集中萌发期，此时用药主要针对种子繁殖的一年生杂草（如稗草、千金子等禾草）和抑制多年生杂草，具有费省效宏、将杂草种子消灭在萌芽阶段等优点。生长中后期用药主要针对营养繁殖的多年生杂草和漏防的一年生杂草。

关于水稻播后苗前除草，其影响因素见表 2-8。须特别注意三点，一是对稗草效果高低，例如苄嘧磺隆对稗草效果差，通常与丙草胺等混用。二是谷种催芽与否，例如丙草胺（含安全剂）要求谷种必须催芽，如果谷种未催芽又想使用丙草胺，那就必须等到水稻扎根后才能施用；哌草丹对只浸种不催芽谷种和已催芽谷种均安全。三是播种至施药的间隔期长短，例如丙草胺（含安全剂）在播后即可施药；丁草胺（不含安全剂）不能随播种随施药，必须在播后 3 天后才能施药；噁嗪草酮切勿在播后 2 天内施药；禾草丹、四唑酰草胺在水稻萌芽出苗至立针期施药有药害，要在水稻 1.5 叶期后施药。

表 2-8 水稻水直播田播后苗前除草影响因素

影响因素	除草剂品种举例
谷种催芽	丙草胺(含安全剂)、丁草胺(含安全剂)谷种必须催芽；哌草丹,对只浸种不催芽谷种和已催芽谷种均安全
秧苗大小	噁嗪草酮,切勿在播后 2 天内施药；禾草丹、四唑酰草胺,在水稻 1.5 叶期后施药
稗草叶龄	哌草丹、丙草胺(含安全剂)、丁草胺(含安全剂),于稗草萌动至 1.5 叶期施药效果最佳

关于水稻出苗之后除草。选用茎叶处理剂时，要注意它们对水稻生育时期的要求，以免产生药害，例如二氯喹啉酸，对 2 叶期前秧苗有药害，要在水稻 2.5 叶期后施药；醚磺隆，在水稻 3 叶期前不宜使用；2 甲 4 氯钠，在水稻 5 叶期至拔节前施药（水稻 3～4 叶期后对本品耐药力逐渐增强，分蘖末期最强）。水稻生长中后期除草，既要考虑到杂草草龄往往较大，应适当加大用量，又要考虑到除草剂对水

稻的安全性。

1. 选择性土壤处理剂单用或混用

（1）兼除莎草禾草 2 类杂草

① 哌草丹。在播种当天就可施药（通常在播后 1～4 天施药）。每亩用 50％乳油 150～200mL。本品对只浸种不催芽谷种和已催芽谷种均安全。只防除稗草、牛毛毡，对其他杂草无效。对萌芽期至 1.5 叶期稗草具有理想防效，因此施药宜早不宜迟。

② 禾草敌。在秧苗 3 叶期后、稗草 2～3 叶期施药。宜采取毒土法施药。施药时田内灌有水层 3cm 左右，施药后保持水层 5～7 天。对稗草特效，对 1～4 叶期的各生态型稗草均有效；用药早时对牛毛毡、碎米莎草也有效；对阔草无效。

（2）兼除莎草阔草 2 类杂草　醚磺隆在水稻 3～4 叶期施药。在水稻 3 叶期前不宜使用。南方每亩用 20％水分散粒剂 6～7g，北方每亩用 8～10g。采取喷雾法或毒土法、毒肥法施药。施药时田内灌有水层，施药后保持水层 3～5 天。能防除莎草阔草，对禾草无效。

（3）主除禾草阔草 2 类杂草　异噁草酮，南方（长江以南）在水稻播后（早稻播后 7～12 天、晚稻播后 5～10 天）、稗草萌生高峰期（稗草 1.5～2.5 叶期）施药；每亩用 36％微囊悬浮剂 27.8～35mL。登记用于水稻直播田，防除稗草、千金子。

（4）兼除莎草阔草，抑制禾草

① 苄嘧磺隆。本品安全性好，在水稻播前至播后 3 周内均可施药，以播后早期施药为好。能防除阔草、莎草，高剂量下对稗草有一定抑制作用。由于本品对稗草效果差，所以常常与哌草丹、丙草胺、丁草胺等混用。在有的地方，人们传说直播田使用本品导致水稻倒伏，后经黑龙江省农垦科学院水稻所等有关单位研究证明，直播田使用本品是安全的，不会造成水稻倒伏；水稻倒伏另有原因。

② 环丙嘧磺隆。在水稻播种后 2～7 天（南方）、10～15 天（北方）施药。每亩用 10％可湿性粉剂 10～60g。主要防除阔草、莎草，高剂量下对稗草有一定抑制作用。

③ 乙氧磺隆。若作土壤处理，在水稻扎根立苗后、杂草 2 叶期前施药，采取毒土法、毒沙法或毒肥法施药，施药前灌水，施药后保

持浅水层 7～10 天。能有效防除阔草、莎草，高剂量下对稗草有抑制作用。

（5）兼除莎草禾草阔草 3 类杂草

① 丙草胺（含安全剂）。在播后 0～5 天（通常在播后 2～4 天）施药。每亩用 30% 乳油 100～150mL。本品要求谷种必须催芽。兼除一年生禾草、莎草和一些小粒种子阔草。对稗草、千金子均有特效。虽然只要谷种萌芽有根后任何时间施药都对水稻安全，但时间拖延后，草龄增大，防效下降。

② 丁草胺（含安全剂）。在播后 0～5 天（通常在播后 2～4 天）施药。每亩用 60% 乳油 85～100mL。本品要求谷种必须催芽。兼除一年生禾草、莎草和一些小粒种子阔草。对稗草、千金子效果均好。防除稗草在稗草萌动至 1.5 叶期施药效果最佳，2 叶期后施药效果较差。

③ 吡嘧磺隆。早前的资料说本品可在水稻播后 3～10 天施药（参见《新编农药手册》《进口农药应用手册》《最新进口农药使用技术》）。2008 年在杭州召开的农业部药检所药效评审会上，农药研究专家对吡嘧磺隆在直播田应用的安全性进行了专题讨论，建议本品在直播田应用要加以注意，谨防使用不当而产生药害。关于施药时期，必须在水稻播后 5～7 天以后（秧苗立针期以后）施药，不能提早施药（避免在水稻种子萌芽期施药，播后 3 天施药对水稻有抑制作用）。

④ 四唑酰草胺。长江流域及以南，在水稻播后 4～10 天（早稻播后 8～10 天、中稻播后 6～8 天、晚稻播后 4～6 天）施药；每亩用 50% 可湿性粉剂 13.3～20g。东北地区，在水稻晒田后 1～3 天施药；每亩用 50% 可湿性粉剂 20～24g。采取毒土、喷雾等法施药。要求谷种催芽，避免露籽。兼除禾草（对 2 叶期前的稗草、千金子具有特效，也可有效防除 3 叶期后的高龄稗草）、莎草（如异型莎草、碎米莎草、牛毛毡）、阔草（对早期的雨久花、鸭舌草、陌上菜、节节菜、丁香蓼、水苋菜、鳢肠、尖瓣花等一年生阔草具有很好防效）。多年生阔草和某些多年生莎草对本品耐药力较强。

⑤ 噁嗪草酮。在水稻播种后 5～10 天、稗草 2 叶期前施药；每亩用 1% 悬浮剂 266.7～333.3mL；兑水喷雾，施药时田间呈湿润状态，施药后 2～3 天恢复正常水浆管理。切勿在播种后 2 天内施药，

否则会产生严重药害；而过迟施药则影响药效发挥，所以需掌握好施药适期。兼除禾草（如稗草、千金子）、阔草（如沟繁缕、鳢肠、矮慈姑、节节菜、鸭舌草）、莎草（异型莎草、牛毛毡）。虽然本品对稗草、千金子具有特效且持效期长，但防除稗草对施药时期要求严格，宜在稗草2叶期前喷雾施药；防除千金子可选的施药期范围较宽。

⑥ 禾草丹。在秧苗1.5叶期后、稗草2叶期前施药；每亩用50%乳油200~250mL；兑水喷雾或拌土撒施，施药时田内灌有薄水层，施药后保持水层5~7天。

⑦ 丙草胺（不含安全剂）。在秧苗3.5叶期后才能施药。

⑧ 丁草胺（不含安全剂）。在秧苗1~2叶期、稗草1.5叶期前施药。每亩用60%乳油80~100mL。兑水喷雾或拌土撒施。施药时田间呈湿润，施药后灌浅水（不淹秧苗心叶），并保水2~3天。

⑨ 苄嘧磺隆+哌草丹。在播种当天就可施药（通常在播后1~4天施药）。每亩用混剂17.2%苄嘧磺隆·哌草丹可湿性粉剂（0.6%+16.6%）200~300g。

⑩ 苄嘧磺隆+丙草胺（含安全剂）。在播后0~5天施药。每亩用10%苄嘧磺隆可湿性粉剂15g+30%丙草胺乳油100mL，或者每亩用混剂30%苄嘧磺隆·丙草胺可湿性粉剂（1.5%+28.5%）80~120g。

⑪ 苄嘧磺隆+丁草胺（含安全剂）。在播后0~5天施药。每亩用10%苄嘧磺隆可湿性粉剂15g+60%丁草胺乳油85~100mL。

⑫ 苄嘧磺隆+禾草丹。在秧苗2~3叶期、稗草2叶期前施药；每亩用35.75%可湿性粉剂（0.75%+35%）200~299.3g（南方地区）、299.3~400g（北方地区）；拌土撒施或兑水喷雾，施药时田内灌有薄水层，施药后保持水层5~7天。

⑬ 苄嘧磺隆+禾草敌。在秧苗3叶期后、稗草2~3叶期施药。每亩用混剂45%细粒剂（0.5%+44.5%）150~200g。拌土撒施。施药时田内灌有水层3cm左右，施药后保持水层5~7天。

⑭ 苄嘧磺隆+异丙隆。每亩用50%苄嘧磺隆·异丙隆可湿性粉剂（3%+47%）40~50g（南方地区），喷雾。

2. 选择性茎叶处理剂单用

用于水稻生长期间除草的选择性茎叶处理剂较多，已登记单剂品种超过15个。

（1）只除禾草 1 类杂草　已登记单剂品种有氰氟草酯、噁唑酰草胺、精噁唑禾草灵等。

① 氰氟草酯。在水稻出苗后、稗草 2～4 叶期施药；每亩用 10% 乳油 50～70mL。在水稻苗期到拔节期均可安全使用。于禾草出苗后施药，"见草打药"，以禾草 1.5～4 叶期施药最佳。最先登记每亩用 10% 乳油 40～60mL（参 2003 年版《农药登记公告汇编》），后变为每亩用 10% 乳油 50～70mL（参 2008 年版《农药管理信息汇编》）。根据杂草叶龄酌情确定用药量，若于稗草、千金子 1.5～2 叶期施药，每亩用 10% 乳油 30～50mL；2～3 叶期每亩用 40～60mL；4～5 叶期每亩用 70～80mL；5 叶期以上适度提高用药量。田面干燥情况下使用应适当增加用药量。只能作茎叶处理，作土壤处理没有效果。采取较高压力、低容量喷雾法施药，每亩兑水 15～30L，施药前排水，使杂草植株至少 50% 露出水面。不仅对各种稗草高效，还可防除千金子、马唐、双穗雀稗、狗尾草、牛筋草。对阔草、莎草无效。本品对大龄稗草效果特别好，且对水稻极为安全，可作为水稻生长中后期补救除草用药。

② 噁唑酰草胺。于稗草、千金子 2～6 叶期施药，以禾草 3～5 叶期施药防效最佳，尽量避免过早或过晚施药；每亩用 10% 乳油 60～80ml；施药前排干田水，施药后 1 天复水，保持水层 3～5 天。常规喷雾每亩兑水 30～45L（随着杂草草龄、密度增大，适当增加兑水量），喷匀喷透。

③ 精噁唑禾草灵。在播下催芽谷种后 30 天左右、稗草 3～5 叶期施药。每亩用 6.9% 水乳剂 20～25mL。进口产品 6.9% 维利水乳剂曾登记用于晚稻移栽田（限于广东省使用）防除稗草、千金子等禾草，但后未见续展登记。

（2）只除阔草 1 类杂草　用于水稻水直播田生长期间只除阔草的选择性茎叶处理剂单剂品种有氯氟吡氧乙酸等，但无厂家申办登记。

（3）兼除莎草阔草 2 类杂草　用于水稻生长期间兼除莎草阔草的选择性茎叶处理剂单剂品种已登记灭草松、2,4-滴丁酯、2 甲 4 氯钠、2 甲 4 氯二甲胺盐等。

① 灭草松。本品在水稻田施药期宽（无需考虑水稻生育时期），但

以杂草多数出齐、处于3～4叶期施药防效最佳。在水稻移栽后20～30天施药。每亩用25%水剂200～400mL或48%水剂133～200mL，防除一年生阔草用低量，防除莎草用高量。

②2,4-滴丁酯。在水稻5叶期至拔节前（3～4叶期后耐药力逐渐增强，分蘖末期最强，拔节孕穗后又下降）施药。每亩用72%乳油40～50mL。本品在水稻4叶期前和拔节后施用易生药害，要严格掌握施药时期和使用剂量。

③2甲4氯钠。在水稻5叶期至拔节前施药。

④2甲4氯二甲胺盐。在水稻分蘖末期施药。北方每亩用75%水剂70～90mL，南方每亩用40～50mL。

（4）兼除禾草阔草2类杂草

①敌稗。在水稻出苗后、稗草1.5叶期施药，于稗草2～3叶期施药时应加大用药量；登记每亩用16%乳油1250～1875mL、20%乳油1000～1500mL或36%乳油416.7～722.2mL；采取喷雾法施药，施药前排水，施药后1～2天回水淹没稗心2天（不要淹没秧心），可提高除稗效果，以后正常管水。主要防除稗草（稗草2叶期前最为敏感），还能防除水马齿、鸭舌草等（有资料说对一年生莎草和多年生莎草牛毛毡也有一定的效果）。对野荸荠、眼子菜、藨等效果不大或基本无效。

②二氯喹啉酸。在水稻出苗后、稗草1～7叶期施药，以稗草2.5～3.5叶期施药最佳。不同厂家、含量、剂型的产品的登记用量可能有出入。一般每亩用300～375g（a.i.）/hm^2，折合制剂50%可湿性粉剂每亩用40～50g。悬浮剂、可湿性粉剂、可溶粉剂、水分散粒剂等剂型的产品一般采取喷雾法施药（施药前排水、施药后回水、保水），泡腾粒剂剂型的产品一般采取撒施法施药（施药前灌水、施药后保水）。主要防除稗草，是目前防除大龄稗草的特效药剂，能杀死1～7叶期的稗草，对4～7叶期的高龄稗草药效突出。对田菁、决明、雨久花、鸭舌草、水芹、茨藻等有一定的防效。

（5）兼除莎草阔草，抑制禾草　乙氧磺隆，既可作土壤处理，也可作茎叶处理。若采取喷雾法作茎叶处理，在水稻出苗后10～20天施药。华南每亩用15%水分散粒剂3～5g，长江流域每亩用5～7g，华北、东北每亩用7～14g。能有效防除阔草、莎草，高剂量下对稗草有抑制作用。

（6）兼除莎草禾草阔草 3 类杂草　用于水稻生长期间兼除禾草莎草阔草的选择性茎叶处理剂单剂品种仅登记五氟磺草胺、嘧草醚、双草醚、环酯草醚、嘧啶肟草醚、氟吡磺隆 6 个。施药前排水（排水露草程度因品种而略异），施药后 1～2 天恢复水层，并保持水层 3～5 天。

①五氟磺草胺。在水稻出苗后、稗草 2～3 叶期施药；每亩用 40～80mL，采取喷雾法施药，或每亩用 60～100mL，采取毒土法施药。在水稻 1 叶期至收获前均可安全地使用。在稗草出苗后到抽穗期施药均可有效防除稗草。于大多数杂草 1～4 叶期施药效果最佳。根据稗草叶龄和密度酌情确定用药量。若于稗草 1～3 叶期施药，每亩用 40～60mL；3～5叶期每亩用 60～80mL；5 叶期以上适度提高用药量。既可作土壤处理，也可作茎叶处理。若采取喷雾法作茎叶处理，施药前排水，使杂草 2/3 露出水面，施药后 1～3 天恢复水层，并保持水层 5～7 天。若采取毒土法作土壤处理，施药时田内灌有水层，施药后保持水层。防除禾草、阔草、莎草，如稗草、稻稗、雨久花、鸭舌草、泽泻、萤蔺、异型莎草。对稗草防效尤为突出，对大龄稗草有极佳防效，同时对多种亚种的稗草效果好，对已对二氯喹啉酸、敌稗产生抗性的稗草效果好。对许多已对磺酰脲类产生抗性的杂草也有较好防效。对千金子无效。

②双草醚。在水稻出苗后、稗草 3～5 叶期、其他杂草发生后施药；南方每亩用 10％悬浮剂 15～20mL＋0.1％展着剂 Surfactant A-100，北方每亩用 10％悬浮剂 20～25mL＋0.1％展着剂。20％可湿性粉剂登记每亩用 10～15g（南方稻区），参 LS98468。在稗草 1～7 叶期均可施药，以稗草 3～5 叶期施药最佳。采取喷雾法施药，施药前排水（放干田水或放浅田水，使杂草叶露出水面），施药后 1～2 天回灌薄水层，并保持水层 4～5 天。防除一年生、多年生的禾草、莎草、阔草，如稗草、双穗雀稗、稻李氏禾、匍茎剪股颖、马唐、看麦娘、东北甜茅、异型莎草、碎米莎草、牛毛毡、日照飘拂草、水莎草、扁秆蔗草、香附子、萤蔺、花蔺、鸭舌草、雨久花、陌上菜、野慈姑、泽泻、丁香蓼、尖瓣花、狼巴草、眼子菜、谷精草、节节菜、水竹叶、空心莲子草、鳢肠、母草、水苋菜、矮慈姑。本品对稗草有很好的效

果，是防除大龄稗草的有效药剂。本品对千金子效果较差。

③嘧草醚。在水稻出苗后施药；若稗草处于 2.5 叶期前，每亩用 10％可湿性粉剂 13.3～25g，若稗草处于 2～4 叶期，每亩用 10％可湿性粉剂 20～30g。在移栽田和直播田水稻各生育期均可使用。对芽前至 4 叶期前的稗草均有效。若采取喷雾法施药，施药前排水（使杂草至少 2/3 露出水面，确保有足够叶面积便于药液沉积），施药后 1 天回灌薄水层，并保持水层 5～7 天。若采取毒土法或毒肥法施药，施药时田内必须灌有水层，施药后保持水层。对稗草有特效（对 0～4 叶期的稗草都有高效），对莎草、阔草也有很好防效。

④嘧啶肟草醚。在水稻出苗后、稗草 3.5～4.5 叶期施药。北方地区每亩用 1％乳油 200～300mL 或 5％乳油 50～60mL，南方地区每亩用 1％乳油 200～250mL 或 5％乳油 40～50mL。防除一年生杂草用低量，多年生杂草用高量。杂草草龄增大应适当增加用药量。只能采取喷雾法作茎叶处理（必须让药液喷雾到杂草茎叶上才有效果），采取毒土等法作土壤处理没有效果。采取喷雾法施药，施药前排水（放干田水或放浅田水，使杂草叶露出水面），施药后 1～2 天回灌薄水层，并保持水层 5～7 天。可防除众多的一年生、多年生的禾草、阔草、莎草，如稗草（对稗草活性尤佳，2.5～3.5 叶期稗草最敏感，对大龄稗草也有良效）、千金子、野慈姑、雨久花、谷精草、母草、狼巴草、眼子菜、蘋、鸭舌草、节节菜、泽泻、牛毛毡、异型莎草、水莎草、萤蔺、日本藨草。对匍茎剪股颖、双穗雀稗、稻李氏禾、疣草等顽固性杂草也有很好的防效。

⑤氟吡磺隆。在水稻出苗后、杂草 2～4 叶期施药；每亩用 10％可湿性粉剂 16～20g；若于稗草 5 叶期以上施药；每亩用 10％可湿性粉剂 20～24g；兑水喷雾。

3. 选择性茎叶处理剂混用

（1）只除禾草 精噁唑禾草灵＋氰氟草酯，已登记产品如混剂 10％乳油（5％＋5％），每亩用 40～60mL，茎叶喷雾。

（2）兼除莎草阔草 2 类杂草

①2 甲 4 氯钠＋灭草松。在水稻 5 叶期至拔节前施药，每亩用 56％水剂 125～150mL＋48％水剂 100～150mL。

②2甲4氯异辛酯＋氯氟吡氧乙酸。每亩用混剂42.5％乳油（34％＋8.5％）50～75mL。

（3）兼除禾草阔草2类杂草　主要有氯氟吡氧乙酸＋氰氟草酯、二氯喹啉酸＋氰氟草酯两组药剂，氰氟草酯与部分能防除阔草的除草剂混用可能会有拮抗现象发生，但上述两个混用组合无拮抗作用。

（4）兼除禾草莎草阔草3类杂草

①二氯喹啉酸＋灭草松。在水稻3叶期后施药。每亩用50％可湿性粉剂25～30g＋48％水剂100～150mL。在稗草3～8叶期施药，每亩用50％可湿性粉剂35～52g＋48％水剂167～200mL，能有效防除一年生杂草和多年生莎草。

②二氯喹啉酸＋乙氧磺隆。每亩用混剂26.2％二氯喹啉酸·乙氧磺隆悬浮剂（25％＋1.2％）30～40mL，茎叶喷雾。

③氰氟草酯＋五氟磺草胺。于稗草2～4叶期施药；每亩用10％乳油50mL＋25％油悬浮剂60mL，或每亩用混剂6％油悬浮剂（5％＋1％）100～133.3mL。

④氰氟草酯＋其他茎叶处理剂。氰氟草酯与能防除阔草的部分除草剂（如2,4-滴丁酯、2甲4氯钠、灭草松、磺酰脲类）混用有可能出现拮抗作用，导致本品药效降低，这可通过调高氰氟草酯的用药量来克服；最好是氰氟草酯施用7天之后再施用上述能防除阔草的除草剂。

4.选择性茎叶处理剂＋选择性土壤处理剂混用

用于水稻生长期间除草的选择性茎叶处理剂有效成分很少，登记用于水稻的选择性茎叶处理剂＋选择性土壤处理剂的混剂也屈指可数。

（1）可以防除禾草的混用组合

①氰氟草酯＋土壤处理剂。氰氟草酯与异噁草酮、禾草丹、丙草胺、二甲戊灵、丁草胺、噁草酮等混用无拮抗作用。但目前尚无混剂获准登记。

②敌稗＋土壤处理剂。已登记混剂如55％敌稗·丁草胺乳油（27.5％＋27.5％），每亩用100～130mL（南方地区）；喷雾。又如

25%苄嘧磺隆·敌稗·二氯喹啉酸可湿性粉剂，每亩用 80～100g，喷雾。

③ 二氯喹啉酸＋土壤处理剂。已登记混剂如 30%苄嘧磺隆·二氯喹啉可湿性粉剂（5%＋25%），每亩用 40～50g，喷雾或毒土法。又如 50%吡嘧磺隆·二氯喹啉酸可湿性粉剂（3%＋47%），每亩用 30～40g，施药前排干田水喷雾。还如 40%二氯喹啉酸·醚磺隆可湿性粉剂（37.5%＋2.5%），每亩用 40～50g，药土法或喷雾。再如 40%苄嘧磺隆·丙草胺·二氯喹啉酸可湿性粉剂（2%＋24%＋14%）、25%苄嘧磺隆·敌稗·二氯喹啉酸可湿性粉剂。

④ 嘧草醚＋土壤处理剂。例如苄嘧磺隆＋嘧草醚，每亩用 10%苄嘧磺隆可湿性粉剂 14g＋10%嘧草醚可湿性粉剂 20g，对大龄稗草的防效高于两药单用，且不影响苄嘧磺隆对莎草和阔草的防效。

⑤ 双草醚＋土壤处理剂。已登记混剂如 30%苄嘧磺隆·双草醚可湿性粉剂（12%＋18%），防除一年生杂草，每亩用 10～15g（南方地区），喷雾。在播种后 5～7 天至水稻 5 叶期均可施药。

（2）不能防除禾草或仅能抑制禾草的混用组合　唑草酮＋土壤处理剂，例如 38%苄嘧磺隆·唑草酮可湿性粉剂（30%＋8%），防除阔草、莎草，每亩用 10～13.8g，茎叶喷雾。

二、直播田·水直播·免耕水直播田

水稻免耕水直播田除草的技术要领可概括为"一清二堵三封四杀五补"，播前灭生性除草称为"清"；播前选择性除草称为"堵"；播后苗前除草，通常称为"封"；生长初前期除草，通常称为"杀"；生长中后期除草称为"补"。

1. 播种之前除草

（1）灭生性茎叶处理剂单用或混用　在水稻播种前施药，例如在水稻播种前 1～5 天施药，每亩用 20%敌草快水剂 150～300mL，每亩兑水 30～50L 喷雾；又如在水稻播种前 5～10 天施药，每亩用 41%草甘膦异丙胺盐水剂 150～300mL，每亩兑水 20～30L 喷雾。这些除草剂为灭生性除草剂，杀草谱广，能高效而快速地清除田块内和田埂上已经长出的老草和新草，待杂草枯黄后即可便利地进行免耕播种。

（2）灭生性茎叶处理剂＋选择性土壤处理剂混用　已登记混剂如50%苄嘧磺隆·草甘膦·丁草胺可湿性粉剂（0.5%＋31.2%＋18.3%），登记用于免耕直播水稻田，防除一年生、多年生杂草，每亩用400～500g，参PD20095823。

2. 播种之后除草

参照翻耕水直播田除草的技术而进行。

三、直播田·水直播·航空水直播田

近些年有的地区试行航空直播种稻。航空直播基本属于水直播范畴，可参照水直播田除草技术开展化学除草。

四、直播田·旱直播·旱播旱长·旱直播田

谷种播于土下，播后灌"跑马水"，保持土壤湿润，幼苗期基本旱长。由于水稻旱直播田的土壤水分状况明显区别于传统水田，因此杂草种类、群落及其发生消长规律也发生了相应变化，历来使用的除草剂大多不能"移植"过来使用。目前登记用于水稻旱直播田的除草剂产品逾20个，涉及有效成分二甲戊灵、仲丁灵、丙草胺、丁草胺、噁草酮、异丙隆、氯吡嘧磺隆、溴苯腈、2甲4氯钠等；混剂产品如60%丁草胺·噁草酮乳油（50%＋10%），参PD20082108和PD20101359。杂草萌发出苗第一个高峰在播后15～20天，第二个高峰在上水管理之后。

（1）播种之前除草　可选用敌草快、草铵膦、草甘膦等，防除已经长出的杂草。

（2）播后苗前除草　可选用下列品种或组合。

① 丁草胺＋噁草酮。60%丁草胺·噁草酮乳油（50%＋10%）登记用于水稻旱直播田，每亩用制剂80～100mL。应保持田面无积水，施药后遇暴雨要及时排水。

② 丁草胺（含有安全剂）。在水稻播后苗前灌自然水落干后施药，每亩用60%新马歇特85～100mL，兑水25～30L喷雾，施药后保持土壤水分呈湿润状态，出苗后进行正常水分管理。注意：确保整地质量，不能漏耕。确保施药时土壤湿润，若土壤过干则防效差，必须在播后灌"跑马水"，待田面无积水时喷药。

若亩混 41％草甘膦水剂 200mL，可将田中及轮沟边、沟底杂草彻底杀除。

③ 二甲戊灵（含有安全剂）。33％施田补乳油（水稻专用型）含有安全剂，能有效防除旱直播田中的大部分禾本科、阔叶杂草，如稗草、千金子（本品对该草特效）、马唐、繁缕、凹头苋、马齿苋、荠菜、陌上菜。据江苏省植保站试验，每亩用 33％施田补乳油 100～200mL，对稗草防效（药效 30 天鲜重防效）76.03％～89.85％，千金子 100％，马唐 93.1％～100％，陌上菜 84.36％～92.03％，总体 84.53％～93.79％。注意水稻种子一定只浸种不催芽，一般浸泡 2 天即可。垄面一定要平整，尽量减少垄面长时间积水。尽量减少露籽，若不可避免可加大播种量。施药后 7～10 天尽量减少大水漫灌，若不可避免应减少浸泡时间。稗草密度高时可选用二氯喹啉酸进行茎叶处理。水稻旱直播田施田补除草操作程序见表 2-9。

表 2-9　水稻旱直播田施田补（水稻专用型）除草操作程序

整地	小麦收后清除残渣、清理墒沟、整平垄面、施足基肥
播种	将只浸种不催芽的水稻种子均匀撒在地里，每亩用种量加大 10％
盖种	用盖籽机器或人工盖籽，深度 2～3cm，减少露籽
灌溉	灌"跑马水"，将土壤湿透（一般泡一夜）
排水	待土壤湿透后，迅速排水落干
施药	待地干后（落干后 1～2 天），每亩用 33％施田补乳油（水稻专用型）120mL＋10％苄嘧磺隆可湿性粉剂 30g，兑水喷雾作土壤处理，要求不漏喷不重喷
保湿	施药后湿润灌溉，干旱时灌"跑马水"保湿（一般傍晚灌爬垄水，次日早晨排水）
水管	秧苗秧龄大后进行正常水分管理

（3）苗之后除草　可根据杂草发生种类，有针对性地选用噁唑酰草胺、氰氟草酯、灭草松、氯氟吡氧乙酸等品种或组合进行防除。旱直播田的马唐发生较重，噁唑酰草胺对其防效优异，厂家提出的宣传口号是"防除稗草、千金子、马唐，只要打一遍"。

五、直播田·旱直播·旱播水管·旱直播田

谷种播于土表，播后灌"较深水"，形成 3～5cm 水层。杂草萌

发出苗第一个高峰在播后 10～15 天，第二个高峰在播后 25 天左右。可参照旱播旱长的旱直播田除草的技术而进行。

六、直播田·旱种·露地旱种田

（1）播种之前除草　对于稗草发生较重的田块，每亩用 96％禾草敌乳油 150～250mL，兑水喷雾，施药后立即用对角耙的方法将药液混入 5～7cm 表土层中，随后播种。对于莎草发生较重的田块，选用杀草隆。

（2）播后苗前除草　在播种盖土后施药，选用丁草胺、噁草酮、禾草丹、乙氧氟草醚等品种或组合。

（3）出苗之后除草　可根据杂草发生种类，有针对性地选用唑酰草胺、氰氟草酯、灭草松、氯氟吡氧乙酸等品种或组合进行防除。

七、直播田·旱种·覆膜旱种田

参照露地旱种田除草的技术开展化学除草，但使用剂量须较露地旱种田减少 20％左右。通常在播前先施药，再覆膜，间隔 2～3 天才播种。

八、直播田·套作·麦套稻田

（1）播后苗前除草　在麦收前 10～15 天第一次上水，随后套播浸种的谷种。在播后 1～5 天，每亩用 20％苄嘧磺隆·丙草胺可湿性粉剂（2％＋18％），拌土或拌肥撒施。

（2）出苗之后除草　参照直播田化学除草技术开展除草。

第五节　水稻育秧田杂草全程防除

水稻育秧方式多种多样。

按育秧程序分为一段育秧、两段育秧。

按播种材料分为播籽育秧、栽苗育秧。

按育秧场所分为秧床育秧、秧盘育秧。秧床育秧又可按水分状况分为水育秧、湿育秧、旱育秧 3 种。水育秧又叫水层育秧，湿育秧又叫湿润育秧、半旱育秧。

按育秧设施分为保护育秧、露地育秧。保护育秧又可按设施类型分为覆膜育秧、铺膜育秧、棚室育秧、工厂化育秧等。覆膜育秧又叫拱膜育秧，棚室育秧又叫温室育秧。

按增热与否分为原温育秧、保温育秧、增温育秧。

一、育秧田·秧床育秧·旱育秧·肥床旱育秧田

旱育秧是水稻育秧史上的又一次改革创新。水稻旱育稀植技术起源于日本北海道，1982年引进到我国黑龙江省。由于原旱育秧技术受到3.5叶期秧龄和在头年冬季培肥苗床等方面的限制，因此推广工作一直局限在北方稻区。之后，通过广大农业科技工作者和农民群众的深入研究和长期实践，对原技术进行不断改进和完善，打破了3.5叶期秧龄的限制，改头年冬季培肥苗床为当年春季培肥苗床，总结并建立起一整套培育大苗、中苗、小苗的旱育秧配套栽培新技术，以适应稻区多熟耕作制度的需要。为此，该项技术于20世纪90年代起陆续在南方稻区得到迅速推广和应用，并创造了极其显著的社会和经济效益。

1. 旱育秧田杂草发生规律

肥床旱育秧田的生态条件极大地有别于传统的湿润秧田和水秧田，因而杂草发生呈现出一些新的特点，例如旱育秧在整个育秧期间不建立水层，无法以水控草。

（1）草相杂、旱草化　旱育秧苗床要求地下水位50cm以下、土质偏沙、土壤偏酸（pH 6.5以下）、疏松肥沃、通气透水性能好、保水保肥能力强，大多选择在旱地建床（非常理想的是多年种植蔬菜的旱地），也有选择在旱态水田建床的，这样优良的基础条件十分有利于杂草滋生。旱育秧系在旱管状态下进行，因此除了水稻伴生杂草稗、异型莎草等之外，旱育秧田内旱地杂草大幅度增加。增加的主要种类为一年生中生及湿生杂草，如禾本科杂草马唐、牛筋草、狗尾草及千金子、双穗雀稗等，莎草科杂草香附子、碎米莎草等，阔叶杂草繁缕、婆婆纳等（表2-10）。

表 2-10　肥床旱育秧田与湿润秧田的杂草种类比较表

地区	类型	肥床旱育秧田	湿润秧田
广西	禾草	稗、旱稗、双穗雀稗、千金子、马唐、牛筋草	稗
	莎草	香附子、畦畔莎草	牛毛毡、异型莎草、碎米莎草
	阔草	野苋、旱苗蓼、石胡荽	鳢肠、陌上菜
江苏沿江	禾草	稗、双穗雀稗、千金子、马唐、狗尾草	稗
	莎草	香附子、扁穗莎草、异型莎草	
	阔草	空心莲子草、刺果毛茛、节节菜、陌上菜、婆婆纳、鳢肠、一年蓬、繁缕、藜	鳢肠、陌上菜、丁香蓼、水苋菜、节节菜

（2）种类多、数量大　经初步调查，旱育秧田中杂草涉及水生杂草、陆生杂草的 20 科 46 种，主要有马唐、稗草、繁缕、看麦娘、鼠麴草、牛毛毡、空心莲子草等，具有种类繁多、危害严重的特点。

（3）出草早、时间长　播种覆膜后 2～3 天即可见草，播后 5～7 天至播后 10 天左右（揭膜时）为出草高峰（高峰期所出杂草约占出草总量的 90%），揭膜后仍可出草（但出草数量较少）。禾草首先出土，其次是莎草，然后为阔草。

（4）生长快、危害重　旱育秧苗床有着良好的光热水肥气条件，在促进秧苗茁壮成长的同时，也有利于杂草疯狂生长。

2. 旱育秧田杂草化除技术

在旱育条件下，对除草剂安全性要求更高，对施药时期和气候条件要求更严。许多药剂大面积示范时在不同地区表现不一，安全性、防效不稳定。各地推广旱育秧田化学除草技术时应高度注意除草剂的安全性和杀草效果，坚持试验、示范、推广的原则，高效、安全、经济地防除杂草，控制草害，确保水稻旱育秧和化学除草技术配套的应用成功，培育健壮的秧苗，为水稻优质丰产打下坚实的基础。

登记用于水稻旱育秧（登记作物特别注明是旱育秧田）的除草剂有效成分有二甲戊灵、丁草胺、噁草酮、苄嘧磺隆、扑草净、异丙隆等。

（1）播种之前除草　每亩用 20% 敌草快水剂 150～250mL，兑水 30～50L 均匀喷雾，消灭已经长出的杂草和作物残茬。该药杀草速度特快，遇土钝化无残留，不损伤作物根系，施药后 1～3 天杂草枯黄，即可安全地进行农事操作。

（2）播后苗前除草　在水稻播后 0～5 天（播种当天至 5 天内）、杂草萌发之前或萌发初期施药。每亩兑水 30～50L，均匀喷洒床面；施药前后保持土壤湿润，按正常程序进行田间管理；施药后 30～60 分钟覆膜；施药后 5 天不翻动土层。

①　二甲戊灵。登记用于旱育秧田，防除一年生杂草，每亩用 150～200mL，播后苗前土壤喷雾，参 PD134-91 和 PD20081785。

②　丁草胺（最好选用含安全剂的产品）。在播种盖土后的当天或次日施药。每亩用 60％乳油 75～100mL。提醒注意，种子必须有土层覆盖，因为本品对露籽易产生药害；施药后保持床面湿润，但不能积水。

③　丙草胺（含安全剂）。在播后当天至 5 天内施药。每亩用 30％乳油 75～100mL。提醒注意，种子必须催芽，因为产品中的安全剂通过水稻根部吸收而发挥作用；施药时田间湿度应适当加大，施药后 5 天内保持土壤含水量在 60％左右。本品在四川等省适用于平坝地区和河谷地带。

④　丁草胺＋噁草酮。在播后当天或次日施药，每亩用 60％乳油 50mL＋25％乳油 25mL。混剂登记用于旱育秧田，防除一年生杂草或防除阔草，施药方法为播后盖土芽前喷雾。不同厂家、含量、配比的混剂的登记用量可能有出入，例如每亩用混剂 40％乳油（34％＋6％）110～125mL、40％乳油（24％＋16％）100～133mL、42％乳油（32％＋10％）90～110mL、42％乳油（36％＋6％）100～150mL、36％乳油（30％＋6％）150～200mL、30％乳油（24％＋6％）133～160mL、20％乳油（14％＋6％）150～200mL、18％乳油（15％＋3％）240～280mL。

⑤　丁草胺＋扑草净。混剂登记用于旱育秧田，防除一年生杂草，施药方法为喷雾或毒土。不同厂家、含量、配比、剂型的混剂的登记用量可能有出入，例如每亩用混剂 1.15％颗粒剂（1％＋0.15％）6666.7～8333.3g（东北地区）、1.2％粉剂（1％＋0.2％）6666.7～8333.3g、19％可湿性粉剂（16％＋3％）561.4～701.7g、40％乳油（30％＋10％）266.7～333.3mL（东北地区），参 PD20091866 和 PD20085603 等。

⑥　苄嘧磺隆＋哌草丹。在播后当天或次日施药。每亩用混剂 17.2％可湿性粉剂（0.6％＋16.6％）250～300g。

⑦ 苄嘧磺隆＋丁草胺＋扑草净。混剂登记用于旱育秧田，防除一年生杂草，每亩用 33％可湿性粉剂（1％＋28％＋4％）266.7～333.3g，土壤喷雾，参 PD20095453。

（3）生长期间除草　旱育秧田杂草种类较多，应根据杂草发生情况对草下药。旱育秧田生长期间的除草方案如表 2-11 所示。

表 2-11　旱育秧田生长期间除草方案

除草方式	方　案
只除禾草	氰氟草酯，于稗草 1.5～2 叶期施药；每亩用 10％乳油 30～50mL。根据杂草叶龄酌情确定用药量，若于稗草、千金子 1.5～2 叶期施药，每亩用 10％乳油 30～50mL；2～3 叶期每亩用 40～60mL；4～5 叶期每亩用 70～80mL；5 叶期以上适度提高用药量。田面干燥情况下使用应适当增加用药量。不仅对各种稗草高效，还可防除千金子、马唐、双穗雀稗、狗尾草、牛筋草等。对阔草、莎草无效。 精噁唑禾草灵，在播种后 30 天左右、稗草 3～5 叶期施药。每亩用 6.9％水乳剂 20～25mL。进口产品 6.9％维利水乳剂曾登记用于晚稻移栽田（限于广东省使用）防除稗草、千金子等禾草，但后未见续展登记
只除阔草	氯氟吡氧乙酸，在水稻 3 叶期后、阔草 1.5～3 叶期施药。每亩用 20％乳油 40～50mL
兼除莎草阔草	灭草松，本品在水稻田可选施药期范围宽（无需考虑水稻生育时期），但以杂草多数出齐、处于 3～4 叶期施药防效最佳。每亩用 25％水剂 200mL。 2 甲 4 氯二甲胺盐，在水稻 5 叶期至拔节前（水稻分蘖末期耐药力最强）施药。北方每亩用 70～90mL，南方每亩用 75％水剂 40～50mL
兼除禾草阔草	敌稗，在水稻出苗后、稗草 1.5 叶期施药，于稗草 2～3 叶期施药应加大用药量；登记每亩用 16％乳油 1250～1875mL，20％乳油 1000～1500mL 或 36％乳油 416.7～722.2mL。 二氯喹啉酸，在水稻出苗后、稗草 1～7 叶期施药，以稗草 2.5～3.5 叶期施药最佳。不同厂家、含量、剂型的产品的登记用量可能有出入，一般每亩用 50％可湿性粉剂 20～30g。主要防除稗草，是目前防除大龄稗草的特效药剂，能杀死 1～7 叶期的稗草，对 4～7 叶期的高龄稗草药效突出
兼除莎草禾草阔草	苄嘧磺隆＋禾草丹，在水稻 1.5 叶期（播后 7～10 天）施药。每亩用 10％可湿性粉剂 10～15g＋90％乳油 100mL，或每亩用混剂 35.75％可湿性粉剂（0.75％＋35％）150～200g。 苄嘧磺隆＋二氯喹啉酸，在水稻 2.5 叶期后、稗草 2～3 叶期施药。每亩用混剂 30％可湿性粉剂（5％＋25％）40～50g。 吡嘧磺隆＋二氯喹啉酸，在水稻 2.5 叶期后、稗草 2～3 叶期施药。每亩用混剂 20％可湿性粉剂（1.5％＋18.5％）70～90g

二、育秧田·秧床育秧·湿育秧·露地湿润秧田

湿育秧又叫湿润育秧、半旱育秧，是我国使用面积较大、历史较长、介于水育秧和旱育秧之间的一种育秧方式。在播种至出苗这段时间内，秧板不建立水层（水整地、水作床、湿润播种，采取沟灌渗水的办法来维持秧板湿润状态，供应稻谷萌发所需水分）；在秧苗立针现青后，才建立水层，并根据情况间歇灌排，以湿润为主。该方式易于调节土壤水气矛盾，出苗快而齐，病害轻，扎根牢，生长虽缓但秧苗健壮，有利于培育壮秧。

1. 播种之前除草

（1）施药后必须混土的　杀草隆。在秧板做好后及时施药。每亩用40％可湿性粉剂125~500g（防除一年生莎草和浅根性多年生莎草每亩用125~250g，防除深根性多年生莎草每亩用375~500g），拌土撒施，随即混土（防除一年生莎草和浅根性多年生莎草混土2~5cm，防除深根性多年生莎草混土5~7cm），混土后平整田面，即可润水播种。对莎草有特效。

（2）施药后不需混土的　在秧板做好后及时施药于床面，通常采取喷雾法施药，有的除草剂可采取毒土法施药，施药后间隔适当时间播种。

① 哌草丹等。每亩用50％哌草丹乳油150~250mL或17.2％苄嘧磺隆·哌草丹可湿性粉剂（0.6％+16.6％）250~300g。施药后即可播种。

② 禾草丹等。每亩用50％禾草丹乳油200~300mL、25％噁草酮乳油50~75mL、60％丁草胺乳油80~100mL或20％丁草胺·噁草酮乳油（14％+6％）100~150mL。施药后2~3天播种。

2. 播后苗前除草

可选用哌草丹等进行土壤封闭。

3. 出苗之后除草

在秧苗长到2叶期左右、秧田建立水层后，根据杂草种类、除草剂特性、田间状况，科学选用除草剂品种。

① 丙草胺（含安全剂）。在水稻立针期至 1.5 叶期施药。每亩用 30％乳油 100～150mL。

② 丁草胺（含安全剂）。在水稻立针期至 1.5 叶期施药。每亩用 60％乳油 85～100mL。

③ 丁草胺。在秧苗 1～2 叶期、稗草 1.5 叶期前施药。每亩用 60％乳油 80～100mL。兑水喷雾或拌土撒施。施药后保水 3～4 天，但要防止水层浸没秧苗心叶。

④ 禾草丹。在水稻 1～2 叶期、稗草 1.5 叶期施药。每亩用 50％乳油 200～250mL。兑水喷雾或拌土撒施。施药时田内应有水 3～5cm，施药后保水 5～7 天。

⑤ 禾草敌。在秧苗 3 叶期后、稗草 2～3 叶期施药。宜采取毒土法施药。施药时田内应有水 3cm 左右，施药后保水 5～7 天。

三、育秧田·秧床育秧·湿育秧·覆膜湿润秧田

覆膜湿润育秧又叫塑料薄膜拱棚覆盖湿润育秧，它是在露地湿润育秧的基础上，在播种后于厢面加盖一层塑料薄膜（多为低拱架覆盖）。这种育秧方式有利于保湿增温，可适时早播，防止烂芽烂秧，提高成秧率，对早春播种预防低温冷害来说十分必要。在水稻播种到 1.5 叶期，要求薄膜严密覆盖，创造高温高湿环境，促进谷种迅速扎根立苗；在水稻 1.5～2.5 叶期，要求适时揭膜通风，使秧苗逐步适应膜外环境；在水稻 2.5～3 叶期，气温稳定、秧苗炼苗后，可完全揭走薄膜。

（1）敞膜间歇施药　在秧苗 1～2 叶期将薄膜敞开，晾干秧苗上的水珠，然后施药，待杂草叶面上的药液见干再将薄膜闭合。这种方法操作麻烦，不受农民欢迎。

（2）揭膜之后施药　在揭走薄膜、建立水层后施药。此时杂草较多，应根据草情合理选药。

四、育秧田·秧床育秧·湿育秧·铺膜湿润秧田

近几十年来，在云贵高原和一些易受低温冷害、积温不足的稻区，单季中稻和双季早稻的育秧方式基本沿着从水育秧、露地湿润育秧、覆膜湿润育秧到铺膜湿润育秧的方向发展，秧田杂草也随之由泽泻、鸭舌草等水生阔草为主，向稗草、牛毛毡等湿生性杂草为主的趋

势演替。

1. 播后苗前除草

在秧田耙细整平、排水、开沟、分厢（做苗床或称做秧板）、播种（趁秧板处于水分饱和状态撒播催芽谷种）、踏谷、覆盖（撒细厩粪或营养土覆盖，不使种子外露）后，采取喷雾法将除草剂施于厢面，接着在厢面上撒一层切碎的印度草木犀或小麦秸等，最后铺膜。

① 哌草丹。每亩用50％乳油150mL。

② 丙草胺（含安全剂）。每亩用30％乳油70～80mL。要求厢面水分必须达到饱和状态。

2. 出苗之后除草

对于播种当时没有施用除草剂或用过除草剂但防效不佳的秧田，可在揭开薄膜、建立水层后，稗草2叶期左右、牛毛毡发生始期至增殖初期，进行一次适当的补救施药处理。

① 禾草丹。在稗草1.5～2叶期施药。每亩用50％乳油200～300mL。

② 禾草敌。在稗草2～3叶期施药。每亩用96％乳油200mL。

③ 苄嘧磺隆。在牛毛毡增殖初期施药。每亩用10％可湿性粉剂15～20g。

④ 吡嘧磺隆。在牛毛毡增殖初期施药。每亩用10％可湿性粉剂10～15g。

⑤ 二氯喹啉酸。在水稻2.5～5叶期、稗草1～7叶期（最好是2.5～3.5叶期）施药。每亩用50％可湿性粉剂27～52g。

⑥ 灭草松。在阔草、莎草2～3叶期施药。每亩用48％水剂200mL。

⑦ 2甲4氯钠。在水稻5叶期后施药。每亩用56％原药60g。

五、育秧田·秧床育秧·水育秧·水秧田

水育秧是一种古老的育秧方式，我国中部南部种植早稻和晚稻较常采用。在整个育秧期间，秧板经常保持水层（水整地、水作床、带水播种，除了防治绵腐病、坏种烂芽和露田扎根外，一直都建立水层）。由于水分充足，秧苗生长迅速，但也常有坏种烂芽、出苗率成

苗率低、秧苗细弱不壮、扎根不牢、分蘖少等弊端，不利于培育壮秧，因此生产上已不提倡采用，面积在逐年减少。

抑制杂草发生。由于稗草和其他湿生杂草种子萌发需要足够的氧气，因此水育秧能有效抑制这些杂草的发生。

1. 播种之前除草

① 禾草丹。每亩用 50％乳油 150～250mL，拌土撒施，施药后 3～4 天再换水播种。

② 禾草敌。每亩用 96％乳油 100～180mL，拌土撒施，施药后 1～3 天播种未催芽谷种，5～7 天内不许排水晾田。

③ 杀草隆。每亩用 50％可湿性粉剂 100～200g，拌土撒施，混入 5～7cm 表土层中，再灌入水层播种。若扁秆藨草等多年生莎草发生重，每亩用量提高到 300g。

2. 播后苗前除草

若所播为已催芽谷种，选用丙草胺（含安全剂）、丁草胺（含安全剂）或哌草丹等安全性高的品种。若所播为未催芽谷种，选用禾草丹、禾草敌等品种。

3. 出苗之后除草

（1）施用选择性土壤处理剂　在秧苗长到 1.5 叶期左右、秧田建立水层前后，根据杂草种类、除草剂特性、田间状况，科学选用除草剂品种。

① 丙草胺（含安全剂）。在水稻立针期至 1.5 叶期施药。每亩用 30％乳油 100～150mL。

② 丁草胺（含安全剂）。在水稻立针期至 1.5 叶期施药。每亩用 60％乳油 80～100mL。

③ 丁草胺。在秧苗 1～2 叶期、稗草 1.5 叶期前施药。每亩用 60％乳油 80～100mL。兑水喷雾或拌土撒施。施药后保水 3～4 天，但要防止水层浸没秧苗心叶。

④ 禾草丹。在水稻 1～2 叶期、稗草 1.5 叶期前施药。每亩用 50％乳油 200～250mL。兑水喷雾或拌土撒施。施药时田内应有水 3～5cm，施药后保水 5～7 天。

⑤ 禾草敌。在秧苗 3 叶期后、稗草 2～3 叶期施药。宜采取毒土

法施药。施药时田内应有水 3cm 左右，施药后保水 5～7 天。

（2）施用茎叶处理剂或土壤处理＋茎叶处理剂　可根据杂草发生种类，有针对性地选用噁唑酰草胺、氰氟草酯、灭草松、氯氟吡氧乙酸等品种或组合进行防除。

六、育秧田·两段育秧·寄栽秧田

对于两段育秧来说，第一阶段常采用温室育秧或肥床旱育秧，第二阶段的秧田叫做寄栽秧田（又称假植秧田、摆栽秧田、摆秧田、寄秧田）。

（1）假植之前除草　选用下列品种或组合。

① 禾草敌。在秧苗假植前 1 天施药；每亩用 96％ 乳油 150～175mL；兑水喷雾或拌土撒施，施药时田内灌有浅水层。

② 乙氧氟草醚。在秧苗假植前 1 天施药；每亩用 24％ 乳油 6mL；拌土撒施，施药时田内灌有浅水层。

（2）假植之后除草　寄栽秧田的秧苗较柔弱，应在寄栽后 5～7 天、秧苗已走白根后施药。由于寄栽时秧苗已达 1.5 叶期以上，耐药力相对较强，同时栽培上要求浅水灌溉，十分匹配除草剂的需要，所以可供选用的除草剂品种很多。但需注意水层不能淹没秧心，以免产生药害。

七、育秧田·秧盘育秧·秧盘

随着抛秧、机械插秧等轻型高产栽培技术的发展和推广，秧盘育秧（又称塑料软性秧盘育秧、塑盘育秧、软盘育秧、有盘育秧、盘育秧）应运而生。这种育秧方式的特点是集约化，便于统一供种，规模育秧，并实现商品化供秧。

秧盘育秧分为 3 种，旱床秧盘育秧（或称塑盘旱育秧）在相当于肥床旱育秧的苗床上进行，湿床秧盘育秧（或称塑盘湿育秧）在相当于湿润育秧的苗床上进行，棚室秧盘育秧（或称工厂化育秧）在拱棚或温室内进行。

秧盘育秧的床土有秧盘隔离，只要控制住秧盘内杂草，就解决了苗期杂草问题。秧盘育秧可参照肥床旱育秧、湿润育秧的化学除草技术开展除草，但由于秧盘很浅（2.7cm 左右），营养土层较薄，盖土也仅 0.5～1cm，因此所用除草剂品种和剂量须经试验后确定。目前尚无一个产品登记用于秧盘育秧。在水稻播后苗前除草，生产上使用的品种有丁草胺（最好是含安全剂的产品）等。在水稻出苗之后除草，可选用氰氟草酯、吡嘧磺隆·二氯喹啉酸等品种。

第六节　水稻制种田杂草全程防除

　　制种水稻最为"娇气"，目前尚无一种除草剂专门登记用于制种田，有些产品标签上特别声明"本品应避免在制种田使用"，生产上仅有苄嘧磺隆、吡嘧磺隆、丙草胺（含安全剂）、氰氟草酯、五氟磺草胺等少数几种除草剂使用。

第七节　陆稻田杂草全程防除

　　陆稻又叫旱稻，是栽培稻中与水稻并列的另一个"型"，水稻为基本型，陆稻为变异型；水稻通常种植在水田（稻田）里，陆稻种植在旱田（旱地）中。陆稻在水资源匮乏地区有推广应用，是我国南方山区的主要粮食作物之一，在北方部分低洼易涝且又缺乏水源的地区也有种植。陆稻与玉米等旱地作物相比，草害问题更加突出，如果防除不好，往往造成大幅度减产甚至绝收。

一、陆稻田杂草发生规律

　　总的趋势是，一年生湿生禾本科杂草为优势种，伴生一年生湿生双子叶杂草，多年生杂草较少。据天津市调查资料，禾本科杂草占田间杂草总数的 89.3%，其中稗 45.7%、马唐 40.7%、狗尾草 2.9%；双子叶杂草占 10.7%，主要为铁苋菜、大马蓼、野西瓜苗等。

二、陆稻田杂草化除技术

　　目前尚无一个产品登记用于陆稻，陆稻田所用除草剂都是从水稻田除草剂和旱作田除草剂中"借用"过来的。陆稻田除草基本不采取毒土法，大多采用喷雾法，且需适当加大兑水量。

（1）播种之前除草

① 禾草敌。每亩用 96％乳油 150～250mL。兑水 40～60L 喷雾。施药后立即混土 5～7cm，然后播种。

② 杀草隆。每亩用 40％可湿性粉剂 300～400g。兑水 40～60L 喷雾。施药后立即混土 5～7cm，然后播种。

③ 氟乐灵。每亩用 48％乳油 50～100mL。兑水 40～60L 喷雾。施药后立即混土 5～7cm，间隔 7～14 天再播种。适用于一些播种前后干旱少雨地区。防除一年生禾本科杂草和小粒种子阔叶杂草效果较好，且持效期较长。若播后苗前遇到降大雨，则易生药害。

（2）播后苗前除草　丁草胺。在播种盖土后施药。每亩用 60％乳油 200～300mL。兑水 40～60L 喷雾。

（3）出苗之后除草

① 禾草丹。在陆稻 1～2 叶期、稗草 1.5 叶期左右施药。每亩用 50％乳油 300～400mL。

② 氰氟草酯。在陆稻出苗后、禾草出苗后施药，根据禾草叶龄酌定用药量，若于稗草、千金子 1.5～2 叶期施药，每亩用 10％乳油 30～50mL；2～3 叶期每亩用 40～60mL；4～5 叶期每亩用 70～80mL；5 叶期以上适度提高用药量。

③ 二氯喹啉酸。在水稻 2.5 叶期后、稗草 1～7 叶期（最好是 2.5～3.5 叶期）施药。每亩用 50％可湿性粉剂 27～52g。

④ 灭草松。在陆稻田施药期宽（无需考虑陆稻生育时期），但以杂草多数出齐、处于 3～4 叶期施药防效最佳。在陆稻移栽后 20～30 天施药。每亩用 25％水剂 200～400mL 或 48％水剂 133～200mL，防除一年生阔草用低量，防除莎草用高量。

⑤ 氯氟吡氧乙酸。在陆稻 3 叶期后施药。于阔草 2～5 叶期施药防效最佳。每亩用 20％乳油 30～50mL。

⑥ 2 甲 4 氯钠。在陆稻 5 叶期至拔节前施药。

第八节　稻田田埂杂草化学防除

田埂，指田地间分界处高出田地表面的部分，用来划界、蓄水，又称田埂子、田坎、田背、田背坎、田老坎、田垄、田塍、田边、田畔、畦畔、地畔、地埂、地坎、地边、土埂、埂子、圩埂、圩堤、圩子等。四川等地称水田田埂中较矮的为田埂，较高的为田老坎。田埂杂草种类多（而且往往难除杂草所占比例高）、长势旺，其危害表现在以下几个方面：影响田园外观；影响作物生长；影响耕者行走；影响农具移动；滋生传播病虫；匍茎剪股颖等杂草由田埂向田内蔓延，增加草害侵染。

据统计，获准登记用于田埂（农业农村部登记名称为水稻田埂或水田畦畔）的除草剂有效成分有氯氟吡氧乙酸、氯氟吡氧乙酸异辛酯、草甘膦异丙胺盐等（表2-12）。防除田埂杂草，既可选用茎叶处理剂，也可选用土壤处理剂，目前茎叶处理剂用得多；既可选用选择性除草剂（例如选用对水稻安全的氯氟吡氧乙酸防除水稻田埂杂草），也可选用百草枯、敌草快、草甘膦铵盐、草甘膦钠盐、草甘膦钾盐、草甘膦异丙胺盐、草铵膦等广谱灭生性除草剂。

表2-12 防除水稻田埂杂草的除草剂登记情况

单位：g（a. i.）/hm^2

除草剂产品	登记作物	防除对象	登记的有效用量	施用方法	登记证号
20%氯氟吡氧乙酸乳油	水田畦畔	空心莲子草（水花生）	150	喷雾	PD148-91
41%草甘膦异丙胺盐水剂	水稻田埂	杂草	1230～2460	喷雾	PD73-88
	水稻田埂	杂草	1230～2460	定向茎叶喷雾	PD20092847

防除田埂杂草的策略有2种：一是在防除田内杂草时顺便防除，二是单独防除。防除田埂杂草必须注意2点：一是科学选药，防止药剂残留"流窜"祸及田内作物；二是定向施药，防止药液飘移"流动"殃及田内作物。前些年有人用甲磺隆防除蔬菜田埂上的空心莲子草等杂草，虽然效果尚可，但从田埂上铲下的泥土在很长时间内都无法栽活蔬菜。

我国实行家庭联产承包责任制后，田块划分得很小，田埂成为几不管的空白地带，因而许多田埂的杂草种群非常复杂，长势十分茂盛，目前多选用敌草快、草甘膦、草铵膦等广谱、灭生性、茎叶处理剂进行防除，农民见草打药，一喷了之。百草枯、敌草快杀草速度极快，能在短时间内控制杂草，它们还有一个优点就是无内吸传导性，少量药液沾染到作物上，只能使着药部位受害，产生局部坏死斑点，不会引起整株性枯死；但是它们的持效时间短。草甘膦系列虽然见效要慢，但持效期长，能在很长时间内保持田埂无草，目前获准登记用于水稻田埂的 41％草甘膦异丙胺盐水剂单剂产品逾 4 个。这些除草剂均是灭生性的，须做好防护（例如在喷头上加装防护罩），定向施药，防止除草剂药液飘移"流动"殃及田内作物。这些除草剂遇土钝化失去活性，不会残留"流窜"殃及田内作物。田埂上往往草多、草深、草老，应适当增加用药量，例如 41％草甘膦异丙胺盐水剂用于棉花免耕田、玉米田除草登记每亩用制剂 150～250mL，而用于水稻田埂除草登记每亩用制剂 200～400mL，参 PD73-88。

第九节　稻田杂草化学防除新问题

下面简要介绍目前稻田杂草化学防除所遇到的一些新情况和新问题。

1. 渗漏性大的稻田除草

土质沙性重、田埂不结实的稻田渗漏性大，除草要十分注意，一是除草剂随水淋溶、下渗，杂草吸收到的药剂减少，导致防效降低；二是水溶性大的除草剂会随水渗漏，集中到水稻根区，导致药害发生，例如醚磺隆等除草剂声明不宜用于渗漏性大的稻田。

这种稻田怎样除草呢？一是改换品种，例如环丙嘧磺隆施用后，能迅速吸附于土壤表层，形成稳定的药土层，稻田漏水、漫灌、串灌、下大雨仍然保持良好药效。又如四唑酰草胺的土壤吸附性强，施药后能很快被土壤颗粒吸附，不仅适用于一般稻田，在缺水地区和沙性土、漏水田等难以保持水层的田块使用仍可获得良好效果。二是改变方法，例如乙氧磺隆既可作土壤处理，也可作茎叶处理，但在干旱缺水田和漏水田使用，应采取喷雾法作茎叶处理。

2. 水稻移栽前施药除草

随着工业化和城镇化的推进，农村劳动力大量转移，人们希望节省劳动力、降低劳动强度，最好能将除草与其他农事活动结合起来进行，例如与整田等一并进行，在水稻移栽前施药除草。恶草酮、丙炔恶草酮等最好在水稻移栽前使用，而乙氧磺隆不宜在水稻移栽前使用，苯噻酰草胺·苄嘧磺隆·甲草胺禁止在水稻抛秧前施用。苄嘧磺隆、吡嘧磺隆在水稻移栽前至移栽后 20 天均可使用，但以移栽后 5～10 天、秧苗缓苗后施药为佳。

3. 稻田省力化施药除草

当前农村青壮年劳动力大量外出，留家务农的"386199 部队"除草施药作业感觉相当吃力，因此省力化剂型的除草剂深受欢迎，这类剂型有泡腾粒剂、漂浮粒剂、大粒剂、细粒剂、颗粒剂、水面扩散剂、展膜油剂、可采取瓶甩法施用的乳油等。例如 30%苯噻酰草胺·苄嘧磺隆·甲草胺泡腾粒剂（18%＋4%＋8%）登记的施用方法为撒施，参 PD20090411；不拌土不喷雾，直接撒施，工效非常高（喷雾或拌土至少需 30min/亩，而撒粒约 5min/亩）。又如 20%苄嘧磺隆·乙草胺大粒剂（4.5%＋15.5%）既可不拌肥或拌土直接撒施，也可按常规方法拌肥拌土撒施，药效更能充分发挥；在浮萍较多的田块因浮萍的阻力对漂浮有影响，或整地不平的田块最好采取拌肥拌土撒施。12%恶草酮乳油、1%恶嗪草酮悬浮剂等登记的施用方法为瓶洒或瓶甩，参 PD51-87 和 PD20050194，可直接手持药瓶，将药剂甩入田水中。虽然毒土法比喷雾法省力，但平原区在水稻移栽季节难以找到干的泥土或沙子，而且此时既要收，又要栽（有的地方称为农忙双抢），劳力矛盾十分突出，所以可以不需拌土或兑水而直接施用的剂型颇受欢迎。

4. 水浆灌排与稻田除草

水稻田除草剂对水分管理的要求可分成 3 种类型：灌水-保水型（施药时田内必须灌有水层 3～5cm，施药后保持水层 5～7 天）、排水-回保型（施药前排水，使杂草植株至少 50%露出水面；施药后 1～2 天回水，并保持 3～5cm 水层 5～7 天）、湿润-湿水型（施药时田间呈湿润状态，施药后保持湿润状态或保持薄水层）。

排水-回保型的稻田除草剂在某些地区应用受限，这是因为低水田、成片田不方便排水；干旱区、高处田不敢排水，一旦排出要重新回水非常困难；排水易造成肥料流失，影响水稻生长；喷药之后上水之前，如遇雨严重影响药效，如遇阳光暴晒影响水稻正常生长。

5. 稻田疑难顽固杂草防除

（1）野荸荠　野荸荠属莎草科。又名野马蹄、野葡蒜儿、野慈姑儿等。有葡匐细长的根状茎和球茎，营养繁殖发达。无叶；秆丛生、直立，茎叶处理时杂草植株不易受药，很多地方对这种草束手无策。敏感除草剂有莎扑隆等，但目前市面上无药销售。据资料报道，乙氧磺隆、丙炔噁草酮、唑草酮等能防除野荸荠。

（2）牛毛毡　苄嘧磺隆、吡嘧磺隆、禾草敌等对牛毛毡防效均好，但近年有的地区反映牛毛毡难以防除，原因待查。

（3）扁秆蔗草、日本蔗草、蔗草　均属莎草科蔗草属。若选用苄嘧磺隆、吡嘧磺隆，可采取一次性高剂量或两次分批施药的办法进行防除。

（4）稗　稗的近似种和稗的变种很多。在可用于水稻的除草剂有效成分中，有70%以上均对稗的防效很好，但绝大多数为土壤处理剂，而茎叶处理剂仅有二氯喹啉酸、五氟磺草胺、氟吡磺隆、双草醚、嘧草醚、嘧啶肟草醚、噁草酰草胺、氰氟草酯、精噁唑禾草灵等10余种，防除高龄稗的尤其稀缺。据资料报道，稗已对丁草胺、二氯喹啉酸产生抗性，防效下降。

（5）稻稗　据资料报道，防除稻稗的土壤处理剂有莎稗磷等，茎叶处理剂有五氟磺草胺、嘧啶肟草醚等。

（6）千金子　千金子与稗草同属禾本科，但两者生物学特性有差别。能防除千金子的除草剂大多能防除稗草，能防除稗草的除草剂却不一定能防除千金子（例如哌草丹、禾草敌、二氯喹啉酸、五氟磺草胺等不能防除千金子，双草醚对千金子防效差）。登记用于水稻防除千金子的异噁草酮、噁嗪草酮、禾草丹、丁草胺、氰氟草酯、精噁唑禾草灵等。据资料报道，丙草胺、四唑酰草胺、丙炔噁草酮、扑草净、二甲戊灵、嘧啶肟草醚、噁唑酰草胺等能防除千金子。

（7）杂草稻　据试验，水直播田使用丙草胺（含安全剂）对杂草稻防效较好。

（8）李氏禾、假稻、秕壳草　据资料报道，嘧啶肟草醚、吡嘧磺隆等选择性除草剂能防除稻田里的李氏禾、假稻、秕壳草。田埂上的李氏禾、假稻、秕壳草可选用草甘膦、精喹禾灵、精噁唑禾草灵、精吡氟禾草灵、高效氟吡甲禾灵等进行防除。

（9）双穗雀稗　据资料报道，双草醚、嘧啶肟草醚、氰氟草酯等选择性除草剂防除稻田里的双穗雀稗。田埂上的双穗雀稗可选用草甘膦、精喹禾灵、精噁唑禾草灵、精吡氟禾草灵、高效氟吡甲禾灵等进行防除。

（10）匍茎剪股颖　部分田埂杂草逐渐进入稻田，在局部地区造成危害。据资料报道，嘧啶肟草醚等能防除稻田里的匍茎剪股颖。田埂上的匍茎剪股颖可选用草甘膦、精喹禾灵、精噁唑禾草灵、精吡氟禾草灵、高效氟吡甲禾灵等进行防除。

（11）马唐　旱育秧田和旱直播田里的马唐较难防除，据资料报道，氰氟草酯、五氟磺草胺、噁唑酰草胺、精噁唑禾草灵等对马唐防效很好。

（12）牛筋草　旱育秧田里的牛筋草较难防除，有的地方反映精噁唑禾草灵等对牛筋草防效很好。但该药在水稻上应用风险很高，须谨慎从事。

（13）雨久花　据资料报道，苄嘧磺隆、吡嘧磺隆、乙氧磺隆、嘧苯胺磺隆、灭草松、2甲4氯钠、扑草净等能防除雨久花。有关研究表明，连续多年使用苄嘧磺隆的稻田开始出现抗药生态型雨久花，而且这种对苄嘧磺隆表现出抗性的雨久花对同类除草剂吡嘧磺隆也表现出交叉抗性，用吡嘧磺隆防效不佳，但这些抗药生态型雨久花对灭草松、2甲4氯钠、扑草净等除草剂却很敏感。

（14）空心莲子草　空心莲子草属于苋科、莲子草属。又名水花生、水蕹菜、革命草、空心苋、日本霸王草、喜旱莲子草等。此草原产巴西，我国以饲料引种于北京、江苏等地，后逸为野生，现为常见杂草，且为恶性杂草，给人们的生产生活造成了严重的影响。以根茎进行营养繁殖，3～4月间根茎开始萌芽出土。匍匐茎发达，并于节处生根；茎的节段亦可萌生成株。登记用于水稻防除空心莲子草的选择性除草剂有氯氟吡氧乙酸、氯氟吡氧乙酸异辛酯、甲磺隆等。草甘膦、百草枯等灭生性除草剂能有效防除空心莲子草，但施一次药无法达到理想的根除效果，需根据情况防除多次。

（15）满江红、浮萍、紫萍　广义上的浮漂大致分为叶面呈红色的红浮漂和叶面呈绿色的青浮漂 2 类。红浮漂即满江红，属于蕨类植物门、薄囊蕨纲。青浮漂包括浮萍和紫萍，属于被子植物门、单子叶植物纲。满江红进行孢子繁殖或营养繁殖，浮萍和紫萍以芽繁殖，这些杂草常混合发生，长势繁茂，形成密布水面的漂浮群体，集聚成丛，遮蔽水面，造成水中缺光、缺氧、温低，严重影响作物正常生长发育。据资料报道，吡嘧磺隆、丙炔噁草酮等能防除浮漂。藻蕨类杂草中的满江红、网藻、水绵还常与单子叶阔叶型杂草中的浮萍、紫萍生长在一起，防除更加不易。

（16）轮藻　属于绿藻门、轮藻纲、轮藻目、轮藻科、轮藻属。又名脆轮藻等。植物体具有类似根、茎、叶的分化。茎有节和节间之分，在节上轮生有相当于叶的小枝。据资料报道，吡嘧磺隆、环庚草醚、硫酸铜等能防除轮藻。

（17）网藻　网藻属于绿藻门、绿藻纲、绿球藻目、水网藻科、水网藻属。又名水网藻、水网、油青苔等。据资料报道，嘧苯胺磺隆等能防除网藻。

（18）水绵　水绵属于绿藻门、绿藻纲、双星藻目（有的归入接合藻目）、双星藻科（有的归入星接藻科）、水绵属。又名青苔、油泡泡、油泡子、普通水绵等。曾经登记用于防除水绵的有三苯基乙酸锡、西草净、硫酸铜等 3 种有效成分。三苯基乙酸锡因对水生生物毒性大而暂未续展登记。硫酸铜可防除水绵、刚毛藻、茨藻、轮藻等水生藻类。据资料报道，乙氧磺隆、丙炔噁草酮、乙氧氟草醚、嘧苯胺磺隆、异丙甲草胺、精异丙甲草胺等能防除水绵。

6. 稻田除草剂与其他非除草剂农药混合施用

有的除草剂不宜或不能与其他非除草剂农药混用，例如敌稗不能与氨基甲酸酯类、有机磷类农药混用，敌稗施用前后 10 天内不能施用这些农药。有的除草剂可以与其他农药混用，例如甲磺隆可与杀虫双混用（早前有除草大粒剂面市）、敌草隆与杀虫双混用（早前有的地方每亩用 25% 敌草隆可湿性粉剂 35g、18% 杀虫双水剂 250mL、尿素 4kg 拌匀后于水稻移栽后撒施）、五氟磺草胺与毒死蜱混用。通常提倡除草剂单独施用，若要与其他非除草剂农药混用，必须进行试验示范，掌握足够经验后方可推广。

7. 稻田杂草群落演替

稻田杂草群落发生变化后，需相应调整化学除草策略，筛选针对新的优势种群的除草剂品种。

8. 稻田杂草抗药性

杂草产生抗药性后，防效下降。我国已有稗对丁草胺、稗对二氯喹啉酸、雨久花对苄嘧磺隆产生抗药性的报道。有关研究表明，连续多年使用苄嘧磺隆的稻田开始出现抗药生态型雨久花，而且这种对苄嘧磺隆表现出抗性的雨久花对同类除草剂吡嘧磺隆也表现出交叉抗性，用吡嘧磺隆防效不佳。对于已经产生抗药性的杂草，选用除草剂时，要了解除草剂的作用机制和作用靶标，以便科学合理地选择品种。当发现除草剂防效下降时，要从杂草种类、除草剂抗药性、除草剂使用技术等方面入手考虑，以发现问题所在。

9. 陆稻田除草

目前尚无一个产品登记用于陆稻，陆稻田所用除草剂都是从水稻田除草剂和旱作田除草剂中"借用"过来的，应加快陆稻田除草剂品种创制开发和应用技术研究步伐。

第十节　杂草抗药性治理

除草剂使用过程中，会出现杂草群落演替和杂草产生药性的问题。

农田杂草群落的组成，特别是群落里的优势种群，会因受到人们生产活动的干预（如耕作制度的改革、除草技术的革新）而草相发生变化。

除草剂对杂草有一定局限性和选择性，即不能凡草皆灭，不能是草同除（对不同类型或不同种类杂草的防效有差别），因此农田施用除草剂后会引起杂草种群乃至杂草群落结构发生变化：优势靶标杂草迅速下降，次要非靶标杂草逐渐上升（甚至成为主要杂草，危害超过原优势杂草或原杂草总体）。编者 1989～1994 年试验，直播油菜田连续使用 12.5%氟吡甲禾灵乳油（盖草能），禾本科与阔叶型杂草的株数比例由 1∶0.52 变为 1∶3.17，阔叶型杂草上升很快。为了防患于未然，避免"此伏彼起"、杂草群落演替、次要杂草猖獗，应采取农作物合理轮作和除草剂合理轮用、合理混用等综合配套措施加以克服，例如在缺乏防除油菜田阔叶型杂草的茎叶处理剂的情况下，以下措施可防治因连续使用禾本科杂草茎叶处理除草剂而造成的草相变化：第一年种油菜，使用高效氟吡甲禾灵等禾草除草剂重点控制禾草；第二年种小麦，使用氯氟吡氧乙酸等阔草除草剂重点控制阔草；第三年同第一年；第四年同第二年。

杂草抗药性又称杂草抗性，其字面意义是杂草抵抗除草剂的特性。其确切定义是，杂草忍受杀死正常种群大部分个体的除草剂用量的能力在其群体中发展起来的现象。常有杂草抗除草剂、杂草对除草剂产生抗性、杂草对除草剂有抗性、杂草对除草剂的抗性、杂草抗性、抗除草剂的杂草、对除草剂产生抗性的杂草、对除草剂有抗性的杂草、抗性杂草、抗性杂草种群等说法。

杂草抗药性生态型最早是在美国华盛顿州发现的。自 Ryan 于 1970 年首次公开报道欧洲千里光对莠去津产生抗性以来，不断有杂草对除草剂产生抗性的报道。到 1992 年，除至少 57 种杂草对三氮苯类除草剂产生抗性之外，还有 47 种杂草被证实对其他 14 类除草剂的一个或多个品种具有抗性。到 2013 年 2 月，全球有 217 种杂草（其中双子叶杂草 129 种、单子叶杂草 88 种）的 397 个生物型对 25 类已知除草剂中的 21 类、148 种除草剂产生了抗性。到 2014 年 10 月 12 日，全球共公布 238 种抗性杂草（双子叶杂草 138 种、单子叶杂草 100 种）的 435 个生物型。到 2015 年 8 月，全球有 246 种杂草（双子叶杂草 143 种、单子叶杂草 103 种）的 459 个生物型对 25 类已知除草剂中的 22 类、157 种除草剂产生了抗性。到 2019 年 10 月，全球有 256 种杂草（双子叶杂草 149 种、单子叶杂草 107 种）的 500 个生物型对 26 类已知除草剂中的 23 类、167 种除草剂产生了抗性。

我国旱田产生抗性的杂草有看麦娘、日本看麦娘、菵草、播娘蒿、荠菜、猪殃殃、麦家公、牛繁缕、反枝苋、马唐、牛筋草、小飞蓬等。1991 年华南农业大学黄炳球发现抗丁草胺的稗草，目前我国水稻田稗属杂草、千金子、马唐、雨久花、野慈姑、异型莎草、耳叶水苋、眼子菜、节节菜、萤蔺等多种杂草对二氯喹啉酸、五氟磺草胺、氰氟草酯、噁唑酰草胺、苄嘧磺隆、吡嘧磺隆、双草醚、噁草酮、乙氧氟草醚等多种常用除草剂产生了抗性。

一、抗性的判断

并非除草剂对杂草的防效有所降低就认为产生了抗性。不过防效降低是预兆，应高度注意。一般是通过计算抗性倍数（抗性杂草的致死中量除以敏感杂草的致死中量）来判断是否产生抗性。对农业害虫而言，当抗性倍数大于 5 时，就判断为已产生抗性；对杂草而言，抗性指数大于 1 时，就判断为已产生抗性。抗性倍数或抗性指数越大，抗性越高或越强，例如稗草对五氟磺草胺有抗性，全国农业技术推广服务中心《2019 年全国农业有害生物抗药性监测报告》显示，从黑龙江、江苏、安徽等 7 省的 46 个县市水稻田中采集得到 180 个稗草种群，经抗药性检测，对五氟磺草胺抗性频率为 92.8%，其中 81 个种群抗性指数>10 倍，占监测总种群 45.0%；黑龙江、江苏、安徽、湖北、湖南、宁夏等省（自治区）高水平抗性比例都超过 40%，其中湖北、安徽高水平抗性比例最高，分别为 68.1%、60.0%。与2018 年监测结果相比，稗草对五氟磺草胺抗性指数总体变化不大。杂草抗药性水平的分级标准如表 2-13 所示。

表 2-13　杂草抗药性水平的分级标准

抗药性水平分级	杂草抗性指数	害虫抗性倍数
低水平抗性	$1.0 < RI \leqslant 3.0$	$5.0 < RR \leqslant 10.0$
中等水平抗性	$3.0 < RI \leqslant 10$	$10.0 < RR \leqslant 100.0$
高水平抗性	$RI > 10$	$RR > 100.0$

二、抗性的治理

抗性的出现，给化学防除的作用和除草剂的效力蒙上了一层阴影，例如有些情况下的防效偏低，本属杂草抗性问题，而不明究竟的人却认为是除草剂质量问题。据报道，牛筋草的敏感性生物型能被 $0.3kg/hm^2$ 剂量的氟乐灵有效地控制，而抗药性生物型能忍受

$3.4kg/hm^2$ 剂量的氟乐灵。

抗性的治理是理论问题，更是实践问题。抗性的治理有两个层次；在抗性产生之前，防止或延缓抗性形成（产生），是"预防性"的；在抗性产生之后，克服（消除）抗性或延缓抗性发展（增强），是"治疗性"的。我们将抗性的治理措施归纳为 8 条。

（1）综合防除　是治理抗性的原则和方针。在杂草防除中，采用耕作、轮作、栽培方法和人工除草、物理除草、生物除草、化学除草相结合的综合防除技术，推广化学除草，严格遵守适类、适量、适法、适时要领，以延缓抗生的形成和发展。

（2）加强监测　加强杂草对除草剂敏感水平的监测十分必要，并且要建立一套准确、简单、方便的方法，为合理使用除草剂提供可靠依据，指导及早采取防治措施，将抗性消灭在萌芽阶段，防止蔓延。

（3）开展研究　尽早组织力量开展合理使用除草剂、控制和防除抗性杂草的方法等多方面的研究。

（4）轮换用药　在一个地区、一块农田、一种作物或对一种杂草，长期单一使用某种或某类除草剂，很易诱发抗性。间隔一定时间，交替轮换使用不同除草剂（最好是作用机制不同的除草剂）是治理抗生的一种重要方法，群众也易接受，各地已普遍采用。

（5）更改用药　更改使用新除草剂，是目前治理抗性的一种有效方法。但新除草剂谈何容易，而且新除草剂使用一定时间后同样可能诱发抗性，因此也应合理用药、加强监测、及早发现、及时解决。

（6）间停用药　当一种除草剂已经引发抗生以后，若在一段时间内停止使用，抗性有可能逐渐减退甚至消失，该除草剂能"起死回生"，它的效力仍可恢复。

（7）混配用药　混配用药具有兼除杂草、除低成本、治理抗性等多种目的。将两种或多种作用机制不同的除草剂混配在一起使用，是治理抗性的一种重要方法。

（8）添加用药　在除草剂中添加增效剂、渗透剂等辅助剂，可以增强除草剂对杂草的毒杀效力或降低杂草对除草剂的降解能力，从而减轻抗性，提高防效。

针对稗草对五氟磺草胺、氰氟草酯、二氯喹啉酸的抗性，全国农业技术推广服务中心《2019 年全国农业有害生物抗药性监测报告》提出的对策建议为，"稻田杂草防控要立足早期治理、综合防控，减轻后期茎叶处理防控压力。加强稻田杂草抗药性监测，根据抗药性监测结果轮换使用不同作用机理除草剂。鉴于黑龙江、江苏、安徽等地大部分稻区稗草种群对五氟磺草胺、二氯喹啉酸抗性频率较高，建议在高水平抗性地区停止使用五氟磺草胺、二氯喹啉酸；加强氰氟草酯科学使用指导，推荐稗草 2～3 叶期用药，杜绝晚用药的错误习惯，一季水稻只使用 1 次，严格按标签推荐剂量使用，延缓抗药性发展。"

第三章
稻田除草剂品种及使用

第一节　稻田除草剂单剂

　　本书收录可用于水稻的除草剂有效成分逾 100 种，其中逾 69 种已有单剂产品获准登记用于水稻，逾 14 种尚无单剂而只出现在混剂中（如甲草胺、R-左旋敌草胺、异丙隆、苯磺隆、麦草畏、麦草畏异丙胺盐、唑草酮、哌草磷、异戊乙净、2 甲 4 氯、2 甲 4 氯丁酸乙酯、硫酸铜、吡氟酰草胺、呋喃磺草酮）；此外还有逾 17 种既无单剂也无混剂登记用于水稻，但生产上却有着应用（如溴苯腈、乙羧氟草醚、氯氟吡氧乙酸、氯氟吡氧乙酸异辛酯、敌草快、草甘膦铵盐、草甘膦钠盐、草甘膦二甲胺盐、草铵膦、精草铵膦钠盐）。目前尚无一种产品登记用于陆稻，生产上所用除草剂是从其他作物上"推论"和"借用"过来的。

　　每种除草剂均以通用名称做标题（括号外为中文通用名称，括号内为国际通用名称），从农药名称、产品特点、防除对象、单剂规格、单用技术、混用技术、注意事项、产品评价等诸方面介绍其在稻作上的应用技术；而在其他作物上的应用情况则从略，详情可参阅化学工业出版社 2010 年首次出版的《除草剂使用技术》。

百草枯（paraquat）

$$CH_3-N^+ \underset{}{\bigcirc}-\bigcirc N^+-CH_3$$

$C_{12}H_{14}N_2$, 186.3, 4685-14-7

其他名称　克无踪、克芜踪、克瑞踪、克瑞锄、对草快、一扫光、见青杀、龙卷风、天除。

产品特点　本品属于灭生性、触杀型、苗后茎叶处理剂。系光合作用电子传递抑制剂。由杂草叶和未木质化的茎吸收。药剂施用后，其联吡啶阳离子迅速被杂草叶、茎吸收，在绿色组织中通过光合作用和呼吸作用被还原成联吡啶游离基，又经自氧化作用使叶组织中的水和氧形成过氧化氢和过氧游离基。这类物质对叶绿体层膜破坏力极强，使光合作用和叶绿素合成很快中止。叶片着药后 2～3h 即开始受害变色，晴天 1～2 天可将绿色部分破坏，3～4 天全株干枯死亡。本品还可用于棉花等作物采收前枯叶（脱叶），用途十分广泛。百草枯用途如表 3-1 所示。

2012 年 4 月 24 日农业部、工业和信息化部、国家质量监督检验检疫总局发布第 1745 号公告，规定"自 2014 年 7 月 1 日起，撤销百草枯水剂登记和生产许可、停止生产，保留母药生产企业水剂出口境外使用登记、允许专供出口生产，2016 年 7 月 1 日停止水剂在国内销售和使用"。2014 年 7 月 1 日后，国内尚有 20％百草枯可溶胶剂、50％百草枯可溶粒剂 2 个产品登记在册，最后一个农药登记证于 2018 年 9 月 25 日到期。本书暂时保留百草枯的产品介绍，以便读者查阅资料。

表 3-1　百草枯用途

用途	施药时间
一、农耕区域除草	
1.作物播栽之前除草 　免耕直播之前（如免耕直播水稻*、稻茬免耕小麦*、免耕玉米……） 　免耕移栽之前（如免耕移栽水稻、稻茬免耕油菜*……） 　常规直播之前（如水稻旱育秧床整田前、稻茬翻耕小麦……） 　常规移栽之前（如水稻冬闲田翻耕前、蔬菜换茬清园时……）	在作物播栽前 1～3 天施药

用途	施药时间
2.作物播后苗前除草 　直播作物苗前(如玉米、大豆、甘蔗、马铃薯、旱直播稻……) 　宿根作物萌前(如苎麻、豆科牧草*……)	在作物萌芽前 3天内施药
3.作物生长期内除草 　宽行作物行间(如蔬菜*、中草药*、带作小麦预留行、西瓜……) 　高秆作物行间(如玉米*、棉花*、甘蔗*……) 　园林作物行间(如柑橘园等果园*、茶园*、桑园*、苗圃*……) 　田埂畦畔上面(如水稻田埂背坎、蔬菜田埂背坎……)	在作物行间株 间定向施药
二、非耕区域除草	
1.非种植的地段(如非耕地*、仓库、房前屋后、铁路沿线*……) 2.富水域的地段(如沟渠、池塘、湖泊……)	

注:*表已经获准登记作物。

防除对象　对杂草绿色组织均有很强的破坏作用,杀草谱极广,包括一年生、多年生的禾草、阔草、莎草。农民形象地称本品为"见青倒""一扫光"。虽然本品名为"百草枯",但对某些杂草如通泉草也无能为力。

单剂规格　20%、25%水剂,17%高渗水剂。首家登记证号PD70-88。

单用技术　只能作茎叶处理,若作土壤处理则无防效,因为本品遇土钝化失去活性。科学使用百草枯要把好三关。

第一关:施用时期。于杂草10~15cm高时施药防效最佳。

第二关:使用剂量。本品使用剂量因草而异(根据杂草种类及其疏密、高矮、老嫩等状况而酌情确定,防除一年生杂草用低剂量,防除多年生杂草用高剂量;防除普通杂草用低剂量,防除灌木用高剂量;草疏、草矮、草嫩时用低剂量,反之用高剂量)。从登记情况看,每亩用20%水剂100~300mL或25%水剂160~200mL,分别折合20~60g(a.i.)/hm^{2}和40~50g(a.i.)/hm^2。田埂等处除草,可视杂草危害情况多次施药。

第三关:施用方法。推荐使用背负式手动喷雾器。切勿使用手动超低容量喷雾器、弥雾式喷雾器、弥雾式喷雾机。常规喷雾每亩兑水25～50L。兑水量要充足，喷雾力求均匀周到，确保将杂草喷湿喷透。20％水剂的稀释倍数应不低于 100 倍，25％水剂的稀释倍数应不低于 125 倍。

百草枯在稻作上的应用主要有 3 个方面。

（1）水稻免耕种植前除草　在水稻免耕播种、免耕抛秧或免耕移栽前 1～3 天施药，防除已经长出的杂草和前茬作物的残茬，每亩用 20％水剂 150～300mL。已登记用于免耕水稻田，参 PD20050007。

（2）水稻常规种植前除草　在水稻旱育秧床整田前 1～3 天施药或稻田翻耕整田前 1～3 天施药，防除已经长出的杂草和前茬作物的残茬（例如四川和重庆等地的水稻冬闲田春季翻耕前除草），每亩用 20％水剂 150～300mL。

（3）水稻田田埂哇畔除草　每亩用 20％水剂 200～400mL。避免雾点飘移到水稻上。

混用技术　已登记混剂如 20％敌草快·百草枯水剂（12％＋8％）。

注意事项　①本品一经与土壤接触，即被吸附钝化，植物根部吸收不到药剂，所以不妨碍作物种子萌发和作物根系生长。②本品不能穿透栓质化的树皮，对成熟和褐色、黑色、灰色、棕色树皮和蔓藤无不良影响，所以广泛用于园艺、园林作物和高秆作物生长期间除草。③本品属于灭生性除草剂，施药务必小心，药液切勿接触作物绿色部分（既不能将药液直接有意喷洒到作物绿色部分，也不能让药液在无意中飞溅到作物绿色部分）。但是本品无内吸传导性，少量药液沾染到作物上，只能使着药部位受害，产生局部坏死斑点，不会引起整株性枯死。④本品属于触杀型除草剂，茎叶吸收的药剂不能传导到地下根茎部分，因而对多年生杂草只能杀死地上绿色部分，对地下部分无杀伤作用。这似乎是一个缺点，但百草枯的这种特点，能使土壤中的杂草地下根茎和种子得以保存下来，这对坡度大、水土流失严重的果树等作物的种植地段的水土保持颇具实用价值。⑤本品无内吸传导作用，只能使着药部位受害，不能损坏杂草根部和土壤内潜藏的种子，因而施药后（一般 3 周后）杂草有再生现象，但本品在土壤中无残留，所以可根据情况多次使用。⑥配制药液要用清洁水，勿用浑浊水，以免降低防效，因为本品遇土钝化、失去活性。⑦光照可加速百草枯药效发挥；蔽荫或阴天虽然延缓药剂显效速度，但最终不降低防效。阴天施药虽然药效来得慢，但杂草有更多的时间吸收药剂，除草更为彻底。建议傍晚施药。⑧施药后 0.5h 降雨，能基本保证防效，不必补喷。

产品评价　20％水剂的宣传口号有"克无踪除草，多快省又好""用了克无踪，愉快又轻松""安全除草，又快又好""稀释 8h 无沉淀，除草干净不返工"，25％水剂的宣传口号有"随时出手，大草搞定"等。

稗草稀（tavron）

$$H_2C=CCH_2CCl_3$$

$C_{10}H_9Cl_3$，235.5，20057-31-2

其他名称　百草稀。

产品特点　本品属于选择性、内吸型、苗后茎叶处理剂。主要由杂草叶鞘吸收，其次是叶片，根部吸收最差。药剂被杂草吸收后，大量向生长点和根尖传导积累，敏感杂草细胞生长受抑制，使已经萌芽而尚未出土的稗草停止生长，很快枯萎不能出土；已长出 1～2 片叶的稗草生长点受抑制后，生长缓慢和停止生长，不能长出新叶，叶片下垂呈暗绿色，基部膨大，1～2 周后叶片逐渐腐烂死亡。

防除对象　用于水稻田能防除稗草（3 叶期前）。对阔草、莎草几乎无效。

单剂规格　50％乳油，首家登记证号 PD84131。

注意事项　易被土壤吸附，淋溶性小，在土壤中持效期 4～6 周。

苯噻酰草胺（mefenacet）

$C_{16}H_{14}N_2O_2S$，298.4，73250-68-7

其他名称　除稗特、稗可斯、盖丁特、环草胺、苯噻草胺。

产品特点　本品属于选择性、内吸型、芽前土壤处理剂。主要由杂草芽鞘、下胚轴吸收，根吸收很少，不影响种子发芽。药剂被杂草吸收后，通过影响细胞膜的渗透性，使离子吸收减少，膜渗漏，细胞的有效分裂被抑制，同时抑制蛋白质的合成和多糖的形成，也间接影响光合作用和呼吸作用，从而使杂草幼苗中毒。中毒症状为初生叶不出土或从芽鞘侧面伸出，扭曲不能正常伸展，生长发育停止，不久死亡。

防除对象　适用于水稻（抛秧田、移栽田），能防除禾草、阔草、莎草，如稗草（对稗草有特效）、异型莎草。

单剂规格　50％可湿性粉剂。首家登记证号 LS981478。

单用技术　于稗草 1.5 叶期前施药防效最佳。使用剂量因稗草叶龄而异，有的资料说，于稗草 1.5 叶期、2.5 叶期、3.5 叶期、4 叶期施药，每亩用量分别为 50％可湿性粉剂 60g、120g、200g、260g。

（1）抛秧田　每亩用 50％可湿性粉剂 60～70g（北方）、50～60g（南方）。

（2）移栽田　在水稻移栽后 5～7 天、稗草 1.5 叶期前施药；每亩用 50％可湿性粉剂 50～60g（南方）、60～80g（北方）；采取毒土法施药，施药时田内灌有水层 3～5cm，施药后保持水层 3～5 天。

混用技术　已登记混剂如 50％苯噻酰草胺·苄嘧磺隆可湿性粉剂（48％＋2％）。

吡嘧磺隆（pyrazosulfuron-ethyl）

$C_{14}H_{18}N_6O_7S$，414.4，93697-74-6

其他名称　草克星、草灭星、韩乐星、水星、草威、克草神、西力士、一克净。

产品特点　本品属于选择性、内吸型、芽前土壤处理/苗后早期茎叶处理剂。系乙酰乳酸合成酶（ALS）抑制剂。由杂草根部和叶片吸收，尔后转移到杂草各部。药剂被杂草吸收后，在杂草体内迅速进行传导。抑制杂草体内氨基酸的生物合成，使杂草的芽和根很快停止生长发育，随后整株枯死。有时施药后杂草虽仍呈现绿色，但生长发育已受到抑制，失去与作物竞争的能力。

防除对象　适用于水稻（育秧田、直播田、抛秧田、移栽田、制种田）。能防除一年生、多年生的阔草（如鸭舌草、节节菜、陌上菜、眼子菜、浮萍）、莎草（如牛毛毡、水莎草、异型莎草、碎米莎草、萤蔺）。对稗草的效果因施药时期而异，在稗草萌芽施药防效最佳；对1.5叶期以前的稗草，低剂量有抑制作用，高剂量有好的防效；对2叶期以上稗草防效很差。

单剂规格　2.5％泡腾片剂，7.5％有色可湿性粉剂（在除草剂与土或肥等拌混时，容易用肉眼辨别是否拌混均匀），10％可湿性粉剂，10％片剂。首家登记证号LS89020。

单用技术　已广泛用于水稻20余年。在使用上要把好四关。

第一关：施用时期。对水稻安全性好、施药期宽（在直播田和播籽育秧田应用要加以注意，谨防使用时期不当而产生药害）。对萌芽期至2叶期杂草有很好效果，但以杂草萌发初期施药防效最佳。防除稗草一定要在稗草2叶期前施药。

第二关：使用剂量。每亩用10％可湿性粉剂10～20g，各地根据区域位置、稻田类型、杂草种类等酌情调整用量。

第三关：施用方法。施药方法灵活多样，毒土、毒沙、毒肥、喷雾、泼浇、滴灌等均可。

第四关：水分管理。水分管理的具体方案需根据稻田类型和栽培措施酌定。①在抛秧田、移栽田使用，施药时田内必须灌有水层3～5cm，深浅标准为水面不淹过秧心、田面不现出泥巴，以利于药剂迅速扩散开来、全田均匀分布。施药后田内必须保持水层5～7天，总体要求为只灌不排，即这期间不能排水（遇暴雨需撤水的情况除外）、不能串水，若缺水则缓灌补水，以避免药剂随水流失、降低药效。②在直播田使用，水分管理的具体方案需根据施药时期而定；施药时田间呈湿润状态或田内灌有薄水层，施药后保持湿润状态或保持薄水层。

（1）育秧田

① 水育秧田。在秧苗 1.5～2.5 叶期施药；每亩用 10％可湿性粉剂 10～15g；采取喷雾、毒土等法施药，施药时田内灌有浅水层，施药后保持水层。

② 湿润育秧田。在秧苗 1.5～2.5 叶期施药；每亩用 10％可湿性粉剂 10～15g；采取喷雾、毒土等法施药，施药时田内灌有浅水层，施药后保持水层。

③ 旱育秧田。在水稻播后苗前施药，可与哌草丹等混用；或在水稻出苗之后施药，可与二氯喹啉酸等混用。

④ 寄栽育秧田。在秧苗寄栽或假植后 3～7 天施药；每亩用 10％可湿性粉剂 10～15g；采取喷雾、毒土等法施药，施药时田内灌有浅水层，施药后保持水层。

（2）直播田　2008 年在杭州召开的农业部药检所药效评审会上，农药研究专家对吡嘧磺隆在直播田应用的安全性进行了专题讨论，建议本品在直播田应用要加以注意，谨防使用不当而产生药害。

① 施药时期。必须在水稻播后 5～7 天以后（秧苗立针期以后）施药，不能提早施药（避免在水稻种子萌芽期施药，播后 3 天施药对水稻有抑制作用）。防除稗草一定要在稗草 2 叶期前施药。

② 施药方法。各地试验结果一致表明，毒土法比喷雾法的安全性高，采取喷雾法施药对直播水稻有抑制作用，分蘖推迟，封行推迟。施药时有浅水层，施药后保水 3～5 天，才能得到更好的防效。

③ 药效表现。江苏、浙江、上海、湖南等地试验，每亩用本品 10％可湿性粉剂 10～15g 对阔草莎草防效 90％以上，对稗草防效 80％以上；每亩用本品 10％可湿性粉剂 15～22.5g 对阔草莎草防效 95％以上，对稗草防效 90％以上。

④ 混用技术。可与丁草胺、二氯喹啉酸等混用。

⑤ 安全系数。籼稻比粳稻对本品敏感。每亩用本品 10％可湿性粉剂 20g，在水稻播后 6 天施药表现安全，此前施药有药害表现；每亩用本品 10％可湿性粉剂 30g，在水稻播后 10 天施药表现安全，此前施药有药害表现。

为有效防除老稻田中难以防除的扁秆藨草、日本藨草等顽固性的多年生莎草，可采取一次性用高剂量或两次分批施药的办法。

晒田前后分两次施药：第一次在播催芽谷种后5～6天施药，每亩用10%吡嘧磺隆可湿性粉剂10～15g；第二次在晒田覆水后3～5天施药，每亩用10%吡嘧磺隆可湿性粉剂10～15g。

晒田之后分两次施药：第一次在晒田覆水后1～3天施药，每亩用10%吡嘧磺隆可湿性粉剂10～15g；第二次在首次施药后10～15天、莎草株高4～7cm时施药，每亩用10%吡嘧磺隆可湿性粉剂10～15g。

（3）抛秧田　在水稻抛秧前至抛秧后20天均可使用，但以抛秧后5～10天、秧苗缓苗后施药为佳。

（4）移栽田　在水稻移栽前至移栽后20天均可使用，但以移栽后5～10天、秧苗缓苗后施药为佳。为有效防除老稻田中难以防除的扁秆藨草、日本藨草等顽固性的多年生莎草，可采取一次性用高剂量或两次分批施药的办法。

移栽前后分两次施药：第一次在整田结束后、水稻移栽前5～7天施药，每亩用10%吡嘧磺隆可湿性粉剂10～15g；第二次在水稻移栽后10～15天、莎草株高4～7cm时施药，每亩用10%吡嘧磺隆可湿性粉剂10～15g。

移栽之后分两次施药：第一次在水稻移栽后5～7天施药，每亩用10%吡嘧磺隆可湿性粉剂10g＋30%莎稗磷乳油60mL；第二次在首次施药后10～15天、莎草株高4～7cm时施药，每亩用10%吡嘧磺隆可湿性粉剂10～15g。

（5）制种田　安全性很好，生产实践表明，制种田可放心使用，四川等地的杂交水稻制种田已经大面积应用了很长时间了。

混用技术　对于稗草严重的田块和稗草超过1.5叶期的田块，应与杀稗剂混配使用或搭配使用（推荐本品用于稗草芽前封闭）。已登记混剂组合超过6个，如50%吡嘧磺隆·二氯喹啉酸可湿性粉剂（3%＋47%）。

注意事项　不同水稻品种对本品的耐药性有差异。本品在正常条件下使用对水稻安全，若稻田漏水、栽植太浅或用量过高，水稻生长可能会受到暂时抑制，但能很快恢复生长，对产量无影响。

产品评价　本品与苄嘧磺隆同属磺酰脲类，在防除稗草上效果更优，但"大器晚成"，近几年应用面积才有所上升。

吡氟酰草胺（diflufenican）

C$_{19}$H$_{11}$F$_5$N$_2$O$_2$，394.3，83164-33-4

其他名称　吡氟草胺、骄马等。

产品特点　本品属于选择性、内吸型、芽前土壤处理剂。在杂草萌芽前施用可在土表形成抗淋溶的药土层，当杂草萌发时，通过杂草幼芽或根系均能吸收药剂，最后导致杂草死亡。

适用作物　水稻（旱直播田、移栽田）等。

防除对象　用于水稻田作芽前土壤处理，在保水条件下可很好地防除稗草、鸭舌草、泽泻等。

单剂规格　目前尚无单剂获准登记用于水稻。

混用技术　已登记混剂如70％吡嘧磺隆·吡氟酰草胺水分散粒剂（7％＋63％），用于水稻移栽田，防除一年生杂草，每亩用15～20g，药土法。又如36％二甲戊灵·吡氟酰草胺悬浮剂（33％＋3％），用于水稻旱直播田，防除一年生杂草，每亩用80～100mL，土壤喷雾。

苄嘧磺隆（bensulfuron-methyl）

C$_{16}$H$_{18}$N$_4$O$_7$S，410.4，83055-99-6

其他名称　农得时、稻无草、威龙、威农、超农、苄磺隆、便磺隆、亚磺隆。

产品特点　本品属于选择性、内吸型、芽前土壤处理/苗后早期茎叶处理剂。系乙酰乳酸合成酶（ALS）抑制剂。由杂草根部、叶片吸收，而后转移到杂草各部。在水田使用，有效成分可在水中迅速扩散，被杂草根部和叶片吸收转移到杂草各部，阻碍氨基酸、赖氨酸、异亮氨酸的生物合成，阻止细胞分裂和生长。敏感杂草生长机能受阻，幼嫩组织过早发黄，抑制叶部生长，阻碍根部生长而坏死。进入水稻体内迅速代谢为无害的惰性化学物质，对水稻安全。

防除对象　适用于水稻（育秧田、直播田、抛秧田、移栽田、制种田）、小麦（冬小麦）。本品适应性广，适用于不同气候、不同地理环境、不同栽培制度下的水稻田。用于水稻田能防除一年生、多年生的阔草、莎草。阔草如鸭舌草、节节菜、陌上菜、眼子菜。莎草如牛毛毡、水莎草、异型莎草、碎米莎草、萤蔺。对禾草防效差，高剂量下对稗草有一定抑制作用。

单剂规格　1.1%水面扩散剂，10%、30%、32%可湿性粉剂，30%、60%水分散粒剂。首家登记证号 LS86028。

单用技术　已广泛用于水稻 20 余年。在使用上要把好四关。

第一关：施用时期。对水稻安全性好、施药期宽，确定施药时期时无需考虑水稻生育时期，只需观察杂草生育时期。对萌芽期至 2 叶期杂草有很好的效果，但以杂草萌发初期施药防效最佳。

第二关：使用剂量。不同厂家、含量、剂型的产品的有效用量可能略有出入，总的来说是，防除一年生的阔草莎草，南方每亩用 10%可湿性粉剂 13.3～20g 或 30%可湿性粉剂 4.3～6.7g（折合有效成分 1.3～2g），北方每亩用有效成分 2～3g；防除常见的多年生的阔草莎草，每亩用有效成分 3～4g；防除顽固性的多年生的阔草莎草，每亩用有效成分 4～6g。若采取两次施药的办法防除顽固性的多年生的阔草莎草，每亩用有效成分 3～4.5g（第一次）＋2～4.5g（第二次）。苄嘧磺隆产品登记的有效用量见表 3-2。

第三关：施用方法。施药方法灵活多样，毒土、毒沙、毒肥、喷雾、泼浇、滴灌等均可。

第四关：水浆管理。水分管理的具体方案需根据稻田类型和栽培措施酌定。①在抛秧田、移栽田使用，施药时田内必须灌有水层 3～5cm，深浅标准为水面不淹过秧心、田面不现出泥巴，以利于药剂迅速扩散开来、全田均匀分布。施药后田内必须保持水层 5～7 天，总

表 3-2　苄嘧磺隆产品登记的有效用量

单位：g（a.i.）/hm^2

产品规格	登记作物	防除对象	有效用量	施药方法	登记证号
10%可湿性粉剂	水稻	莎草、阔草	19.95～45	喷雾、毒土	LS86028
	水稻	一年生的阔草、莎草	19.95～45	毒土	LS90357
	育秧田	莎草、一年生的阔草	22.5～30	喷雾、毒土	LS91309
	直播田	莎草、阔草	22.5～45	毒土	
	移栽田	莎草、一年生的阔草	22.5～30	毒土	
		扁秆蔗草、阔草	63～75（东北）	毒土	
30%可湿性粉剂	水稻	一年生的莎草	30～60	毒土	PD267-99
		多年生的莎草、阔草	60～90 或 45～67.5（第一次）＋ 30～67.5（第二次）	毒土	
	移栽田	一年生的阔草、莎草	30～45	毒土	LS20001114
		多年生的阔草、莎草	45～60		
	移栽田	多年生的阔草、莎草	60～90	毒土	LS99406
32%可湿性粉剂	育秧田	莎草、阔草	28.8～48	毒土	LS96509
	直播田	莎草、阔草	36～48	毒土	
	移栽田	多年生的阔草、莎草	36～48	毒土	
30%水分散粒剂	抛秧田	一年生阔草及部分莎草	36～49.5	药土	LS20051950
	移栽田	一年生阔草及部分莎草	36～72	药土	
60%水分散粒剂	直播田	莎草、阔草	27～45	毒土、喷雾	LS20011243

的要求为只灌不排，即这期间不能排水（遇暴雨需撤水的情况除外）、不能串水，若缺水则缓灌补水，以避免药剂随水流失、降低药效。②在直播田使用（水分管理的具体方案需根据施药时期而定），施药时田间呈湿润状态或田内灌有薄水层，施药后保持湿润状态或保持薄水层。

（1）育秧田　已登记用于育秧田，在各种育秧田使用均安全。

① 水育秧田。在秧苗 1.5～2.5 叶期施药；每亩用 10％可湿性粉剂 13～15g；采取喷雾、毒土等法施药，施药时田内灌有浅水层，施药后保持水层 5～7 天。

② 湿润育秧田。在秧苗 1.5～2.5 叶期施药；每亩用 10％可湿性粉剂 13～15g；采取喷雾、毒土等法施药，施药时田内灌有浅水层，施药后保持水层。

③ 旱育秧田。在水稻播后苗前施药，可与哌草丹等混用；或在水稻出苗之后施药，可与禾草丹、二氯喹啉酸等混用。

④ 寄栽育秧田。在秧苗寄栽或假植后 3～7 天施药；每亩用 10％可湿性粉剂 13～15g；采取喷雾、毒土等法施药，施药时田内灌有浅水层，施药后保持水层。

（2）直播田　在水稻播种前至播种之后 20 天均可使用，但以播后早期（播种之后 3～10 天）施药为佳。要尽量缩短整地与播种的间隔期，最好随整地随播种。

为有效防除老稻田中难以防除的扁秆藨草、日本藨草等顽固性的多年生莎草，可采取一次性用高剂量或两次分批施药的办法。

晒田前后分两次施药：第一次在播催芽谷种后 5～6 天施药，每亩用 30％苄嘧磺隆可湿性粉剂 10g；第二次在晒田覆水后 3～5 天施药，每亩用 30％苄嘧磺隆可湿性粉剂 10～15g＋96％禾草特乳油 100～133mL（或 50％二氯喹啉酸可湿性粉剂 30～35g）。

晒田之后分两次施药：第一次在晒田覆水后 1～3 天施药，每亩用 30％苄嘧磺隆可湿性粉剂 10～15g＋96％禾草特乳油 100～133mL；第二次在首次施药后 10～15 天、莎草株高 4～7cm 时施药，每亩用 30％苄嘧磺隆可湿性粉剂 10～15g。

（3）抛秧田　在水稻抛秧前至抛秧后 20 天均可使用，但以抛秧后 5～10 天、秧苗缓苗后施药为佳。

（4）移栽田　在水稻移栽前至移栽后 20 天均可使用，但以移栽后 5～10 天、秧苗缓苗后施药为佳。为有效防除老稻田中难以防除的扁秆藨草、日本藨草等顽固性的多年生莎草，可采取一次性用高剂量或两次分批施药的办法。

移栽前后分两次施药：第一次在整田结束后、水稻移栽前 5～7 天施药，每亩用 30％苄嘧磺隆可湿性粉剂 10g＋30％莎稗磷乳油 40～50mL（或 60％丁草胺乳油 80～100mL）；第二次在水稻移栽后 10～15 天、莎草株高 4～7cm 时施药，每亩用 30％苄嘧磺隆可湿性粉剂 10～15g＋30％莎稗磷乳油 40mL（或 60％丁草胺乳油 80～100mL）。

移栽之后分两次施药：第一次在水稻移栽后 5～7 天施药，每亩用 30％苄嘧磺隆可湿性粉剂 10g＋30％莎稗磷乳油 60mL；第二次在首次施药后 10～15 天、莎草株高 4～7cm 时施药，每亩用 30％苄嘧磺隆可湿性粉剂 10～15g。

（5）制种田　安全性很好，生产实践表明，制种田可放心使用，四川等地的杂交水稻制种田已经大面积应用了很长时间了。

混用技术　本品对稗草仅有抑制作用，为有效控制稗草，在水稻田应与杀稗剂混配使用或搭配使用。本品可混性极好、配伍性极优，已获准登记的含苄嘧磺隆的混剂组合逾 45 种，已登记用于水田除草的混剂组合超过 42 个。既能与目前获准登记用于水稻的几乎所有 50 余种除草剂混用，也能与目前暂时登记用于旱作的近 10 种除草剂（如异丙隆）混用。

注意事项　①在土壤中移动性小，土质、温度对其药效影响小。②在水中扩散性好，但沉降缓慢，因此施药后 5～7 天内必须稳定水层，只灌不排。③采用两次施药的办法后，田间虽还有未死的扁秆藨草、日本藨草、藨草，但茎秆矮小、脆而易折，生命力弱，不能开花，也不能形成新的根茎和块茎，翌年便失去生命力，对水稻生长发育基本上无影响，不必再用除草剂进行防除。

产品评价　苄嘧磺隆是目前稻田除草剂中当之无愧的"大哥大"，是我国使用面积最大的稻田除草剂。据统计，截至 2009 年，登记原药的企业有江苏激素研究所、江苏金凤凰、江苏常隆、江苏瑞邦、江苏中意、江苏天容、江苏连云港立本、安徽华星、上海杜邦等厂家，原药生产总能 2500t，实际年产量 500～600t，实际使用量 420t 左右。

丙草胺（pretilachlor）

$$C_{17}H_{26}ClNO_2, \quad 311.9, \quad 51218-49-6$$

丙草胺有 2 种类型的产品，一类不含安全剂，一类含有安全剂。其一是丙草胺（不含安全剂）。

其他名称　瑞飞特、普旺、草杀特。

产品特点　本品属于选择性、内吸型、芽前土壤处理剂。由杂草胚芽鞘、下胚轴、中胚轴吸收，根部吸收很少。药剂被杂草吸收后，在杂草体内进行传导，直接干扰杂草体内蛋白质合成，并对光合作用和呼吸作用有间接影响。杂草中毒后幼苗扭曲，初生叶难伸出，叶色变深绿，生长停止，直至死亡。水稻对本品具有较强的分解能力，具有把丙草胺分解为失活的代谢产物的能力，3.5 叶期后的秧苗能快速分解丙草胺。但是，水稻幼芽对本品的耐药力并不强，分解不够迅速。为了早期施药的安全，加入安全剂可大大改善制剂对水稻幼芽和幼苗的安全性。安全剂通过水稻根部吸收而发挥作用。不含安全剂的产品登记用于水稻抛秧田、移栽田，而含有安全剂的产品登记用于水稻育秧田、直播田、抛秧田，适用范围更广。

防除对象　禾草、阔草、莎草。据试验，在用量 500g(a.i.)/hm^2 情况下，高度敏感（防效极好）的杂草有稗、千金子、牛筋草、窄叶泽泻、水苋菜、异型莎草、虻眼、鳢肠、牛毛毡、三蕊沟繁缕、谷精草属、日照飘拂草、水龙属、陌上菜、鸭舌草、节节菜、萤蔺、沼生异蕊花，中度敏感（防效好）的杂草有水马齿、马唐属、萍、尖瓣花等。中度抗性（防效较差）的有三叶鬼针草、水莎草，完全抗性（无效）杂草有野荸荠、绿藻、水芹、雀稗属、眼子菜、矮慈姑、野慈姑。

单剂规格　不含安全剂的产品如 50% 瑞飞特乳油，还有 52% 乳油、50% 水乳剂等。首家登记证号 LS98069。

单用技术　本品只能用于 3.5 叶期后（南方秧龄 18～20 天，北方 30 天以上）的抛秧田和移栽田，因为水稻在 3 叶期后自身有很强的分解本品的能力，而此前降解能力未达到较高水平，易生药害。

（1）抛秧田　在水稻抛秧后 2～4 天施药；登记每亩用 50％乳油 40～60mL；采取毒土法施药，施药时田内灌有水层 3～5cm，施药后保持水层 3～5 天。也可在水稻抛秧前 1～2 天施药，即稻田平整后，趁田水浑浊时施药；采取毒土法或瓶甩法施药，隔 1～2 天抛秧。

（2）移栽田　在水稻移栽后 3～5 天施药；登记每亩用 50％乳油 60～70mL（北方每亩用 60～80mL，长江、淮河流域每亩用 50～60mL，珠江流域每亩用 40～50mL）；采取毒土法施药，施药时田内灌有水层 3～5cm，施药后保持水层 3～5 天。也可在水稻移栽前 1～2 天施药，即稻田平整后，趁田水浑浊时施药；采取毒土法或瓶甩法施药，隔 1～2 天移栽。

混用技术　可与苄嘧磺隆、吡嘧磺隆等混用。已登记用于水田的混剂如 0.1％苄嘧磺隆·丙草胺颗粒剂（0.016％＋0.084％）。

注意事项　①不宜用于渗漏的稻田，因为渗漏会使药剂过多地集中在水稻根区，易产生轻度药害。田块要整细整平，使土壤表面均匀着药，以确保防效。②持效期 30～40 天。

其二是丙草胺（含有安全剂）。

其他名称　扫弗特、千重浪。

产品特点　本品属于选择性、内吸型、芽前土壤处理剂。由杂草胚芽鞘、下胚轴、中胚轴吸收，根部吸收很少。药剂被杂草吸收后，在杂草体内进行传导，直接干扰杂草体内蛋白质合成，并对光合作用和呼吸作用有间接影响。杂草中毒后幼苗扭曲，初生叶难伸出，叶色变深绿，生长停止，直至死亡。水稻对本品具有较强的分解能力，具有把丙草胺分解为失活的代谢产物的能力，3.5 叶期后的秧苗能快速分解丙草胺。但是，水稻幼芽对本品的耐药力并不强，分解不够迅速。为了早期施药的安全，加入安全剂可大大改善制剂对水稻幼芽和幼苗的安全性。安全剂通过水稻根部吸收而发挥作用。不含安全剂的产品登记用于水稻抛秧田、移栽田，含有安全剂的产品登记用于水稻育秧田、直播田、抛秧田。

防除对象　主要用于防除禾草、阔草、莎草。在每亩用有效成分 33.3g 的情况下，高度敏感（防效极好）的杂草有稗、千金子、牛筋草、窄叶泽泻、水苋菜、异型莎草、虻眼、鳢肠、牛毛毡、三蕊沟繁缕、谷精草属、日照飘拂草、水龙属、陌上菜、鸭舌草、节节菜、萤蔺、沼生异蕊花，中度敏感（防效好）的杂草有水马齿、马唐属、萍、尖瓣花等。中度抗性（防效较差）的有三叶鬼针草、水莎草，完全抗性（无效）杂草有野荸荠、绿藻、水芹、雀稗属、眼子菜、矮慈姑、野慈姑。

单剂规格　含有安全剂的产品如 30％扫茀特乳油、30％千重浪乳油。首家登记证号 LS87015。

单用技术　在稗草 1.5 叶期前施药防效最佳，要抓准抓紧施药时机。育秧田登记每亩用 30％乳油 100～116.7mL，直播田每亩用 100～150mL，移栽田每亩用 110～150mL，参 LS2001290。根据稻田类型选择采取喷雾法、毒土等法施药。

（1）**育秧田**　本品不推荐在北方育秧田使用，若确实要使用，必须先行试验取得经验。

① 湿润育秧田。在水稻播后 0～5 天（播种当天至 5 天内）施药；每亩用 30％乳油 75～100mL。谷种须经催芽。对于覆盖薄膜的湿润育秧田，若播下的是催标准芽的芽谷，即芽与谷粒等长、根为谷粒半长，可以即时播种、即时施药、即时盖膜；若播下的是催短芽的芽谷，应在稻苗立针后，揭膜施药，施药后再盖膜。

② 旱育秧田。在水稻播后 0～5 天施药；每亩用 30％乳油 75～100mL。谷种须经催芽。田间湿度适当加大，施药后 5 天内保持土壤含水量 60％左右。

③ 水育秧田。在秧苗立针扎根至 1 叶期、稗草立针至 1 叶期施药；每亩用 30％乳油 75～90mL。

④ 寄栽育秧田。在秧苗假植后 5～7 天施药；每亩用 30％乳油 75～100mL。

（2）**直播田**　本品不推荐在北方直播田使用，若确实要使用，必须先行试验取得经验。

南方：在播后 0～5 天施药（若播下的是催标准芽的芽谷，即芽与谷粒等长、根为谷粒半长，可于播后 0～5 天施药，通常在播后 2～4 天施药；若播下的是催短芽的芽谷，宜在播后 3～5 天施药）。本品在直播田使用需切实掌握好三点：一是预先浸种催芽。安全剂主要通过水稻根部吸收，因此要求谷种预先经过浸种催芽，谷粒一定带根，这样播后短时即可开始施药；如果谷种未经催芽，千万不要播后随即施药。二是及时整播施药。整地达标后要随即播种、施药，掌握最后一次平田与施药的间隔时间小于 5 天，以免杂草太大影响防效。三是严格水分管理。施药时要求土壤水分饱和，土表呈湿润状态，或者田间有泥皮水，但不能积水；施药后 5 天内保持厢面湿润，切忌厢面开裂，或者施药后 1 天灌入薄水层，以后正常管水。施药后若突遇大雨，为防止雨点打破药膜，可灌入水层保护药膜（但蓄水时间不宜超过 24h），并及时开好平田缺，以防田间积水闷死稻芽。秧苗 1.5 叶期后保持浅水层直到晒田，不仅是促进水稻分蘖生长所需，同时也是确保除草剂药效正常发挥和确保 40 天控草期得以实现的关键。

北方：本品不推荐在北方水直播田使用（若确实要使用，必须先行试验取得经验），这是因为，播种时气温低，播后需泡水保温（通常为 6～8 天），待气温回升时再排水播种，促进水稻扎根。若播后很快施药，稻苗因未扎根，对安全剂无吸收能力，易生药害，但此时稗草很小，防效高；若晒田后施药，虽对稻苗安全，但稗草太大，其他杂草也相继发生，防效低。一般在播后 10～15 天、稻苗 2 叶期（已扎根）、稗草 1.5 叶期前施药，用推荐剂量的高限。

（3）抛秧田和移栽田　含安全剂的产品可安全地用于抛秧田和移栽田。

（4）制种田　含安全剂的产品其安全性很好，生产实践表明，可放心使用，四川等地的杂交水稻制种田已经大面积应用了很多年了。

混用技术　已登记用于水田的混剂如 30％苄嘧磺隆·丙草胺可湿性粉剂（1.5％＋28.5％）。

注意事项　持效期 30～40 天。

丙嗪嘧磺隆（propyrisulfuron）

产品名称　择特旺等。

产品特点　本品属于选择性、内吸型、苗后早期茎叶处理剂。系磺酰脲类除草剂、乙酰乳酸合成酶（ALS）抑制剂。由杂草茎基部、根、芽等部位吸收。最初由日本武田制药公司研发，后归入日本住友公司。2008年获得日本登记，并于次年开始进行销售。2011年住友公司在日本以悬浮颗粒的"jumbo"制剂形式推出该产品。2012年全球销售额不足1000万。

适用作物 水稻（直播田、移栽田、机插田）。

防除对象 杀草谱广，能同时防除禾本科杂草、莎草科杂草、阔叶型杂草型杂草，如稗草（3叶期以下）、萤蔺、异型莎草、野荸荠、鸭舌草、陌上菜、节节菜、耳叶水苋、雨久花。对耐磺酰脲类除草剂的杂草具有较好的防除效果。对千金子无效。

单剂规格 9.5%悬浮剂。首家登记证号LS20140158。

单用技术 登记用于水稻田、直播水稻田，防除一年生杂草，每亩用9.5%悬浮剂35～55mL。直播田登记的施药方式为茎叶喷雾，移栽田为茎叶喷雾、药土法。在使用上要把好四关。

第一关：施药时期。对2叶以后水稻安全。直播田在水稻2叶期以后、稗草3叶期以前施药。于稗草2～3叶期时用药，抓准、抓紧时间施药，在水稻2叶期以后越早用药越好。于稗草3叶期以后施药，防效下降。

第二关：使用剂量。生产上一般推荐每亩用50mL。

第三关：施药方法。施药方法灵活多样，喷雾、泼浇、甩施、滴灌、毒土、毒肥等均可。常规手动喷雾每亩兑水15L，对喷雾质量要求不高。

第四关：水浆管理。施药时田内灌有水层，施药后保持水层4天以上。若施药时田内没有水层，施药后24小时内回水（回水时间推迟，防效降低）并保持水层4天以上。有的除草剂施药前排水、施药后回水并保水，操作起来很麻烦；而本品施药前不需要排水，省工省力。

① 直播田 在水稻2叶期以后、稗草3叶期以前施药；每亩用9.5%悬浮剂50mL。最佳施药时期为水稻2.5叶期。灌水泡田整田（整细整平，保证防效），保持一定水层或泥浆直接播种。建议催芽后播种，使水稻尽可能早于杂草出苗。早稻催芽标准为根长一粒谷、芽长半粒谷，中稻催芽标准为根长半粒谷、芽破胸露白。不同季节直播水稻和不同除草处理直播水稻的施药时期如表3-3所示，具体时间因地制宜确定。

表 3-3　丙嗪嘧磺隆在不同水稻直播田的施药时期

	直播早稻	直播中稻、直播晚稻
未进行封闭除草处理	播后 11～18 天	播后 6～12 天
已进行封闭除草处理	播后 11～20 天	播后 6～14 天

② 移栽田　在水稻移栽后 5～7 天施药；每亩用 9.5％悬浮剂 50mL。

混用技术　本品对千金子无效，若需防除千金子，可采用以下方案：一是苗前每亩用 35％苄嘧磺隆·丙草胺 30mL，每亩用本品 50mL。二是苗后每亩用本品 50mL＋10％氰氟草酯 60mL。本品对 3 叶期以后稗草防效差，若需防除大龄稗草，可每亩用本品 50mL＋双草醚 10～15mL。目前尚无商品混剂获准登记。

注意事项　施药窗口期短，施药后注意保水，"早用药，保好水"。

产品评价　专利产品。对萤蔺防效突出。

丙炔噁草酮（oxadiargyl）

$C_{15}H_{14}Cl_2N_2O_3$，341.2，39807-15-3

其他名称　稻思达、快噁草酮、炔噁草酮、炔丙噁唑草。

产品特点　本品属于选择性、触杀型、芽前土壤处理剂。在杂草出苗前后，由杂草幼芽或幼苗接触吸收。主要在杂草出苗前后通过稗草等敏感杂草的幼芽或幼苗接触（在土壤中的移动性较小，因此不易触及杂草根部）吸收而起作用。施药后，在稻田水中经过沉降，逐渐被表层土壤胶料吸附形成一个稳定的药膜封闭层，对于施药之前已经萌发出土但尚未露出水面的杂草幼苗而言，在药剂沉降之前即从水中接触吸收到足够的药剂，致使很快坏死腐烂；对于施药之后萌发的杂草而言，其幼芽经过此药膜层时，接触吸收药剂并进行有限传导，在有光的条件下，使接触部位的细胞膜破裂和叶绿素分解，并使生长旺盛部位的分生组织遭到破坏，最终导致杂草幼芽枯萎死亡。

防除对象　适用于水稻（移栽田）。能防除一年生、多年生的阔草、莎草、禾草，如陌上菜、鸭舌草、节节菜、蘋、紫萍、牛毛毡、异型莎草、碎米莎草、野荸荠、小茨藻、稗草、千金子。对水绵有效。

单剂规格　80％水分散粒剂，80％可湿性粉剂。首家登记证号 LS97003。

单用技术　80％水分散粒剂登记每亩用 6～8g，80％可湿性粉剂登记每亩用 6～8g（北方）、6g（南方）。采取毒土、瓶甩、泼浇（先将除草剂溶于少量水中，接着加水 15L 充分搅拌均匀，而后把药液均匀泼浇到田里）等法施药。施药时田内灌有水层 3cm 左右，施药后保持水层 5～7 天。

移栽田：移栽之前使用——在耙田后耢平时，趁田水浑浊，抓紧施药。本品最好在移栽前施用。施药后至少间隔 3 天再栽秧。移栽之后使用——在水稻移栽后 7～10 天，秧苗缓苗后施药。

注意事项　防效可持续 30 天左右。不宜用于抛秧田、直播田、制种田、糯稻田、弱苗田和盐碱地水稻田。在水中很快沉降，并能在嫌气条件下降解，因此不存在长期残留于水中和土壤中的问题。秸秆还田（旋耕整地、打浆）的稻田，必须于水稻移栽前 3～7 天趁清水或浑水施药，且秸秆要打碎并彻底与耕层土壤混匀，以免因秸秆集中腐烂造成水稻根际缺氧引起稻苗受害。

草铵膦（glufosinate-ammonium）

$$\left[H_3C-\overset{\overset{\displaystyle O}{\|}}{\underset{\underset{\displaystyle O^-}{|}}{P}}-CH_2CH_2CH\overset{\displaystyle NH_2}{\underset{\displaystyle CO_2H}{\diagdown}} \right] NH_4^+$$

$C_5H_{15}N_2O_4P$，198.2，77182-82-2

其他名称　保试达、百速顿、韩田福、草丁膦。

产品特点　本品属于灭生性、触杀型（有部分内吸作用）、苗后茎叶处理剂。由杂草茎叶吸收。药剂被杂草吸收后，短时间内杂草体内的氨代谢便陷于混乱，细胞毒剂铵离子在杂草体内累积，与此同时，光合作用被严重抑制。见效快，施药后 1 天内杂草停止生长（一般来说，施药后 2～3h 杂草停止生长，1 天后失绿，3 天后死亡，比草甘膦速度快 1 倍以上）。本品是仿拟天然杀草感应物"草丁膦"研制合成的除草剂，即膦酸类拟天然化感物仿生物源除草剂。用途十分广泛。

防除对象　多种一年生、多年生杂草。尤其对耐抗草甘膦和百草枯的牛筋草、小飞蓬（小白酒草）、马齿苋、泥花草、野塘蒿、阔叶风花草（日本草）、粗叶耳草、小心叶薯、节节草等难治杂草防效突出。

单剂规格　18％、20％、50％水剂，18％可溶液剂。首家登记证号 LS20051117。

单用技术　只能作茎叶处理。作土壤处理没有防效，因为本品遇土钝化、丧失活性。在使用上要把好三关。第一关施用时期。于杂草生长旺盛始期（禾草为分蘖始期）即杂草 10～20cm 高时施药最高效、经济。第二关使用剂量。不同厂家产品登记的有效用量有出入，从登记情况看，每亩制剂用量 166.7～700mL，折合 450～3000g(a.i.)/hm^2。第三关施用方法。常规喷雾每亩兑水 30～50L。气候干旱、蒸发量大、喷头流量大、杂草密度大、杂草草龄大及防除多年生恶性杂草时，采用较高的推荐制剂用量和兑水量。本品属于灭生性除草剂，千万要避免药液接触作物绿色部分。

草铵膦在稻作上的应用主要有 3 个方面。

（1）水稻免耕种植前除草　在水稻免耕播种、免耕抛秧或免耕移栽前 7～10 天施药，防除已经长出的杂草和前茬作物的残茬。

（2）水稻常规种植前除草　在旱育秧床整田前 7～10 天施药或稻田翻耕整田前 7～10 天施药，防除已经长出的杂草和前茬作物的残茬（例如四川和重庆等地的水稻冬闲田春季翻耕前除草）。

（3）水稻田田埂畦畔除草　避免雾点飘移到水稻上。

注意事项　①本品对家蚕中等毒，桑园附近慎用。②本品积铵触杀，作用机理独特，少量雾滴飘移仅引起作物茎叶受药部位产生局部"外伤"，不对作物"伤筋动骨"，对木质化的作物根系、树皮和热带浅根果树相对安全。③本品进入土壤后可迅速被土壤微生物降解，在推荐用量和使用条件下，施药后 1～4 天后即可播栽作物。④在已消毒灭菌的土壤中，不宜在作物播栽之前使用。⑤配制药液要用清洁水，勿用浑浊水，以免降低防效。⑥温暖晴天施药的防效优于低温天气。⑦施药后 6h 降雨，不会影响防效。⑧本品可使生长过程中的杂草茎叶枯死，并且在较长一段时间内抑制多年生杂草的再生。持效期 25～45 天（对一年生阔草持效可达 7 周以上）。每季最多使用 3 次。

产品评价 仿生源除草剂，降解速度快，不会造成土壤板结，有"无公害除草剂"、高品质作物享用的"富贵药"之美誉。

草甘膦（glyphosate）

$$HO\underset{HO}{\overset{O}{\underset{|}{\overset{||}{P}}}}CH_2NHCH_2CO_2H$$

$C_3H_8NO_5P$，169.1，1071-83-6

产品特点 本品属于灭生性、内吸型、苗后茎叶处理剂。由杂草茎叶吸收。生产上极少应用草甘膦原酸，而是广泛应用其盐类，目前我国应用的草甘膦盐类主要是铵盐、钠盐、钾盐、异丙胺盐。草甘膦原酸在水中溶解度很低，25℃时为 12g/L，而铵盐为 300g/L，钠盐为 500g/L，钙盐为 30g/L，异丙胺盐为 500g/L。

单剂规格 2009 年 2 月 25 日农业部发布的 1158 号公告规定，自本公告发布之日起，停止批准有效成分含量低于 30％的草甘膦水剂登记。已取得农药田间试验批准证书和已批准登记的草甘膦水剂，其有效成分含量低于 30％的，应当按照相近原则和本公告第四条（一）、（三）、（四）项的规定，在 2009 年 12 月 31 日前进行有效成分含量变更。逾期不再保留其农药田间试验批准证书、农药登记证、农药临时登记证和农药生产批准证书。这意味着，从 2010 年起，占草甘膦市场近九成的 10％草甘膦水剂将退出农药市场。国家禁止含量 30％以下草甘膦水剂的主要原因有三：一是 10％草甘膦水剂不是真正意义上的农药制剂，而是一种废料（负责任的厂家会脱硫，大部分厂家为了节约成本不再脱硫）。二是 10％草甘膦水剂对人体有很大的害处。由于 10％的草甘膦水剂是一种工业废料，里面含有大量的重金属（对人体有很大毒害的铅等），在田地使用后，渗透到地下水，人类饮用后，易诱发各种疾病，如癌症、肿瘤等。三是对环境、土壤污染大。同一块土壤连续使用 10％草甘膦达 5 年的，由于其对土壤的板结，将会使土壤变成癌症土，不能再种植任何作物，严重破坏生态平衡。

低含量草甘膦退市后，高含量的草甘膦抓住机遇扩大宣传，例如"用农达，斩草除根不伤地（斩草除根不返青，一年四季都能用；对环境友好，不伤土壤，对后茬作物安全）"。

草甘膦铵盐（glyphosate ammonium）

$$\left[\begin{matrix} HO \\ O^- \end{matrix}\! \overset{\displaystyle O}{\underset{\displaystyle}{P}}\! CH_2NHCH_2COOH\right]NH_4^+$$

C$_3$H$_{11}$N$_2$O$_5$P，186.1，40465-66-5

其他名称　农民乐。

产品特点　本品属于灭生性、内吸型、苗后茎叶处理剂。由杂草茎叶吸收。用途十分广泛。

防除对象　杀草谱极广，对 40 多科植物有防除作用，包括一年生和多年生、单子叶和双子叶、草本和木本等杂草。虽然百合科、旋花科、豆科的一些杂草抗性较强，但只要加大剂量，仍然可以有效防除。难以防除的顽固杂草有白茅、空心莲子草、飞机草、芦苇、芒草、野毛竹等。如果在适当的生长阶段，施用适当剂量的草甘膦，可以杀死一切绿色植物，农民形象地称之为"见绿杀"。

单剂规格　7％、10％、30％水剂，31.5％、68％、74.7％、75.7％、77.7％、80％、88.8％、95％可溶粒剂，75％、75.7％、88.8％可溶粉剂，7.5％高渗水剂，30％增效可溶粉剂。首家登记证号 PD85159。从 2009 年 2 月 25 日起，农业农村部停止批准含量低于 30％的草甘膦水剂登记。草甘膦铵盐与草甘膦（酸）之比约为 1.1∶1，例如 33％草甘膦铵盐水剂以草甘膦计算为 30％，参 PD20101587；74.7％草甘膦铵盐可溶粒剂以草甘膦计算为 68％，参 PD20060050。

单用技术　只能作茎叶处理。作土壤处理没有防效，因为本品遇土钝化。于杂草生长旺盛期、开花前或开花初期施药防效最佳。使用剂量因草而异（根据杂草种类及其疏密、高矮、老嫩等状况而酌情确定），因境而异（根据空气温度、湿度等状况而酌情确定）。草甘膦铵盐在稻作上的应用主要有 3 个方面。

（1）水稻免耕种植前除草　在水稻免耕播种、免耕抛秧或免耕移栽前 10～15 天施药，防除已经长出的杂草和前茬作物的残茬。

（2）水稻常规种植前除草　在水稻旱育秧床整田前 10～15 天施药或稻田翻耕整田前 10～15 天施药，防除已经长出的杂草和前茬作物的残茬（例如四川和重庆等地的水稻冬闲田春季翻耕前除草）。

（3）水稻田田埂畦畔除草　避免雾点飘移到水稻上。

注意事项　①本品入土后即与铁、铝等离子结合而失去活性，被土壤颗粒迅速吸附而无游离存在，植物根部吸收不到药剂，所以不妨碍作物种子萌发和作物根系生长。②本品属于灭生性除草剂，施药务必小心，药液切勿接触作物绿色部分（既不能将药液直接有意喷洒到作物绿色部分，也不能让药液在无意中飞溅到作物绿色部分）。本品又为内吸型除草剂，且以内吸传导性强而著称，即使少量药液沾染到作物上也可能引起整株性药害。所以，施药时要严格防止药液接触到非目标植物。③本品对金属有腐蚀性，使用和贮存时尽量使用塑料容器。④防除多年生杂草时，将一定量的药剂分成两次施用，效果更好。这是因为，使用高剂量，叶片枯萎太快，影响对药剂的吸收，也难于传导到地下根茎，对多年生深根杂草的防除反而不利。⑤配制药液要用清洁水，勿用浑浊水，以免降低防效，因为本品易与钙、镁、铝等离子络合失去活性。⑥配药时加入适量表面活性剂或柴油，可提高药剂防效，节省药剂用量。⑦施药后 6h 降雨，能保证防效；若施药后 6h 内遇中雨或大雨，可能会降低防效，应酌情补喷。⑧施药后 5 天内不宜扰动杂草，请勿割草、放牧和翻地，以免影响防效。⑨本品在土壤微生物作用下，很容易分解成二氧化碳、硝酸盐、磷酸盐和水等天然物质，不损害环境。在土壤中的半衰期少于 20 天。

草甘膦二甲胺盐（glyphosate dimethylamine salt）

产品特点　本品属于灭生性、内吸型、苗后茎叶处理除草剂。系有机磷类除草剂。

单剂规格　目前尚无制剂获准登记。原药首家登记证号 PD 20142521。95％草甘膦二甲胺盐原药，其草甘膦含量 75％，参 PD 20160036。

草甘膦钾盐（glyhosate potassium salt）

$$KO\underset{HO}{\overset{O}{\underset{|}{\overset{\|}{P}}}}CH_2NHCH_2COOH$$

$C_3H_7KNO_5P$，207.2，1070-83-6

其他名称　泰草达。

产品特点　本品属于灭生性、内吸型、苗后茎叶处理剂。由杂草茎叶吸收。防除一年生杂草，施药后 2～4 天即可看到药效；防除多年生杂草 7 天可看到药效。用途十分广泛。

单剂规格　43％、61.3％水剂。首家登记证号 LS20041649。61.3％水剂的登记作物最初为柑橘园和茶园 2 种，登记证号 LS20041649，后扩展登记为柑橘园等 8 种。2010 年 9 月 10 日通过中国农药信息网"老产品清理查询"板块检索，显示 LS20041649 已转为 PD20096032。而在"农药登记产品查询"板块输入 PD20096032，显示的结果却是 43％草甘膦钾盐（以草甘膦计算为 35％）水剂，含量由 61.3％变成了 43％，登记作物由 8 种变成了 5 种。英国先正达有限公司还登记了 48％草甘膦水剂，曾用商品名刘草达，登记作物为柑橘园、茶园，有效用量 1080～2520g(a.i.)/hm²，登记证号 LS20006。

单用技术　只能作茎叶处理。作土壤处理没有防效，因为本品遇土钝化、失去活性。于杂草生长旺盛期、开花前或开花初期施药防效最佳。草甘膦钾盐在稻作上的应用主要有 3 个方面。

（1）水稻免耕种植前除草　在水稻免耕播种、免耕抛秧或免耕移栽前 10～15 天施药，防除已经长出的杂草和前茬作物的残茬。已登记用于免耕晚稻抛秧田。

（2）水稻常规种植前除草　在水稻旱育秧床整田前 10～15 天施药或稻田翻耕整田前 10～15 天施药，防除已经长出的杂草和前茬作物的残茬（例如四川和重庆等地的水稻冬闲田春季翻耕前除草）。

（3）水稻田田埂畦畔除草　避免雾点飘移到水稻上。

产品评价　先正达公司宣传口号为泰草达"钾盐，吸收好""易溶于水，吸收快速，不伤表皮，吸收彻底""吸收好，效果才好"。

草甘膦钠盐（glyphosate-Na）

$$\underset{HO}{\overset{NaO}{\diagdown}}P\diagup \overset{\displaystyle O}{\underset{\displaystyle CH_2NHCH_2COOH}{\parallel}}$$

$C_3H_7NaNO_5P$，191.1

其他名称　旱星。

产品特点　本品属于灭生性、内吸型、苗后茎叶处理剂。由杂草茎叶吸收。用途十分广泛。

防除对象　杀草谱极广，对 40 多科植物有防除作用，包括一年生和多年生、单子叶和双子叶、草本和木本等杂草。虽然百合科、旋花科、豆科的一些杂草抗性较强，但只要加大剂量，仍然可以有效防除。难以防除的顽固杂草有白茅、空心莲子草、飞机草、芦苇、芒草、野毛竹等。如果在适当的生长阶段，施用适当剂量的草甘膦，可以杀死一切绿色植物，农民形象地称之为"见绿杀"。

单剂规格　58％可溶粉剂。首家登记证号 LS20001589。

单用技术　只能作茎叶处理。作土壤处理没有防效，因为本品遇土钝化。草甘膦钠盐在稻作上的应用主要有 3 个方面。

（1）水稻免耕种植前除草　在水稻免耕播种、免耕抛秧或免耕移栽前 10～15 天施药，防除已经长出的杂草和前茬作物的残茬。

（2）水稻常规种植前除草　在水稻旱育秧床整田前 10～15天施药或稻田翻耕整田前 10～15 天施药，防除已经长出的杂草和前茬作物的残茬（例如四川和重庆等地的水稻冬闲田春季翻耕前除草）。

（3）水稻田田埂畦畔除草　避免雾点飘移到水稻上。

草甘膦异丙胺盐（glyphosate-isopropylammonium）

$$\left[\begin{array}{c} \mathrm{HO} \\ \overset{\text{O}}{\underset{\text{O}^-}{\overset{\|}{\text{P}}}} \text{—CH}_2\text{NHCH}_2\text{COOH} \end{array}\right] \overset{+}{\mathrm{NH}_3}\text{CH(CH}_3)_2$$

$C_6H_{17}N_2O_5P$，228.2，38641-94-0

其他名称　农达、奔达、美利达、达利农、猛巴、可灵达、灵达、林达、隆达、通草灵、草克灵、时拔克、百草清、农旺、泰禾、年年春、春多多、镇草宁、草干膦、草甘宁、甘胺磷、膦甘酸。

产品特点　本品属于灭生性、内吸型、苗后茎叶处理剂。由杂草叶和未木质化的茎吸收。主要通过抑制杂草体内烯醇丙酮基莽草素磷酸合成酶，从而抑制莽草素向苯丙氨酸、酪氨酸及色氨酸的转化，使蛋白质的合成受到干扰而导致杂草死亡。

本品以内吸传导性强而著称，它不仅能上下纵向传导（向基传导，即通过地上部分的茎叶传导到地下部分的根茎，连根杀死；向顶传导，即从地上部分的下方向上方传导）；而且能左右横向传导（即在同一植株的不同分枝或分蘖之间进行传导）。对多年生深根杂草的地下组织破坏力很强，能达到一般农业机械无法达到的深度。

由于杂草吸收及传导除草剂的过程与杂草生长状况、环境因素有关，所以杂草死亡速率不一，可以明显看到杂草茎叶的黄化和地上部分的逐渐枯萎过程，而包括地下部分的死亡过程一般需要7～15天。一般一年生杂草在施药后7天才表现出中毒症状，多年生杂草在施药后15天才表现出中毒症状。草甘膦在杂草体内传导3～7日到达根部，此后叶和茎开始变黄、枯死，继而变褐，最后根部死亡腐烂，从而达到斩草除根的效果。

防除对象　杀草谱极广，对40多科植物有防除作用，包括一年生和多年生、单子叶和双子叶、草本和木本等杂草。虽然百合科、旋花科、豆科的一些杂草抗性较强，但只要加大剂量，仍然可以有效防除。难以防除的顽固杂草有白茅、空心莲子草、飞机草、芦苇、芒草、野毛竹等。

单剂规格　41％、48％、60％、62％水剂，30％、41％可溶粉剂。首家登记证号PD73-88。

单用技术 只能作茎叶处理。作土壤处理没有防效，因为本品遇土钝化、丧失活性。在使用上要把好三关。

第一关：施用时期。草甘膦由杂草叶茎吸收，施药时杂草必须有足够的叶面积吸收药剂，因此最佳施药时期是杂草现蕾至开花阶段（生长量最大的阶段）。若在多年生宿根性杂草太小时施药，由于叶面积小，受药量少，有可能仅杀死地上部分而不能连根杀死。在一年生杂草出苗后的任何生长阶段施药，均可将草除去。于杂草生长旺盛期、开花前或开花初期施药防效最佳。防除一年生杂草，在杂草10cm左右高时施药；防除多年生杂草，在杂草生长旺盛期、30～45cm高时施药；防除灌木，可在落叶前2个月进行。

第二关：使用剂量。本品的使用剂量因草而异（根据杂草种类及其疏密、高矮、老嫩等状况而酌情确定，防除"杂草"用低剂量，防除"杂木"用高剂量；防除一年生杂草用低剂量，防除多年生杂草用高剂量；防除普通杂草用低剂量，防除难除杂草用高剂量；草疏、草矮、草嫩时用低剂量，反之用高剂量），因境而异（根据空气温度、湿度等状况而酌情确定，天气干燥、杂草枯萎，应适当增加用量）。从登记情况看，每亩用41%水剂122～488mL［折合750～3000g(a.i.)/hm^2，参LS96715］、41%水剂150～610mL［折合922.5～3750g（a.i.）/hm^2，参PD73-88］、41%水剂200～400mL［折合1230～2460g（a.i.）/hm^2，参LS991929］、41%水剂182.9～365.9mL［折合1125～2250g（a.i.）/hm^2，参LS96715］、48%水剂171～342mL［折合1230～2460g（a.i.）/hm^2，参LS20020554］、62%水剂81～274mL［折合750～2550g（a.i.）/hm^2，参LS98553］。有的地方反映草甘膦除不了某些草，可能是因为杂草太顽固，用量没达到。某外国公司专门印制了一份资料，介绍41%草甘膦异丙胺盐水剂防除恶性杂草的方法，详见表3-4。

表3-4 41%草甘膦异丙胺盐水剂防除恶性杂草的方法

杂草名称	防除方法
空心莲子草（水花生）	于杂草生长旺盛期施药，每亩用400mL，兑水30L(即除草剂200mL兑水15L)，均匀喷雾在杂草茎叶上。约30天后局部地方再点喷1次
白茅	于杂草开花前施药，每亩用400mL，兑水30L(即除草剂200mL兑水15L)，均匀喷雾在杂草茎叶上

杂草名称	防除方法
双穗雀稗	园林绿化地带等处除草,将除草剂兑水稀释10倍,用刷子或戴上胶皮手套把药液涂抹在杂草茎叶上
鸭跖草(竹节草)、马鞭草	建议喷雾2次。每亩用400mL,兑水30L(即除草剂200mL兑水15L),均匀喷雾在杂草茎叶上。待杂草茎叶长出后以同样剂量再喷雾1次
芒箕	每亩用800mL,兑水30L(即除草剂400mL兑水15L),均匀喷雾在杂草茎叶上。能很好地防除该草
芦苇	若采取喷雾法施药,于芦苇长到50cm左右时施药,每亩用400mL,兑水30L(即除草剂200mL兑水15L),均匀喷雾在杂草茎叶上,能有效防除该草。东北地区建议每亩用600~800mL,兑水30L(即除草剂300~400mL兑水15L)。若采取涂抹法施药,于芦苇长到10~20cm时施药,将除草剂兑水稀释10倍,用刷子或戴上胶皮手套把药液涂抹在杂草茎叶上,能有效防除该草
凤眼莲(水葫芦、水浮莲)	每亩用600~800mL,兑水30L(即除草剂300~400mL兑水15L),均匀喷雾在杂草茎叶上,能有效防除该草
芒草	每亩用600~800mL,兑水30L(即除草剂300~400mL兑水15L),均匀喷雾在杂草茎叶上,能有效防除该草
刺儿菜、苣荬菜、兰花菜	每亩用400~800mL,兑水30L(即除草剂200~400mL兑水15~30L),均匀喷雾在杂草茎叶上,能有效防除该草。在作物播后苗前、杂草已出土时施药,或者在作物收获前7~10天、当作物叶片已变黄而杂草叶片仍保持浓绿状态时施药

第三关:施用方法。草甘膦施药方法有喷雾、涂抹、注射等。常规喷雾每亩兑水20~40L,涂抹稀释5~10倍。兑水量应恰当,水量过大,药液流失滴落到地面,会降低药效;水量太小,杂草接受药液少,且不易喷洒均匀周到,也会影响药效。喷雾力求雾点细密,以提高杂草茎叶表面药液沾附率。在作物行间、作物田埂施药,应做好防护,防止药液飘移到作物上。

草甘膦异丙胺盐在稻作上的应用主要有3个方面。

(1)水稻免耕种植前除草 在水稻免耕播种、免耕抛秧或免耕移栽前10~15天施药,防除已经长出的杂草和前茬作物的残茬。

(2)水稻常规种植前除草 在水稻旱育秧床整田前10~15天施药或稻田翻耕整田前10~15天施药,防除已经长出的杂草和前茬作物的残茬(例如四川和重庆等地的水稻冬闲田春季翻耕前除草)。

(3)水稻田田埂畦畔除草 避免雾点飘移到水稻上。已有产品登记用于水稻田埂，每亩用 41％水剂 200～400mL，参 PD73-88。

混用技术 已登记混剂如 44％草甘膦异丙胺盐·2 甲 4 氯钠盐水剂（34％＋10％）。

注意事项 ①本品入土后即与铁、铝等离子结合而失去活性，被土壤颗粒迅速吸附而无游离存在，植物根部吸收不到药剂，所以不妨碍作物种子萌发和作物根系生长。②本品属于灭生性除草剂，施药务必小心，药液切勿接触作物绿色部分（既不能将药液直接有意喷洒到作物绿色部分，也不能让药液在无意中飞溅到作物绿色部分）。本品又为内吸型除草剂，且以内吸传导性强而著称，即使少量药液沾染到作物上也可能引起整株性药害。所以，施药时要严格防止药液接触到非目标植物。③本品对金属有腐蚀性，使用和贮存时尽量使用塑料容器。④防除多年生杂草时，将一定量的药剂分成两次施用，效果更好。这是因为，使用高剂量，叶片枯萎太快，影响对药剂的吸收，也难于传导到地下根茎，对多年生深根杂草的防除反而不利。⑤配制药液要用清洁水，勿用浑浊水，以免降低防效，因为本品易与钙、镁、铝等离子络合失去活性。⑥配药时加入适量表面活性剂或柴油，可提高药剂防效，节省药剂用量。⑦施药后 4h 降雨，能保证防效；若施药后 4h 内遇中雨或大雨，可能会降低防效，应酌情补喷。⑧施药后3 天内不宜扰动杂草，请勿割草、放牧和翻地，以免影响防效。⑨本品在土壤微生物作用下，很容易分解成二氧化碳、硝酸盐、磷酸盐和水等天然物质，不损害环境。在土壤中的半衰期少于 20 天。

草硫膦（sulphosate）

$$\left[\begin{array}{c} \text{O}^- \underset{\text{HO}}{\overset{\text{O}}{\overset{\|}{\text{P}}}} \text{CH}_2\text{NHCH}_2\text{COOH} \end{array} \right] \quad (\text{CH}_3)_3\text{S}^+$$

$C_6H_{16}NO_5PS$，245.2，81591-81-3

其他名称 草甘膦三甲基锍盐。

产品特点 本品属于灭生性、内吸型、苗后茎叶处理剂。由杂草茎叶吸收。草硫膦为草甘膦的类似物，由英国 ICI 公司开发。用途十分广泛。

防除对象 杀草谱极广。

除草醚（nitrofen）

$C_{12}H_7Cl_2NO_3$，284.1，1836-75-5

产品特点 本品属于有一定选择性、触杀型、芽前土壤处理剂。由杂草幼芽吸收，根不吸收。我国从 20 世纪 60 年代开始生产、使用，到 80 年代成为使用量最大的除草剂品种。但是，据国外权威机构研究表明，其对试验动物有致畸、致癌、致突变作用，多数国家已禁止生产、使用。由于其对动物有潜在毒性，80 年代以来，美国、日本、欧洲等国家和地区相继禁用或限用。我国于 1997 年发文，决定从 2002 年开始禁止使用。

单剂规格 25％可湿性粉剂，25％、40％乳粉。首家登记证号 PD84113。

混用技术 已登记混剂如 25％除草醚·西草净（20％＋5％）。

2,4-滴(2,4-D)

$C_8H_6Cl_2O_3$，221.0，94-75-7

其他名称 2,4-DA、2,4-二氯苯氧乙酸。

产品特点 本品属于选择性、内吸型、苗后茎叶处理剂。系激素类除草剂。由杂草茎、叶、根吸收。杂草受害后整个植株呈现畸形，其地上部生长停止，茎扭曲，茎尖卷曲或变扁，近地面的茎基部变粗、肿裂或成瘤状，叶片卷曲，叶柄扭曲；地下部生长受阻，根变粗变短，根尖膨大，根毛缺损，水分与养分吸收和传导受到影响，可使玉米气生根合并成片状不能入土。

苯氧羧酸类除草剂均系激素类除草剂，对植物有强烈的生理活性。在低浓度（＜0.01％）时，表现刺激作用，可用来防止落花落果，形成无籽果实，促进果实成熟，促进插枝生根等；在高浓度时，则表现抑制作用，植物生长发育出现畸形，直到死亡。这在双子叶植物上表现最为明显。

苯氧羧酸类除草剂已有 2,4-滴、2,4-滴丙酸、2,4-滴丁酸、3,4-滴、2,4,5-涕、2甲4氯等多个系列，目前使用较多的是 2,4-滴、2甲4氯两个系列的产品。2,4-滴为苯氧羧酸类化合物，生产上极少应用其原酸，而是广泛应用其盐类（如钠盐、铵盐、二甲胺盐、异丙胺盐）、酯类（如丁酯、辛酯、异丁酯、异辛酯）。就除草活性而言，通常酯＞酸＞盐；不同盐的活性强弱关系为胺盐＞铵盐＞钠盐≈钾盐。综合起来看就是酯＞酸＞胺盐＞铵盐＞钠盐≈钾盐。

单剂规格　目前尚无单剂获准登记用于除草。

2,4-滴丁酸钠盐

30%水剂，水稻（移栽田）一年生阔叶杂草及莎草科杂草，每亩用 150～200mL，茎叶喷雾；参 LS20170179。

2,4-滴丁酯(2,4-D butylate)

$$Cl-\underset{Cl}{\bigcirc}-OCH_2COOC_4H_9$$

$C_{12}H_{14}Cl_2O_3$，277.1，94-80-4

其他名称　草瞥、明净。

产品特点　本品属于选择性、内吸型、苗后茎叶处理剂。系激素类除草剂。由杂草茎、叶、根吸收。药剂被杂草吸收后，穿过角质层和细胞质膜，传导到杂草各部分（本品内吸传导性较强），破坏杂草正常生理功能。在不同部位对核酸和蛋白质的合成产生不同影响，在杂草顶端抑制核酸代谢和蛋白质的合成，使生长点停止生长，幼嫩叶片不能伸展，抑制光合作用的正常进行；传导到植株下部的药剂，使杂草茎部组织的核酸和蛋白质的合成增加，促进细胞异常分裂，根尖膨大，丧失吸收能力，造成茎秆扭曲、畸形，筛管堵塞，韧皮部破坏，有机物运输受阻，从而破坏杂草正常的生活能力，最终导致杂草死亡。

杂草受害后整个植株呈现畸形，其地上部生长停止，茎扭曲，茎尖卷曲或变扁，近地面的茎基部变粗、肿裂或成瘤状，叶片卷曲，叶柄扭曲；地下部生长受阻，根变粗变短，根尖膨大，根毛缺损，水分与养分吸收和传导受到影响，可使玉米气生根合并成片状不能入土。

防除对象　一年生、多年生的阔草、莎草。

单剂规格　57%、72%、80%、90%乳油。首家登记证号PD85151。

单用技术　主要作茎叶处理，也可作土壤处理。作土壤处理的用量高于作茎叶处理。禾本科作物幼苗期很敏感，3～4叶期后抗性逐渐增强，分蘖末期最强，到幼穗分化期敏感性又上升，因此必须适时用药。在水稻5叶期至拔节前（分蘖末期耐药力最强）施药；每亩用72%乳油27.8～48.6mL；施药前排干田水，施药后第二天灌水，并保持浅水层3～5天。

混用技术　已登记混用于水田的混剂如35% 2,4-滴丁酯·丁草胺乳油（9.5%＋25.5%）。不能与禾草灵、新燕灵等混用。

注意事项　①在水稻4叶期前和拔节后施用易生药害，要严格掌握施药时期和使用剂量。②挥发性强，在田间使用时，药剂雾滴可在空气中飘移很远，其蒸气能影响邻近敏感作物。施药应选在无风或风小的天气进行，防止药液漂移危害临近敏感作物。③本品的分装器具和施用器械最好专用。④不能与酸碱性物质接触，以免因水解作用造成药效降低。

2,4-滴二甲胺盐(2,4-D dimethyl amine salt)

$C_{10}H_{11}Cl_2NO_3$, 266.1, 90739-08-5

其他名称　2,4-滴二胺、2,4-滴二甲胺、2,4-滴胺盐。

产品特点　本品属于选择性、内吸型、苗后茎叶处理剂。系激素类除草剂。

防除对象　一年生、多年生的阔草、莎草。

单剂规格 50％、55％、72％、86％水剂，35％高渗水剂。首家登记证号 LS991200。

单用技术 主要作茎叶处理，也可作土壤处理。移栽田：86％水剂登记用于移栽田，防除阔草，每亩用 150～250mL，参 LS20053870。

敌稗（propanil）

$C_9H_9Cl_2NO$，218.1，709-98-8

其他名称 斯达姆。

产品特点 本品属于选择性、触杀型、苗后茎叶处理剂。由杂草茎叶吸收。药剂被杂草接触吸收后，细胞膜最先遭到破坏，导致水分代谢失调，很快失水枯死。本品在水稻体内被芳基羧基酰胺水解成 3,4-二氯苯胺和丙酸而解毒，对水稻安全。

防除对象 主要防除水稻田稗草（稗草 2 叶期最为敏感）。用于水稻田还能防除水马齿、鸭舌草等（有的资料说对一年生莎草和多年生莎草牛毛毡也有一定的效果）。用于陆稻田还能防除旱稗、千金子、马唐、狗尾草、看麦娘、野苋菜、红蓼等。对野荸荠、眼子菜、蘋等效果不大或基本无效。

单剂规格 16％、20％、36％乳油。首家登记证号 PD85101。

单用技术 只能作茎叶处理，若作土壤处理则无效果。于稗草 1.5 叶期施药，若于稗草 2～3 叶期施药应加大用药量；登记每亩用 16％乳油 1250～1875mL、20％乳油 1000～1500mL 或 36％乳油 416.7～722.2mL；采取喷雾法施药，施药前排水，施药后 1～2 天回水淹没稗心 2 天（不要淹没秧心），可提高除稗效果，以后正常管水。

混用技术 不能与 2,4-滴丁酯混用。不能与氨基甲酸酯类、有机磷类农药混用，本品施用前后 10 天内不能施用这些农药。已登记混剂如 55％敌稗·丁草胺乳油（27.5％＋27.5％）。

注意事项 杂草叶面潮湿会降低防效，要待露水干后再施药。避免雨前施药。气温高防效好，可适当降低用药量。

敌草快（diquat）

$C_{12}H_{12}N_2$(阳离子)，184.2，2764-72-9；$C_{12}H_{12}Br_2N_2$(二溴盐)，344.0，85-00-7

其他名称　利农、利克除、杀草快。

产品特点　本品属于灭生性、触杀型、苗后茎叶处理剂。系光合作用电子传递抑制剂。由杂草茎叶吸收。药剂施用后，可被杂草绿色组织迅速吸收，稍具传导性。在杂草绿色组织中，联吡啶化合物是光合作用电子传递抑制剂，还原状态的联吡啶化合物在光诱导下，当有氧存在时很快被氧化，形成活泼过氧化氢，这种物质的积累使杂草细胞膜破坏，使受药部位枯黄。本品除了用于除草之外，还可用于水稻、小麦、大豆、马铃薯等作物采收前催枯（催熟）、枯叶（脱叶）、干燥（催干），参 LS200017。

防除对象　杀草谱极广，包括一年生、多年生的禾草、阔草、莎草。对通泉草、碎米荠等防效好。本品的性能与百草枯近似，但对阔草的防效优于百草枯。

单剂规格　20%水剂。首家登记证号 LS99021。

单用技术　只能作茎叶处理，若作土壤处理则无防效，因为本品遇土钝化。常规喷雾每亩兑水 25～50L。敌草快在稻作上的应用主要有 3 个方面。

（1）水稻免耕种植前除草　在水稻免耕播种、免耕抛秧或免耕移栽前 1～3 天施药，防除已经长出的杂草和前茬作物的残茬，每亩用 20%水剂 150～300mL。

（2）水稻常规种植前除草　在水稻旱育秧床整田前 1～3 天施药或稻田翻耕整田前 1～3 天施药，防除已经长出的杂草和前茬作物的残茬（例如四川和重庆等地的水稻冬闲田春季翻耕前除草），每亩用 20%水剂 150～300mL。

（3）水稻田田埂畦畔除草　每亩用 20%水剂 200～400mL，避免雾点飘移到水稻上。

混用技术　已登记混剂如 20%敌草快・百草枯水剂（12%＋8%）。

注意事项　①本品一经与土壤接触，即被吸附钝化，植物根部吸收不到药剂，所以不妨碍作物种子萌发和作物根系生长。②本品不能穿透栓质化的树皮，对成熟和褐色、黑色、灰色、棕色树皮和蔓藤无不良影响，所以广泛用于园艺、园林作物和高秆作物生长期间除草。③本品属于灭生性除草剂，施药务必小心，药液切勿接触作物绿色部分（既不能将药液直接有意喷洒到作物绿色部分，也不能让药液在无意中飞溅到作物绿色部分）。但是本品无内吸传导性，少量药液沾染到作物上，只能使着药部位受害，产生局部坏死斑点，不会引起整株性枯死。④本品属于触杀型除草剂，茎叶吸收的药剂不能传导到地下根茎部分，因而对多年生杂草只能杀死地上绿色部分，对地下部分无杀伤作用。这似乎是一个缺点，但百草枯的这种特点，能使土壤中的杂草地下根茎和种子得以保存下来，这对坡度大、水土流失严重的果树等作物的种植地段的水土保持颇具实用价值。⑤本品无内吸传导作用，只能使着药部位受害，不能损坏杂草根部和土壤内潜藏的种子，因而施药后（一般 3 周后）杂草有再生现象，但本品在土壤中无残留，所以可根据情况多次使用。⑥配制药液要用清洁水，勿用浑浊水，以免降低防效，因为本品遇土钝化、失去活性。⑦光照可加速敌草快药效发挥；蔽荫或阴天虽然延缓药剂显效速度，但最终不降低防效。阴天施药虽然药效来得慢，但杂草有更多的时间吸收药剂，除草更为彻底。建议傍晚施药。⑧施药后 0.5h 降雨，能基本保证防效，不必补喷。

敌草隆 （diuron）

$C_9H_{10}Cl_2N_2O$，233.1，330-54-1

其他名称　地草净、达有龙。

产品特点　本品属于选择性、内吸型、芽前土壤处理剂。主要由杂草根吸收，并具有一定的叶面触杀能力，对种子萌发无影响。药剂被根吸收后，随蒸腾流传导到叶片；叶面吸收后沿脉向周围传导。抑制光合作用中的希尔反应，打断电子传递过程，使叶片失绿，叶尖和叶缘褪色，之后整个叶片变黄，最终杂草由于缺乏养分而死亡。

防除对象 一年生、多年生的禾草、阔草。

单剂规格 20％悬浮剂，25％、50％、75％、80％可湿性粉剂，80％水分散粒剂。首家登记证号 LS95021。

单用技术 移栽田：防除一年生杂草，在水稻移栽后 5～10 天施药，每亩用 25％可湿性粉剂 30～40g，拌土撒施。防除眼子菜，在水稻移栽后 20～30 天、水稻分蘖期、眼子菜基本出齐、大部分叶片由红转绿时施药；每亩用 25％可湿性粉剂 50～100g；拌土撒施，施药后保持 3～5cm 水层 5～7 天。

丁草胺（butachlor）

$C_{17}H_{26}ClNO_2$，311.9，23184-66-9

丁草胺有 2 种类型的产品，一类不含安全剂，一类含有安全剂。其一是丁草胺（不含安全剂）。

其他名称 马歇特、特帅。

产品特点 本品属于选择性、内吸型、芽前土壤处理剂。主要由杂草幼芽（禾草的吸收部位为胚芽鞘，阔草的吸收部位为下胚轴）、幼小的次生根吸收；种子也可吸收，但吸收量很少。药剂被杂草吸收后，在杂草体内传导，抑制蛋白质合成，使杂草幼株肿大、畸形、色深绿，最终导致死亡。只有少量丁草胺能被稻苗吸收，而且在体内迅速完全降解代谢，因而稻苗有较大的耐药力。

防除对象 用于水稻田能防除禾草（如稗草、千金子）、莎草（如异型莎草、碎米莎草、牛毛毡）、阔草（如鸭舌草、节节菜、陌上菜），对水三棱、扁秆藨草、野慈姑等多年生杂草无明显防效。

单剂规格 不含安全剂的产品如 60％乳油（马歇特），还有 5％颗粒剂，10％微粒剂，40％、60％水乳剂，50％、60％、80％、90％

乳油，50％微乳剂。首家登记证号 LS86306。

单用技术 水稻种子萌芽期对本品敏感，若在播种前 1 天施药或随播种随施药（旱育秧田除外），对成秧率有严重影响。本品在水稻 1 叶期前使用也不安全。绝大多数产品的用量为每亩用 50～85g（有效成分），折合制剂每亩用 60％乳油 83.3～141.7mL。

（1）育秧田

① 湿润育秧田。在秧板做好后，立即施药；每亩用 60％乳油 75～100mL；每亩兑水 30L 喷雾，施药时厢面要平整无积水，施药后保持田间湿润 2～3 天或施药后灌入浅水层并保持浅水层 2～3 天，然后排水播种（注意不可在施药后只间隔 1 天就播种），覆盖薄膜，保持沟水。或者在秧苗 1.5～2 叶期、稗草 2 叶期前施药；每亩用 60％乳油 60～80mL；兑水喷雾或拌土撒施，施药后保持浅水层 3～4 天，但要防止水层浸没秧苗心叶。本品在湿润育秧田使用，提倡在播种之前或出苗之后施药，不宜在播后苗前施药（更切忌随播种随施药，否则将会产生严重药害）。

② 旱育秧田。在播下浸种不催芽的谷种后，覆盖 1～2cm 厚的土层并镇压，随即施药；每亩用 60％乳油 110～140mL；每亩兑水 40～60L 喷雾，施药后覆盖薄膜，保持床面湿润。

③ 盘育秧田。由于秧盘浅（约 2.7cm 深），播种之后仅能覆土 0.5～1cm，使用不含安全剂的丁草胺制剂不安全，应使用含有安全剂的丁草胺制剂。

（2）直播田

① 播种之前使用。在整好田块后，灌入浅水，随即施药；每亩用 60％乳油 80～100mL；兑水喷雾，施药后保持浅水层，隔 3～4 天排水播种。

② 出苗之后使用。在秧苗 1.5～2 叶期、稗草 2 叶期前施药；每亩用 60％乳油 80～100mL；兑水喷雾或拌土撒施，施药后保持浅水层 3～4 天，但要防止水层浸没秧苗心叶。

（3）抛秧田 在水稻抛秧后 5～7 天、秧苗已成活、杂草处于萌动至 1.5 叶期施药；每亩用 60％乳油 100～110mL；采取毒土法施药，施药时田内灌有水层 2～3cm，施药后保持水层 3～5 天。

（4）移栽田 在水稻移栽后 3～5 天、秧苗缓苗后、杂草处于萌动至 1.5 叶期施药；南方每亩用 60％乳油 85～100mL，北方每亩用 100～150mL，采取毒土法或毒肥法施药，施药时田内灌有水层 3～5cm，施药后保持水层 3～5 天。

混用技术　已登记用于水田的混剂如 5.3％丁草胺·西草净颗粒剂 (4％+1.3％)、30％苄嘧磺隆·丁草胺可湿性粉剂 (1.5％+28.5％)。

注意事项　①露籽多的陆稻田不宜使用，因为本品对露籽出苗有严重影响。②在土壤中稳定性小，对光稳定，能被土壤微生物降解。③持效期 30～40 天。

其二是丁草胺（含有安全剂）。

其他名称　新马歇特。

产品特点　本品属于选择性、内吸型、芽前土壤处理剂。主要由杂草幼芽（禾草的吸收部位为胚芽鞘，阔草的吸收部位为下胚轴）、幼小的次生根吸收；种子也可吸收，但吸收量很少。药剂被杂草吸收后，在杂草体内传导，抑制蛋白质合成，使杂草幼株肿大、畸形，色深绿，最终导致死亡。只有少量丁草胺能被稻苗吸收，而且在体内迅速完全降解代谢，因而稻苗有较大的耐药力。为了早期施药的安全，加入安全剂可大大改善制剂对水稻幼芽和幼苗的安全性。

防除对象　用于水稻田能防除禾草（如稗草、千金子）、莎草（如异型莎草、碎米莎草、牛毛毡）、阔草（如鸭舌草、节节菜、陌上菜）。

单剂规格　含有安全剂的产品如 60％新马歇特乳油。首家登记证号 PD137-91。

单用技术　含有安全剂的丁草胺制剂在水稻田使用，比不含安全剂的丁草胺制剂放心、省心得多，其水稻种子萌芽期也可使用。每亩用 60％乳油 83.3～141.7mL。

（1）育秧田

① 湿润育秧田。长江流域，在播下催芽谷种后，覆盖 1～2cm 厚的土层，随即施药；每亩用 60％乳油 85～100mL；每亩兑水 30L 喷雾于厢面。不含安全剂的丁草胺制剂不宜在水稻播后苗前施药，更切忌随播种随施药，而含有安全剂的丁草胺制剂则不受此限（但谷种须经催芽，因为安全剂通过水稻根部吸收），使用起来更加方便。

② 旱育秧田。东北地区，在播下谷种后，覆盖 2cm 厚的土层，随即施药；每亩用 60％乳油 85～100mL；每亩兑水 25L 喷雾于厢面，

施药后覆盖薄膜，保持床面湿润。

③ 盘育秧田。可参照肥床旱育秧、湿润育秧的化学除草技术开展除草，但由于秧盘浅（约 2.7cm 深），营养土层较薄，盖土也仅 0.5～1cm，因此所用除草剂品种和剂量须经试验后确定。目前尚无一个产品登记用于秧盘育秧。在水稻播后苗前除草，生产上使用的品种有丁草胺（最好是含安全剂的产品）等。

（2）直播田

① 水直播田。在播种之后 0～5 天（播种当天至 5 天内）施药；每亩用 60％乳油 85～100mL；每亩兑水 15～30L 喷雾。本品在水直播田使用需切实掌握好三点：a. 预先浸种催芽。安全剂主要通过水稻根部吸收，因此要求谷种预先经过浸种催芽，谷粒一定带根，这样播后短时即可开始施药；如果谷种未经催芽，千万不要播后随即施药。b. 及时整播施药。整地达标后要随即播种、施药，掌握最后一次平田与施药的间隔时间小于 5 天，以免杂草太大影响防效。c. 严格水分管理。施药时要求土壤水分饱和，土表呈湿润状态，或者田间有泥皮水，但不能积水；施药后 5 天内保持厢间湿润，切忌厢面开裂，或者施药后 1 天灌入薄水层，以后正常管水。施药后若突遇大雨，为防止雨点打破药膜，可灌入水层保护药膜（但蓄水时间不宜超过 24h），并及时开好平田缺，以防田间积水闷死稻芽。秧苗 1.5 叶期后保持浅水层直到晒田，不仅是促进水稻分蘖生长所需，同时也是确保除草剂药效正常发挥和确保 40 天控草期得以实现的关键。

② 旱直播田。在水稻播后苗前灌水自然落干后施药；每亩用 60％乳油 80～100mL；每亩兑水 25～30L 喷雾，施药后保持土壤呈湿润状态，水稻出苗后正常管水。本品在旱直播田使用需切实掌握好三点：a. 确保整地质量，不能漏耕。b. 确保施药时土壤湿润，若土壤过干，必须在播后上跑马水，待田面无积水时施药。c. 对于已经出土的杂草，可混配百草枯等药剂予以防除。

（3）抛秧田、移栽田　含有安全剂的产品可安全地用于抛秧田和移栽田。一般为了降低生产成本，在抛秧田和移栽田使用不含安全剂的药剂即可。

毒草胺（propachlor）

$$\text{（苯基）} N \begin{cases} COCH_2Cl \\ CH(CH_3)_2 \end{cases}$$

$C_{11}H_{14}ClNO$，211.7，1918-16-7

其他名称　扑草胺。

产品特点　本品属于选择性、触杀型、芽前土壤处理剂。通过扰乱杂草体内核酸的生化作用，破坏细胞原生质的蛋白质合成，致使杂草死亡。抗性较强的大豆、玉米虽然也吸收本品，但能迅速将其分解为无毒物质，免于受害。水稻、小麦也有相当的抗性，但不如大豆、玉米。

防除对象　用于水稻田能防除稗草、鸭舌草、异型莎草、牛毛毡等。

单剂规格　10％、50％可湿性粉剂。首家登记证号 LS99430。

单用技术　移栽田：在水稻移栽后 4～6 天施药；每亩用 10％可湿性粉剂 1000～1500g 或 50％可湿性粉剂 200～300g；拌土撒施，施药时田内灌有水层 3～5cm，施药后保持水层 3～5 天。

混用技术　已登记混剂如 10％苄嘧磺隆·毒草胺可湿性粉剂（1.25％＋8.75％），登记用于水稻（直播田、抛秧田、移栽田），参 LS99440。

注意事项　持效期 30 天左右。

噁草酮（oxadiazon）

$C_{15}H_{18}Cl_2N_2O_3$，345.2，19666-30-9

其他名称　农思它、噁草灵。

产品特点　本品属于选择性、触杀型、芽前土壤处理剂/苗后早期茎叶处理剂。在杂草出苗前后，由杂草幼芽或幼苗接触吸收。在光照条件下才能发挥杀草作用，但并不影响光合作用的希尔反应。作土壤处理时，通过杂草幼芽或幼苗与药剂接触吸收而引起作用。作苗后早期茎叶处理时，杂草通过地上部分吸收，药剂进入杂草体后积累在生长旺盛部位，抑制生长，致使杂草组织腐烂死亡。杂草自萌芽至2～3叶期均对本品敏感，以杂草萌芽期施药防效最好，随着杂草长大效果下降。在水田施药后，药剂很快在水面扩散，迅速被土壤吸附，因此向下移动是有限的，也不会被根部吸收。

防除对象 适用于水稻（育秧田、直播田、抛秧田、移栽田）。用于水稻田能防除一年生、多年生的阔草、莎草、禾草。

单剂规格 12％、12.5％、13％、25％乳油。首家登记证号PD42-87。

单用技术 施药方法灵活，瓶甩、泼浇、滴灌、毒土、喷雾等均可。

（1）育秧田

① 湿润育秧田。在水稻播种之前2天施药（谷种不能催芽），南方每亩用12％乳油65～100mL，北方每亩用100～150mL；播种前后田面保持湿润状态，切勿积水，以防产生药害。

② 旱育秧田。在水稻播种之后（谷种不能催芽），盖土0.5～1cm，再施药、盖膜；床面切勿积水。

（2）直播田 旱直播田：在水稻播种盖土后（谷种不能催芽，不能有露籽）、出苗前施药；每亩用12％乳油150～200mL；施药后田间保持湿润。或在水稻长至1叶期、杂草1.5叶期施药。

（3）抛秧田 稻田平整后，趁田水浑浊时施药，间隔1～2天才抛秧；每亩用12％乳油133～200mL；采取毒土法或瓶甩法施药，施药时田内灌有水层3cm左右（水层不可淹没秧苗心叶），施药后保持水层2～3天。

（4）移栽田

① 移栽之前使用。在耙田后耢平时，趁田水浑浊，抓紧施药；南方每亩用12％乳油133～200mL或25％乳油65～100mL，北方每亩用12％乳油200～250mL或25％乳油100～133mL；采取瓶甩（25％乳油不可采取此法）、毒土、喷雾、泼浇等法施药，施药时田内灌有水层3cm左右（水层不可淹没秧苗心叶），施药后保持水层2～3天。本品最好在移栽前施用，施药后至少间隔2天再栽秧。

②移栽之后使用。若移栽前未来得及施药，可在水稻移栽后采取毒土法或喷雾法施药。

混用技术 已登记混剂如40％丁草胺·噁草酮乳油（34％＋6％）。

注意事项 ①在杂草萌芽至2～3叶期施药防效最佳。随杂草生长防效下降，对成株期杂草基本无效。②在移栽田，若苗小、苗弱或水层淹过水稻心叶，均易产生药害。③在土壤中代谢较慢，半衰期2～6个月。

噁嗪草酮（oxaziclomefone）

$C_{20}H_{19}Cl_2NO_2$，376.3，153197-14-9

其他名称 去稗安。

产品特点 本品属于选择性、内吸型、芽前土壤处理剂。由杂草根部、茎叶基部吸收。作用机理尚不清楚，但生化研究结果表明它是以不同于其他除草剂的方式抑制分生细胞生长的。

防除对象 禾草、阔草、莎草，禾草如稗草、千金子，阔草如沟繁缕、鳢肠、矮慈姑、节节菜、鸭舌草，莎草如异型莎草、牛毛毡。对稗草、千金子具有特效且持效期长。

单剂规格 1％、30％悬浮剂。首家登记证号 LS200052。

单用技术 在使用上要把好三关。第一关施用时期。育秧田、水直播田切勿在播种之后2天内施药，否则会产生严重药害；而过迟施药则影响药效发挥，所以需掌握好施药适期。虽然本品对稗草、千金子具有特效且持效期长，但防除稗草对施药时期要求严格，宜在稗草2叶期前喷雾施药；防除千金子的施药期较宽。第二关施用方法。1％悬浮剂用于育秧田登记的施用方法为喷雾，用于直播田、移栽田登记的施药方法为瓶甩或喷雾；30％悬浮剂登记的施药方法为茎叶喷雾。1％悬浮剂扩散性较好，可持瓶直接甩施，除草作业省力。第三关水浆管理。施药时田间呈湿润或灌有薄水层，施药后保持充分湿润或保持一定水层有利于药效发挥，田间干燥会降低药效。

（1）育秧田　在水稻播种前1天或水稻播种5天后（水稻1叶1心期）、稗草2叶期前施药；每亩用1%悬浮剂200～250mL；兑水喷雾，施药后15天内保持田面湿润，不能有积水。水稻出苗后需灌水时，水深不能淹没水稻心叶。

（2）直播田　水直播田：在水稻播种前1天或水稻播种5天后（水稻1叶1心期）、稗草2叶期前施药；每亩用1%悬浮剂200～250mL；持瓶直接甩施或每亩兑水30～45L常规喷雾，施药后15天内保持田面湿润，不能有积水。水稻出苗后需灌水时，水深不能淹没水稻心叶。30%悬浮剂在水稻2～3.5叶期、杂草2叶期前施药；登记每亩用5～10mL；亩兑水30L，施药后保持2～5cm浅水层至少2天，以后恢复正常管理。

（3）移栽田　在水稻移栽后5～7天施药；每亩用1%悬浮剂266.7～333.3mL；持瓶直接甩施或每亩兑水30～45L常规喷雾，施药时田内灌有水层3～5cm，施药后保持水层5～7天。

混用技术　可与苄嘧磺隆、吡嘧磺隆等混用。

注意事项　①本品的土壤吸附性极强，即使遇稻田漏水、药后下雨等情况仍能保证良好防效。②采取瓶甩法施药前要用力摇瓶，使药液混合均匀。③每季最多使用1次。30%悬浮剂安全间隔期82天。

噁唑酰草胺（metamifop）

$C_{23}H_{19}ClFN_2O_4$，440.9，256412-89-2

其他名称　韩秋好、春好等。

产品特点　本品属于选择性、内吸型、苗后茎叶处理剂。系芳氧苯氧丙酸类除草剂、乙酰辅酶A羧化酶（ACCase）抑制剂。有资料称其为芳氧苯氧丙酰胺类除草剂。由杂草茎叶吸收，通过维管束传导至生长点，抑制脂肪酸的合成。

适用作物 水稻（育秧田、直播田、抛秧田、移栽田）。杂交水稻制种田慎用。

防除对象 只防除禾本科杂草，如稗草、千金子、马唐、牛筋草、红脚稗。

单剂规格 10％乳油，10％可湿性粉剂。首家登记证号 LS20100002。

单用技术 在水稻 2.5 叶期后施药。于禾本科杂草齐苗后施药，于稗草、千金子 2～6 叶期均可使用，以 2～3 叶期施药防效最佳，尽量避免过早或过晚施药。作茎叶处理；常规喷雾每亩兑水 30～45L，喷匀喷透；施药前排干田水，施药后 1 天复水，保持水层 3～5 天。随着杂草草龄、密度增大，要适当增加用药量、增加兑水量。其制剂登记用量如表 3-5 所示。

表 3-5 噁唑酰草胺制剂登记用量

产品规格	登记作物	防治对象	每亩用药量	施用方法	登记证号
10％乳油	直播水稻田	一年生禾本科杂草	60～80mL	喷雾	LS20101577
10％乳油	直播水稻田	一年生禾本科杂草	60～80mL	茎叶喷雾	LS20122113
10％可湿性粉剂	水稻田(直播)	一年生禾本科杂草	80～120g	茎叶喷雾	LS20132086

相关资料介绍，在水稻 2.5 叶期后、禾草 2～3.5 叶期施药，每亩用 100～120mL；在水稻 2.5 叶期后、禾草 4～5 叶期（1～2 个分蘖）施药，每亩用 150mL。每亩兑水 15～30L 喷雾。禾本科杂草较大时（4～5 叶期），要采用高浓度细喷雾方法施药（每喷桶至少 70mL 药剂），喷匀喷透，确保杂草充分着药。

混用技术 本品可与阔叶型杂草除草剂混用，但在大面积混用前，先进行小面积试验以确认安全性和有效性。可与灭草松混用，施药时高温可能出现轻度药害，可较快恢复。禁止与吡嘧磺隆、苄嘧磺隆等磺酰脲类除草剂混用。已登记混剂如 20％噁唑酰草胺·灭草松微乳剂（3.3％＋16.7％），用于水稻直播田，防除一年生杂草，每亩用 210～240mL，茎叶喷雾；参见 LS20140252。

注意事项 配制药液时严禁加洗衣粉等助剂。如遇异常高温、干旱天气，为保证药效，建议施药前先灌跑马水或雨后施药。不推荐用担架式喷雾机施药。施药时避免药液飘移到邻近禾本科作物上。每季最多使用1次,安全间隔期90天。使用本品的水稻田,后茬可种植冬小麦、冬油菜、蚕豆、甘蔗、大蒜、菠菜、萝卜、玉米、大豆。

产品评价 这是富美实公司推出的一种新型、高效的水稻田专利除草剂,能一次性有效防除多种禾本科杂草,尤其对直播稻田的难除的稗草、千金子和旱直播田的马唐等有特效。对水稻安全,使用方便,省工省力,增产增收,是直播稻田农民除草的好帮手。

二甲戊灵 (pendimethalin)

$$H_3C \begin{array}{c} NO_2 \\ \\ \\ H_3C \end{array} NHCH(CH_2CH_3)_2$$

$C_{13}H_{19}N_3O_4$,281.3,40487-42-1

其他名称 施田补、田普、除草通、杀草通、菜草通、胺硝草、二甲戊乐灵。

产品特点 本品属于选择性、内吸型、芽前土壤处理剂。由杂草幼芽、茎、根吸收(禾草的吸收部位为胚芽鞘,阔草的吸收部位为下胚轴)。不影响杂草种子的萌发,而是杂草种子在萌发过程中幼芽、茎、根吸收药剂后起作用。主要抑制分生组织细胞分裂,使幼芽和次生根的生长被抑制,导致杂草死亡。本品还可用于烟草抑制腋芽生长,参 PD178-93。

适用作物 水稻(旱育秧田、旱直播田)等。

防除对象 禾草、阔草。防除多种一年生禾本科杂草和部分阔叶杂草,如稗草、马唐、狗尾草、千金子、牛筋草、藜、苋、苘麻、马齿苋、繁缕、龙葵等。对禾草的防效优于阔草。

单剂规格 20%、30%悬浮剂,33%乳油,45%微囊悬浮剂。首家登记证号 LS83039。

单用技术 作土壤处理。

(1) 旱育秧田 在水稻播后苗前施药,每亩用33%乳油150～200mL,参 PD134-91。

（2）旱直播田　在水稻播后苗前施药，每亩用 450g/L 微囊悬浮剂 120～140mL（参 PD20183421 和 PD20083409）或 130～150mL（参 PD20150752），兑水 40～50L，作土壤喷雾处理。

混用技术　已登记用于水田的混剂如 25％苄嘧磺隆·二甲戊灵可湿性粉剂（2.1％＋22.9％）。

注意事项　①在作物播后苗前作土壤处理的，应在播种之后覆土 2～3cm，避免种子与药剂直接接触。②在作物播后苗前施药，最好施药后浅混土。③为减轻本品对作物的药害，作土壤处理时，应先施药后浇水，这样可增加土壤吸附，减轻药害。④持效期长达 45～60 天。

产品评价　巴斯夫公司 2002 年推出 45％微囊悬浮剂，宣传口号为"先进、独特的微胶囊剂，具缓释作用，持效期更长，对作物更安全"。

二氯喹啉酸（quinclorac）

$C_{10}H_5Cl_2NO_2$，242.1，84087-01-4

其他名称　快杀稗、杀稗王、杀稗灵、杀稗净、杀稗丰、克稗灵、克稗星、稗草净、稗无踪、神锄。

产品特点　本品属于选择性、内吸型、苗后茎叶处理剂。主要由稗草的根吸收，也能被发芽的种子吸收，少量通过叶部吸收。具有激素类除草剂的特点，稗草中毒症状与生长素类物质的作用症状相似。受害稗草嫩叶出现轻微失绿现象，叶片出现纵向条纹并弯曲。夹心稗受害后叶子失绿变为紫褐色，逐渐枯死。水稻根部能将本品降解，因而对水稻安全。

防除对象　适用于水稻（育秧田、直播田、抛秧田、移栽田）。能防除稗草。对田菁、决明、雨久花、鸭舌草、水芹、茨藻等有一定的防效。本品刚上市时，资料上介绍说它是目前防除大龄稗草的特效药剂，能杀死 1～7 叶期的稗草，对 4～7 叶期的高龄稗草防效突出。由于使用年限已久，对稗草防效有所下降。

单剂规格　25％、30％悬浮剂，25％、50％可湿性粉剂，50％可溶粉剂，25％泡腾粒剂，50％、75％水分散粒剂。首家登记证号 LS89008。

　　单用技术　在水稻 2.5 叶期后（水稻 2 叶期前对本品较为敏感，易产生药害。在水稻 3 叶期后使用很安全）、稗草 1～7 叶期施药，以稗草 2.5～3.5 叶期施药最佳。不同厂家、含量、剂型的产品的有效用量可能有出入，一般为 225～375g(a.i.)/hm^2，折合制剂 50％可湿性粉剂 30～50g；最低的为 150g(a.i.)/hm^2，最高的为 502.5g(a.i.)/hm^2。不同单剂规格和不同防除对象的制剂用量和施药方法不同，如表 3-6 所示。根据稗草叶龄和密度酌情确定用药量。悬浮剂、可湿性粉剂、可溶粉剂、水分散粒剂等剂型的产品一般采取喷雾、毒土等法施药（施药前排水，施药后回水、保水）；泡腾粒剂剂型的产品一般采取撒施法施药（施药前灌水，施药后保水）。

表 3-6　二氯喹啉酸登记的制剂用量　　　　单位：g/亩

单剂规格	登记作物	防除对象	制剂用量	施药方法	登记证号
50％可湿性粉剂	育秧田	稗草	20～30	喷雾	LS93432
	直播田	稗草	40～50		
	移栽田	稗草	26.7～52		
	育秧田	稗草	40～50g(北方地区) 30～40g(南方地区)	喷雾	LS20050002
	直播田	稗草	30～50(南方)	喷雾	LS20051365
	抛秧田	稗草	30～40	喷雾	LS20050311
	移栽田	稗草	30～40	茎叶喷雾	LS20040734
	移栽田	稗草	30～40	喷雾或药土法	LS20030149
	移栽田	稗草	40～50	喷雾	LS2001358
	移栽田	稗草	52～67	茎叶喷雾	LS20070501
	直播田、抛秧田、移栽田	稗草	30～50	喷雾或毒土法	PD20070205
45％可溶粉剂	直播田、抛秧田、移栽田	稗草	30～50	茎叶喷雾	LS20052694
75％水分散粒剂	移栽田	稗草	30～40	茎叶喷雾	LS20070087

（1）育秧田　在水稻秧苗 3 叶期至移栽前、稗草 1～7 叶期施药，以秧苗 3 叶期后、稗草 2～3 叶期施药最佳；每亩用 50％可湿性粉剂 20～30g。施药时田间水分呈饱和状态（但无明显水层），施药后 1～2 天灌跑马水或灌入水层并保持水层 5～7 天。水分管理的具体方案需根据育秧田类型酌定。

（2）直播田　在水稻秧苗 3 叶期至分蘖期、稗草 1～7 叶期施药，以秧苗 3 叶期后、稗草 2.5～3.5 叶期施药最佳；每亩用 50％可湿性粉剂 30～50g。施药前 1 天排出田水，保持湿润，露出杂草；施药后 1～2 天回水，水层 3～5cm（水层不能太深，否则会降低对稗草的防效），保持水层 5～7 天。

（3）抛秧田　在水稻抛秧后、秧苗 3 叶期后、稗草 1～7 叶期施药，以水稻抛秧后 7～20 天、秧苗 3 叶期后、稗草 2.5～3.5 叶期施药最佳；每亩用 50％可湿性粉剂 40～50g。施药前 1 天排出田水，保持湿润，露出杂草；施药后 1～2 天回水，水层 3～5cm（水层不能太深，否则会降低对稗草的防效），保持水层 5～7 天。

（4）移栽田　在水稻移栽后、秧苗 3 叶期后、稗草 1～7 叶期施药，以水稻移栽后 7～20 天、秧苗 3 叶期后、稗草 2.5～3.5 叶期施药最佳；每亩用 50％可湿性粉剂 40～50g。施药前 1 天排出田水，保持湿润，露出杂草；施药后 1～2 天回水，水层 3～5cm（水层不能太深，否则会降低对稗草的防效），保持水层 5～7 天。

混用技术　已登记混剂如 30％苄嘧磺隆·二氯喹啉酸可湿性粉剂（5％＋25％）、50％吡嘧磺隆·二氯喹啉酸可湿性粉剂（3％＋47％）。

注意事项　①本品属于激素型除草剂，用量过大、重复喷洒会出现药害，抑制水稻生长而减产。②本品在土壤中有积累作用，可能对后茬作物产生残留药害，所以下茬最好种植水稻、玉米、高粱等耐药作物。本品施药后 8 个月内不能种植棉花、大豆等，1 年内不能种植甜菜、茄子、烟草等，2 年后才能种植番茄、胡萝卜等。

二氯喹啉草酮（quintrione）

适用作物　水稻（移栽田）等。
防治对象　稗草等。

单剂规格　20％可分散油悬浮剂。首家登记证号 PD20184027。

单用技术　登记用于水稻移栽田，防除稗草，每亩用 200～300mL，施用方式茎叶喷雾。在水稻移栽后 7～20 天施药，以稗草 2～4 叶期施药最佳。施药前排水至浅水或湿润泥土状，施药后 1 天复水并封闭畦口，尽量保持 3～5cm 浅水层 5～7 天（避免淹没稻心、避免药害），然后按常规管理。施药时避免弱苗、小苗和重喷，并严格使用二次稀释法配药。

呋喃磺草酮（tefuryltrione）

产品特点　本品属于选择性、触杀型除草剂。系苯甲酰基环己二酮类除草剂、对羟基苯基丙酮酸双氧化酶（HPPD）抑制剂。在防除对乙酰乳酸合成酶除草剂产生抗性的杂草方面十分有效。

适用作物　水稻等。

防除对象　一年生和多年生阔叶杂草。

单剂规格　目前尚无单剂获准登记。97％原药登记证号 PD20170002。

混用技术　已登记混剂如 27％氟酮·呋喃酮悬浮剂（氟酮磺草胺 9％＋呋喃磺草酮 18％），登记用于水稻移栽田，防除一年生杂草，每亩用 16～24mL，甩施法或药土法。

氟吡磺隆（flucetosulfuron）

$C_{18}H_{22}FN_5O_8S$，487.5，412928-75-7

其他名称　韩乐盛、韩乐福。

产品特点　本品属于选择性、内吸型、苗后茎叶处理剂。系乙酰乳酸合成酶（ALS）抑制剂。由杂草叶、根吸收。

防除对象　适用于水稻（育秧田、直播田、抛秧田、移栽田）。

能防除一年生、多年生的禾草、阔草、莎草，如稗草、鸭舌草、节节菜、雨久花、野慈姑、矮慈姑、异型莎草、日照飘拂草、扁秆藨草、萤蔺。本品对稗草（包括对二氯喹啉酸产生抗性的稗草）防效好。

单剂规格　10％可湿性粉剂。首家登记证号 LS20070092。

单用技术　于稗草 2～4 叶期施药防效最佳。于稗草 2～4 叶期施药，每亩用 10％可湿性粉剂 16g；于稗草 5 叶期以上施药，每亩用 10％可湿性粉剂 20～24g。若采取喷雾法施药，施药前排水，施药后 1～2 天恢复水层，并保持水层 3～5 天。

（1）**直播田**　登记用于直播田，防除多种一年生杂草，每亩用 10％可湿性粉剂 13.3～20g，登记施药方法为喷雾。在水稻出苗后、杂草 2～4 叶期施药。

（2）**移栽田**　登记用于移栽田，防除多种一年生杂草，每亩用 10％可湿性粉剂 13.3～20g（杂草苗前）或 20～26.7g（杂草 2～4 叶期），登记施药方法为毒土法。在水稻移栽后、秧苗缓苗后、杂草萌发前或萌发初期施药；每亩用 10％可湿性粉剂 13.3～20g；拌土撒施。或在水稻移栽后、杂草 2～4 叶期施药；每亩用 10％可湿性粉剂 20～26.7g；拌土撒施。

产品评价　防除稗草施药期宽。本品是全国第十四届农药药效评审会上专家推荐的 2 个水稻田除草剂新品种之一。

氟酮磺草胺（triafamone）

其他名称　垦收等。

产品特点　本品属于选择性、内吸型、芽前土壤处理兼苗后早期茎叶处理剂。系磺酰苯胺类新型除草剂、乙酰乳酸合成酶（ALS）抑制剂。以根系和幼芽吸收为主，兼具茎叶吸收除草活性。

适用作物　水稻（移栽田）等。

防除对象　禾本科杂草、莎草科杂草、阔叶杂草。

单剂规格　19％悬浮剂。首家登记证号 LS20150034。正式登记证号 PD20170006。

单用技术　芽前或芽后早期使用。登记用于水稻（移栽田），防除一年生杂草，每亩用 19％悬浮剂 8～12mL，甩施法或药土法。移栽当天用甩施法，移栽后用甩施法或药土法，于水稻充分缓苗后、大部分杂草出苗前施用。

混用技术 已登记混剂如 27% 氟酮·呋喃酮悬浮剂（氟酮磺草胺 9%＋呋喃磺草酮 18%）。

注意事项 用药前应整平土地，注意保证整地质量，施药时田里须有均匀水层。配药前先将药剂原包装摇匀，配药时采用二次法稀释。将每亩药量兑 50～100mL 水稀释为母液待用。甩施法，先将每亩母液量兑 2～7L 水搅匀，再均匀甩施；药土法，先将每亩母液量与少量沙土混匀，再与 3～7kg 沙土拌匀后均匀撒施。移栽当天兑水甩施时，须确保均匀甩施于水稻行间的水面上，避免药液施到稻苗茎叶上。均匀施药，严禁重施、漏施或过量施用。施药后保持 3～5cm 水层 7 天以上，只灌不排，水层勿淹没水稻心叶避免药害。病弱苗、浅根苗及盐碱地、漏水田、已遭受或药后 5 天内易遭受冷涝害等胁迫田块，不宜施用。

禾草丹 （thiobencarb）

$C_{12}H_{16}ClNOS$，257.8，28249-77-6

其他名称 杀草丹、高杀草丹、灭草丹、稻草丹、稻草完、除田莠。

产品特点 本品属于选择性、内吸型、芽前土壤处理/苗后早期茎叶处理剂。由杂草根、幼芽吸收。对未萌发的杂草种子不起作用。由杂草根、幼芽吸收后，特别是幼芽吸收后转移到杂草体内，对生长点有很强的抑制作用。阻碍 α-淀粉酶和蛋白质合成，对杂草细胞的有丝分裂也有强烈抑制作用，因而导致萌发的杂草种子和萌发初期的杂草枯死。稗草吸收传导禾草丹的速度比水稻要快，而在体内降解禾草丹的速度比水稻要慢，这是形成选择性的生理基础。

防除对象　用于水田能防除禾草（如稗草、千金子）、莎草（如异型莎草、碎米莎草、牛毛毡、日照飘拂草）、阔草（如陌上菜、母草、鸭舌草、雨久花）。

单剂规格　10％颗粒剂，50％、90％乳油。首家登记证号PD35-87。

单用技术　本品对杂草幼芽杀伤力强，因此宜于杂草萌发出苗前后及早施药。防除稗草在稗草2叶期前施药防效显著，3叶期后效果明显下降。萌芽的稻谷对本品很敏感，所以在水田使用要掌握三点：一是若在水稻播种之前施药，施药后不要播已催芽谷种；二是若在水稻播后苗前施药，不要在水稻萌芽出苗至立针期进行施药（芽期用药会影响水稻出苗）；三是若在水稻出苗之后施药，必须在水稻1叶期后进行施药。登记每亩用50％乳油266～400mL或90％乳油147.8～222.2mL，参PD35-87和PD182-93。采取毒土、喷雾等法施药。冷湿田块或使用大量未腐熟有机肥的田块，本品用量过高时易形成脱氯禾草丹，使水稻产生矮化药害。发生该现象时，应注意及时排水、晒田。

（1）育秧田

① 水育秧田和湿润育秧田，播种之前使用。在秧板做好后，灌入浅水层，随即施药；每亩用50％乳油200～250mL；兑水喷雾或拌土撒施，施药后保持水层，隔3～5天排水播种（不要播催芽的谷种）。播种之后不能浸水，以床面湿润为宜（这样有利于谷种扎根立苗）。即使施药后遇低温，也不可上水护芽，否则易生药害。

② 水育秧田和湿润育秧田，出苗之后使用。在秧苗1.5叶期后、稗草2叶期前施药；每亩用50％乳油150～200mL（一般早稻育秧田用200mL，中、晚稻育秧田用150mL）；兑水喷雾，施药时田面留有浅水层或保持湿润，施药后2～3天内不能排水，自然落干，以保证药效，施药后也不能灌深水，以防发生药害。

③ 旱育秧田，播后苗前施药。在水稻播后苗前施药，或在秧苗1叶期后、杂草1.5叶期前施药；每亩用90％乳油150～200mL。

（2）直播田

① 水直播田，播种之前使用。在田块整好后，灌入浅水层，随即施药；每亩用50％乳油200～250mL；兑水喷雾或拌土撒施，施药

后保持水层，隔 3～5 天排水播种（不要播催芽的谷种）。播种之后不能浸水，以床面湿润为宜（这样有利于谷种扎根立苗）。即使施药后遇低温，也不可上水护芽，否则易生药害。

② 水直播田，出苗之后使用。在秧苗 1.5 叶期后、稗草 2 叶期前施药；每亩用 50％乳油 200～250mL；兑水喷雾或拌土撒施，施药时田内应灌有薄水层，施药后保持水层 5～7 天。

③ 旱直播田，播后苗前施药。在水稻播后苗前施药，或在秧苗 1 叶期后、杂草 1.5 叶期前，结合第一次灌水或降雨施药；每亩用 90％乳油 150～200mL；兑水喷雾。

（3）抛秧田　在水稻抛秧后 3～5 天施药；每亩用 50％乳油 200～300mL；宜采取毒土法施药，施药时田内应灌有水层 3cm 左右，施药后保持水层 5～7 天。

（4）移栽田　在水稻移栽后 5～7 天、秧苗缓苗后、稗草 2 叶期前施药；每亩用 50％乳油 200～300mL；拌土撒施或兑水喷雾，施药时田内应灌有水层 3～5cm，施药后保持水层 5～7 天。

混用技术　已登记混剂如 35.75％苄嘧磺隆·禾草丹可湿性粉剂（0.75％＋35％），登记用于水稻育秧田、直播田、移栽田，参 PD20070202。

注意事项　①沙质田和漏水田不宜使用本品。②能迅速被土壤吸附，因而随水分的淋溶性小，一般分布在土层 2cm 处。土壤吸附作用减少了由于蒸发和光解造成的损失。③能被土壤微生物降解。在土壤中半衰期，通气良好条件下为 2～3 周，厌氧条件下则为 6～8 个月。④厌氧条件下被土壤微生物形成的脱氯禾草丹，能强烈地抑制水稻生长。

禾草敌（molinate）

$$C_2H_5-S-\overset{\underset{\|}{O}}{C}-N\begin{matrix}CH_2-CH_2-CH_2\\ \\ CH_2-CH_2-CH_2\end{matrix}$$

$C_9H_{17}NOS$，187.3；2212-67-1

其他名称　禾大壮、禾草特、稻得壮、草达灭、杀克尔、环草丹。
产品特点　本品属于选择性、内吸型、芽前土壤处理/苗后早期茎叶处理剂。由杂草胚芽鞘、初生根吸收。本品施用后，由于密度比水大，而沉降在水与泥的界面，形成高浓度的药层。杂草通过药层时，能迅速被其初生根（尤其是芽鞘）吸收，并积累在生长点的分生组织，阻止蛋白质合成，使增殖的细胞缺乏蛋白质及原生质而形成空脆。本品还能抑制 α-淀粉酶活性，停止或减弱淀粉的水解，使蛋白质合成和细胞分裂失去能量供给。受害的细胞膨大，生长点扭曲而死亡。杂草受害症状是，幼芽肿胀、扭曲、停止生长，叶片变厚、色浓，植株矮化畸形，心叶抽不出，逐渐死亡。经过催芽的稻种播于药层之上，稻根向下生长，穿过药层吸收药量少；稻芽向上生长，不穿过药层，因此不会受害。

防除对象 稗草（对稗草有特效，对 1～4 叶期的各生态型稗草均有效）。用药早时对牛毛毡、碎米莎草也有效。对阔草无效。

单剂规格 70％、90.9％、96％乳油。首家登记证号 PD27-87。

单用技术 施药适期为稗草萌发至 2.5 叶期。于稗草 3～4 叶期施药仍然有效。一般华南、华中、华东、西南每亩用 96％乳油 100～150mL，东北、华北每亩用 150～220mL。防除 4 叶期的大龄稗草需稍增加用量，每亩用 96％乳油 250mL 左右。采取喷雾、毒土、泼浇、滴灌等法施药。本品挥发性强，一定要按照要求保持水层或及时混土。

（1）育秧田

① 播种之前使用。先药后种，育秧田犁耙平整，随即采取毒土法施药，立即耙泥将药混入泥中，做好秧板，播下经过催芽、已经露白的谷种，不要覆土（必要时可浅踏谷，但不能深踏谷，否则谷种芽鞘在药土层中吸收药剂易发生药害），保持 1～3cm 水层 5～7 天；先药再水后种，育秧田整平耙细，做好秧板，随即采取喷雾法施药，立即混土 7～10cm 深，然后灌水 1～1.5cm，1～2 天后播下经过催芽、已经露白的谷种，保持水层 5～7 天。

② 出苗之后使用。在秧苗 3 叶期后、稗草 2～3 叶期施药。宜采取毒土法施药。施药时田内灌有水层 3cm 左右，施药后保持水层 5～7 天。

（2）直播田

① 水直播田，播种之前使用。先水再药后种：在田块整平耙细后，保持 3～5cm 水层，随即采取毒土、泼浇等法施药，1～2 天后播下催芽露白的谷种，保持水层 7～10 天（切勿干水）。先药再水后种，

又叫播前混土处理：在田块整平后，采取毒土、泼浇等法施药，施药后立即混土 7～10cm，紧接着灌水 3～5cm，1～2 天后播下催芽露白的谷种。

② 水直播田，出苗之后使用。在秧苗 3 叶期后、稗草 2～3 叶期施药。宜采取毒土法施药。施药时田内灌有水层 3cm 左右，施药后保持水层 5～7 天。

（3）抛秧田　在水稻抛秧后 3～5 天施药；宜采取毒土法施药，施药时田内灌有水层 3cm 左右，施药后保持水层 5～7 天。

（4）移栽田　在水稻移栽后 5～7 天、秧苗返青后施药；宜采取毒土法施药，施药时田内灌有水层 3～5cm，施药后保持水层 5～7 天。

混用技术　已登记混剂如 78.4% 2 甲 4 氯丁酸乙酯·禾草敌·西草净乳油（6.4%＋60%＋12%），参 LS85021。

环丙嘧磺隆（cyclosulfamuron）

$C_{17}H_{19}N_5O_6S$，421.4，136849-15-5

其他名称　金秋、环胺磺隆。

产品特点　本品属于选择性、内吸型、芽前土壤处理/苗后早期茎叶处理剂。系乙酰乳酸合成酶（ALS）抑制剂。由杂草根部和叶片吸收。药剂被杂草吸收后，在杂草体内迅速进行传导。阻碍缬氨酸、亮氨酸、异亮氨酸合成，抑制细胞分裂和生长，敏感杂草幼芽和根迅速停止生长，幼嫩组织发黄，随后枯死。杂草从吸收药剂到死亡有个过程，一般一年生杂草 5～15 天，多年生杂草要长一些。有时施药后杂草仍呈现绿色，多年生杂草不死，但已停止生长，失去与作物竞争的能力。

防除对象　适用于水稻（直播田、移栽田）。用于水稻田能防除一年生、多年生的阔草、莎草，如鸭舌草、节节菜、陌上菜、眼子菜、牛毛毡、水莎草、异型莎草、碎米莎草、萤蔺；对禾草虽有活性，但不能彻底防除。

单剂规格 10％可湿性粉剂。首家登记证号 LS96007。

单用技术 南方每亩用 10％可湿性粉剂 10～20g，北方每亩用 20～26.7g。防除稗草，每亩用 30～40g；防除扁秆藨草、日本藨草、藨草，每亩用 40～60g。采取毒土法、毒肥法或喷雾法施药。

（1）**直播田** 在水稻播种之后 10～15 天（北方）、2～7 天（南方）施药。

（2）**移栽田** 在水稻移栽后 7～10 天（北方）、3～6 天（南方）施药。

混用技术 可与丁草胺、二氯喹啉酸等混用。

注意事项 本品施用后，能迅速吸附于土壤表层，形成稳定的药土层，稻田漏水、漫灌、串灌、下大雨仍然保持良好药效。尽管如此，但灌有水层和保持水层有利于药效发挥（在直播田使用，稻田必须保持潮湿或混浆状态）。

环庚草醚（cinmethylin）

$C_{18}H_{26}O_2$，274.4；87818-31-3

其他名称 艾割、仙治、环庚草烷、噁庚草醚。

产品特点 本品属于选择性、内吸型、芽前土壤处理剂。由杂草幼芽、根吸收。药剂被杂草吸收后，通过木质部传导到根及芽的生长点，抑制分生组织的生长，使杂草死亡。水稻、棉花、花生等作物耐药力较强，药剂进入这些作物体内之后，被代谢成羟基衍生物，并与植物体内的糖苷结合成共轭化合物而失去毒性。

防除对象 一年生、多年生的阔草、莎草、禾草，如稗草、鸭舌草、狭叶泽泻、沟繁缕、节节菜、牛毛毡、异型莎草、碎米莎草、萤蔺。

单剂规格 10％乳油。首家登记证号 LS88022。

单用技术 本品持效期偏短，故施药时期要抓准、抓紧。在杂草处于幼芽期或幼嫩期施药防效最佳，草龄越大防效越差。南方每亩用有效成分超过 2.67g，水稻可能出现滞生矮化现象。

移栽田：在水稻移栽后 5～7 天、秧苗缓苗后、稗草 2 叶期前施药；登记每亩用 10％乳油 13.3～20mL；采取毒土法施药，施药时田内灌有水层 3～5cm（水深不要没过水稻心叶），施药后保持水层 5～7 天。

混用技术　已登记混剂如 10％苄嘧磺隆·环庚草醚可湿性粉剂（5％＋5％）。

注意事项　①整田要平，插秧不要露根。②沙质土壤、漏水田、施药后短期缺水的水稻田不要使用。③在无水层情况下，易蒸发和光解，并能被土壤微生物降解，因此在漏水田和施药后短期内缺水的条件下防效差。在有水层情况下，降解速度减慢，防效好。在水稻田有效期 35 天左右，温度高持效期短，温度低持效期长。

环戊噁草酮 （pentoxazone）

产品名称　噁嗪酮等。

产品特点　本品属于选择性、内吸型、芽前土壤处理剂。系噁唑啉酮类除草剂、HPPD 抑制剂。由 SDS 公司研发，专利申请日 1992 年 3 月 18 日。

适用作物　水稻等。

防除对象　禾本科杂草、阔叶型杂草、莎草科杂草。

环酯草醚 （pyriftalid）

$C_{15}H_{14}N_2O_4S$，318.4，135186-78-6

产品特点　本品属于选择性、内吸型、芽前土壤处理/苗后早期茎叶处理剂。系乙酰乳酸合成酶（ALS）抑制剂。主要由杂草根吸收。施药后几天即可看到效果，杂草会在 10～21 天内死亡。

防除对象　适用于水稻（移栽田）等，仅限用于南方水稻移栽田。能防除禾草、莎草、阔草。

单剂规格　25％悬浮剂。首家登记证号 LS20082664。

单用技术　作杂草苗后早期茎叶处理。

水稻移栽田：在水稻移栽后 5～7 天、杂草 2～3 叶期施药（以稗草叶龄为主，尽量较早施药，防效更佳；防除稗草须在其 2 叶期前施药）；每亩用 25％悬浮剂 50～80mL；常规喷雾每亩兑水 15～30L，施药前 1 天排干田水，施药后 1～2 天复水 3～5cm，保持水层 5～7 天。

混用技术　可与丙草胺等混用。

注意事项　每季最多使用 1 次。

产品评价　仅先正达公司有生产，但目前推广应用不多。

甲草胺（alachlor）

$C_{14}H_{20}ClNO_2$，269.8，15972-60-8

其他名称　拉索、澳特拉索、草不绿、杂草锁、灭草胺。

产品特点　本品属于选择性、内吸型、芽前土壤处理剂。杂草出土前，主要由杂草幼芽吸收（禾草的吸收部位为胚芽鞘，阔草的吸收部位为下胚轴），种子、根也可吸收，但吸收量较少，传导速度慢；杂草出土后，靠杂草根吸收。药剂被杂草吸收后，在杂草体内进行传导，抑制蛋白酶活动，使蛋白质无法合成，造成幼芽和根停止生长，使不定根无法形成。如果土壤水分适宜，杂草幼芽期不出土即被杀死，症状为芽鞘紧包生长点，稍变粗，胚根细而弯曲，无须根，生长点逐渐变褐色至黑色烂掉。如土壤水分少，杂草出土后随着土壤湿度增加，杂草吸收药剂后而起作用，禾草表现为心叶卷曲萎缩，其他叶皱缩，整株枯死；阔草叶皱缩变黄，整株逐渐枯死。

防除对象 一年生的禾草、阔草。

单剂规格 43％、48％乳油，48％微囊悬浮剂。首家登记证号 LS83050。

单用技术 单剂未登记用于水稻，混剂已有产品登记用于水稻。

混用技术 已登记用于水田的混剂如 30％苯噻酰草胺·苄嘧磺隆·甲草胺泡腾粒剂（18％＋4％＋8％），登记用于水稻移栽田，防除一年生杂草及部分多年生杂草，每亩用 60～80g（北方）、30～50g（南方），直接撒施，参 LS2001249。

甲磺隆 （metsulfuron-methyl）

$C_{14}H_{15}N_5O_6S$，381.4，74223-64-6

其他名称 合力、合利、甲氧嗪磺隆。

产品特点 本品属于选择性、内吸型、芽前土壤处理剂/苗后早期茎叶处理剂，系乙酰乳酸合成酶（ALS）抑制剂。由杂草根、茎、叶部吸收。作茎叶处理时，掉落到土壤中的药液仍能不断被杂草根部吸收而发挥除草作用。药剂被杂草吸收后，在杂草体内向上和向下传导。抑制乙酰乳酸合成酶（ALS）的活性，导致缬氨酸、亮氨酸、异亮氨酸缺乏，使杂草细胞有丝分裂停止于间隙 1（G_1）与间隙 2（G_2）阶段，影响细胞分裂，造成杂草生长停止，最后死亡。耐药的植物如小麦吸收后，在体内进行苯环羟基化作用，羟基化合物与葡萄糖形成轭合物，从而丧失活性而显示选择性。本品在极低的剂量下还具有调节植物生长的作用，但目前未被人们重视。

防除对象 用于水稻田能防除阔草，如鸭舌草、泽泻、野慈姑、狼把草、眼子菜。

单剂规格 10％可湿性粉剂，20％可溶粉剂，20％干悬浮剂（水分散粒剂）。首家登记证号 LS92342。

单用技术 登记用于水稻，防除阔草，每亩用 20％干悬浮剂 0.5～0.65g，喷雾或毒土，参 LS93007。防除眼子菜、藨、泽泻、空心莲子草、异型莎草等，在水稻移栽后 5～10 天、杂草 1～3 叶期施药。限用于在 pH＜7 及高温高湿的南方稻区（大苗移栽），有效成分大于 $3g/hm^2$，水稻叶黄生长抑制，随剂量升高加重，一般不单用，而采用降量混配，严格掌握用药量。仅限定在南方稻区，北方稻区不宜用。详见《磺酰脲类除草剂合理使用准则》。甲磺隆是稻田除草剂（也是全部除草剂）中登记用量最低的。

混用技术 本品对水稻安全性差，为保证安全，一是只能用于南方稻区大苗移栽田，二是最好不单用，而与苄嘧磺隆等混用。已登记用于水田的混剂如 10％苄嘧磺隆·甲磺隆可湿性粉剂（8.25％＋1.75％）、20％甲磺隆·乙草胺可湿性粉剂（0.34％＋19.66％）、20％苄嘧磺隆·甲磺隆·乙草胺可湿性粉剂（1.1％＋0.23％＋18.67％）。

注意事项 在土壤中通过水解与微生物降解而消失。半衰期 4 周左右。在酸性土壤中由于水解迅速，所以分解略快。土壤对本品的吸附作用小，淋溶性较强，其持效期因不同土壤类别、pH 值和温湿度而变化。本品活性高〔用于水稻田防除阔草的有效用量仅为 0.1～0.13g(a.i.)/亩，是所有除草剂中用量最低的〕，在土壤中残留期长，自获得登记，继而推广使用以来，多次发生后茬作物遭受严重药害的事故，故早已有一些地区明令禁止使用甲磺隆单剂及其复配制剂。本品在麦田使用，施药与后茬作物安全间隔期 150 天以上，移栽水稻安全，后茬不宜种植其他旱田作物。本品在水稻田使用，施药与后茬作物安全间隔期 100 天。

2 甲 4 氯 （MCPA）

$C_9H_9ClO_3$, 200.6, 94-74-6

其他名称 2-甲基-4-氯苯氧乙酸。

产品特点 本品属于选择性、内吸型、苗后茎叶处理剂。系激素类除草剂。由杂草茎、叶、根吸收。2 甲 4 氯为苯氧羧酸类化合物，生产上极少应用其原酸，而是广泛应用其盐类（如钠盐、铵盐、二甲胺盐）、酯类（如丁酯、异辛酯）。从防效看，酯＞酸＞胺盐＞钠盐≈钾盐。

防除对象 一年生、多年生的阔草、莎草。

2 甲 4 氯丁酸乙酯（MCPB-ethyl）

$$Cl-\text{（苯环）}-O(CH_2)_3CO_2C_2H_5$$
$$CH_3$$

$C_{13}H_{17}ClO_3$, 256.7, 10443-70-6

产品特点 本品属于选择性、内吸型、苗后茎叶处理剂。系激素类除草剂。

单剂规格 目前尚无单剂获准登记。

混用技术 已登记混剂如 78.4％ 2 甲 4 氯丁酸乙酯·禾草敌·西草净乳油（6.4％＋60％＋12％），登记用于水稻，防除杂草，每亩用 200～255.1mL，参 LS85021 或 PD143-91。

2 甲 4 氯二甲胺盐（MCPA-dimethylammonium）

$$[Cl-\text{（苯环）}-OCH_2COO^-]\ H_2N^+(CH_3)_2$$
$$CH_3$$

$C_{11}H_{16}ClNO_3$, 245.7, 2039-46-5

其他名称 百阔净、农多斯、2 甲 4 氯胺盐。

产品特点 本品属于选择性、内吸型、苗后茎叶处理剂。系激素类除草剂。由杂草茎、叶、根吸收。

防除对象 一年生、多年生的阔草、莎草。

单剂规格 75％水剂。首家登记证号 LS200125。

单用技术 主要作茎叶处理，亦可但较少作土壤处理。移栽田：

在水稻分蘖末期施药；每亩用 75％水剂 70～90mL（北方稻区）、40～50mL（南方稻区），兑水喷雾。

2 甲 4 氯钠（MCPA-sodium）

$C_9H_8ClNaO_3$, 222.6, 3653-48-3

其他名称　丰谷。

产品特点　本品属于选择性、内吸型、苗后茎叶处理剂。系激素类除草剂。其作用方式、选择性等与 2,4-滴相同，但其挥发性、作用速度较 2,4-滴丁酯乳油低且慢，因而在寒地稻区使用比 2,4-滴安全。

防除对象　一年生、多年生的阔草、莎草。

单剂规格　13％、20％水剂，56％可溶粉剂。首家登记证号 PD85102。

单用技术　禾本科作物幼苗期很敏感，3～4 叶期后抗性逐渐增强，分蘖末期最强，到幼穗分化期敏感性又上升，因此必须适时用药。宜在水稻分蘖末期施药；每亩用 56％可溶粉剂 53.6～107.1g 或 13％水剂 230.8～461.5mL。

混用技术　已登记混剂逾 12 个，如 70.5％2 甲 4 氯钠·唑草酮干悬浮剂（水分散粒剂）（66.5％＋4％）。

精草铵膦钠盐（glufosinate-P）

产品特点　本品属于灭生性、触杀型（有部分内吸作用）、苗后茎叶处理剂。

适用作物　柑橘等。

防除对象　一年生和多年生杂草。

单剂规格　10％水剂（精草铵膦钠盐含量 11.2％）。首家登记证号 LS20140312。

单用技术　作茎叶处理。柑橘园，防除一年生和多年生杂草，每亩用 10％水剂 400～600mL，茎叶喷雾。

精噁唑禾草灵（fenoxaprop-P-ethyl）

$C_{18}H_{16}ClNO_5$，361.8，71283-80-2

其他名称　高噁唑禾草灵、威霸、普净、维利、骠马、精骠、大骠马。精噁唑禾草灵有 4 种类型的产品，一类登记用于阔叶作物，一类登记用于水稻，一类登记用于小麦（含有安全剂），一类登记用于大麦（含有安全剂）。本书仅介绍登记用于水稻的这类产品，农药名称有维利等。

产品特点　本品属于选择性、内吸型、苗后茎叶处理剂。精噁唑禾草灵是有效成分中除去了非活性部分（S 体）的精制品（R 体）。由杂草茎叶吸收。药剂被杂草吸收后，传导到叶基、节间分生组织、根的生长点，迅速转变成苯氧基的游离酸，抑制脂肪酸进行生物合成，损坏杂草生长点、分生组织。作用迅速，施药后 2～3 天内杂草停止生长，5～7 天心叶失绿变紫色，分生组织变褐，然后分蘖基部坏死，叶片变紫逐渐枯死。

防除对象　适用于水稻（育秧田、直播田、抛秧田、晚稻移栽田）。能防除禾草，例如稗草、千金子、马唐、牛筋草、李氏禾、假稻。德国拜耳公司首家将本品推荐用于水稻，登记作物为晚稻本田（仅限于在广东省使用），防除对象为稗草、千金子等禾本科杂草，有效用量 20.7～26g（a.i.）/hm²，施药方法为喷雾。后来未见续展登记。南方早稻田，由于温度较低，秧苗弱，耐药力差，不宜使用，否则，秧苗易受药害，症状是叶片徒长、淡黄、底叶枯萎，生长缓慢，药害随着使用剂量增加而加重。

单剂规格　6.9％水乳剂。首家登记证号 LS97016。

单用技术　宜在水稻 5 叶期后，苗大、苗壮、温度状况良好时施药。严格控制使用剂量。常规喷雾每亩兑水 30～50L，严禁用弥雾机施药。兑水量不足或喷雾不均匀（重喷、漏喷）会引起部分区域浓度过高，水稻植株矮化，叶片发黄，严重时心叶枯黄，整株枯死。

（1）育秧田　有的将其用于旱育秧田，防除牛筋草等难除禾草。

（2）直播田　在播下浸种催芽谷后30天左右、稗草3～5叶期施药；每亩用6.9%精噁唑禾草灵20～25mL。

（3）移栽田　秧龄30天以上的晚稻大苗移栽田，在移栽后20天、秧苗分蘖盛期施药；每亩用6.9%精噁唑禾草灵20～25mL。

混用技术　已登记混剂如10%精噁唑禾草灵·氰氟草酯乳油（5%＋5%），登记用于水稻直播田，每亩用40～60mL，茎叶喷雾，参LS20030335。

注意事项　在正常条件下施用，水稻秧苗有轻微药害，叶片淡黄，但能很快恢复；低温、苗弱、苗小则药害重，且随着使用剂量增加而加重。兑水量要充足，喷雾要均匀。

产品评价　有的地方反映本品对牛筋草、李氏禾、假稻等难除禾草的防效好。在水稻上应用风险很高，须谨慎从事。

精异丙甲草胺（S-metolachlor）

（αRS-1S)-　　　　　　　　　（αRS-1R)-

$C_{15}H_{22}ClNO_2$，283.8，178961-20-1(R体)、87392-12-9(S体)

其他名称　金都尔、高效异丙甲草胺。

产品特点　本品属于选择性、内吸型、芽前土壤处理剂。杂草出土前，主要由杂草幼芽吸收（禾草的吸收部位为胚芽鞘，阔草的吸收部位为下胚轴）、种子、根也吸收，但吸收量少、传导速度慢；杂草出土后，主要靠杂草根吸收。药剂被杂草吸收后，在杂草体内进行传导，主要抑制蛋白酶活动，使蛋白质无法合成，其次抑制胆碱渗入磷脂，干扰卵磷脂形成，造成幼芽和根停止生长。敏感杂草在发芽后出土前或刚刚出土即中毒死亡，表现为芽鞘紧包着生长点，稍变粗，胚根细而弯曲，无须根，生长点逐渐变褐色、黑色烂掉。如果土壤墒情好，杂草被杀死在萌芽期。如土壤水分少，杂草出土后随着土壤湿度增加，杂草吸收药剂后而起作用，禾草表现为心叶卷曲萎缩，其他叶皱缩，整株枯死；阔草叶皱缩变黄，整株逐渐枯死。

异丙甲草胺由 4 个对映体构成，其中 2 个具有高除草活性，2 个具有低除草活性。精异丙甲草胺由 2 个高除草活性的对映体构成，其除草活性是异丙甲草胺的 2 倍多。

防除对象　禾草、阔草、莎草。

单剂规格　96％乳油。首家登记证号 LS200013。

单用技术　移栽田：在水稻移栽后 5～7 天、秧苗缓苗后、稗草 1.5 叶期前施药；每亩用 96％乳油 4～7mL。采取毒土法施药，施药时田内灌有水层 3～5cm，施药后保持水层 3～5 天。本品限于南方稻区大苗移栽田使用。要求秧苗为秧龄 30 天以上、叶龄 5.5 叶以上的大苗。

混用技术　已登记用于水田的混剂如 20％苄嘧磺隆・精异丙甲草胺可湿性粉剂（5％＋15％），登记用于水稻抛秧田，防除一年生杂草，每亩用 25～35g，药土法，参 LS20031510。

注意事项　①禁止用于水稻育秧田、直播田、抛秧田。在移栽田，若苗小、苗弱、栽后未返青均易产生药害，施药不均匀也易生药害。②在土壤中持效期 50～60 天，基本上可以控制作物整个生育期间杂草危害。

克草胺（ethachlor）

$C_{13}H_{18}ClNO_2$，255.7，33717-26-9

产品特点　本品属于选择性、内吸型、芽前土壤处理剂。主要由杂草芽鞘吸收，其次由根吸收。药剂被杂草吸收后，在杂草体内进行传导，抑制蛋白质的合成，阻碍杂草的生长而使其死亡。

防除对象　用于水稻田能防除稗草、牛毛毡等。

单剂规格　25％、47％乳油。首家登记证号 LS87331。

单用技术　移栽田：每亩用 47％乳油 75～100mL（东北地区）、

50～75mL（其他地区），拌土撒施，参 LS20040026。

注意事项 持效期 40 天左右。

硫酸铜 （copper sulfate）

$$CuSO_4 \cdot 5H_2O$$

$CuH_{10}O_9S$，249.7，7758-98-7

其他名称 五水硫酸铜、硫酸铜晶体、蓝矾、胆矾、硫酸铜。

产品特点 本品可作为除草剂、杀菌剂、杀软体动物剂等使用。

防除对象 水绵。

单剂规格 93％、96％、98％原药。

单用技术 采取滴灌等法施药。水稻每亩用 100～250g；施药时田内灌有水层，施药后保持水层。

混用技术 已登记混剂如 46％三苯基乙酸锡·硫酸铜可湿性粉剂（18％＋28％）（曾用商品名除苔宝），每亩用 100～150g，拌土撒施，参 LS20060086。

氯吡嘧磺隆 （halosulfuron-methyl）

产品名称 香附净、草枯星等。

产品特点 本品属于选择性、内吸型、苗前土壤处理和苗后茎叶处理除草剂。系磺酰脲类除草剂、乙酰乳酸合成酶（ALS）抑制剂。由杂草根、叶吸收。

适用范围 水稻、小麦、玉米、高粱、甘蔗、草坪、番茄等。

防除对象 防除阔叶杂草、莎草科杂草，如苘麻、苍耳、曼陀罗、豚草、反枝苋、野西瓜苗、蓼、马齿苋、龙葵、草决明、牵牛、香附子。

单剂规格 35％、75％水分散粒剂。

单用技术 作土壤处理或茎叶处理。

（1）水稻　登记用于水稻直播田，防除阔叶杂草及莎草科杂草，每亩用 35％ 5.8～8.6g（参 PD20171537），茎叶喷雾。在水稻秧苗 2叶 1 心期、杂草 2～3 叶期施药。每亩兑水 20～40L，均匀喷雾。施药前 1 天排干水，保持土壤湿润，施药后 1 天复水，保水 1 周，勿淹没水稻心叶，恢复正常管理。

（2）玉米　登记用于夏玉米，防除香附子，每亩用 75％水分散粒剂 3～4g，茎叶喷雾；参 LS20120183。

（3）番茄　防除阔叶杂草及莎草科杂草，每亩用 75％水分散粒剂 6～8g，土壤喷雾；参 LS20110320。

混用技术　已登记混剂如 20％氯吡嘧磺隆·噁唑酰草胺可分散油悬浮剂（5％＋15％）、20％氯吡嘧磺隆·双草醚·噁唑酰草胺可分散油悬浮剂（4％＋4％＋12％）。

注意事项　在玉米田苗前使用，应同安全剂 MON13900 一起使用，以减少对玉米的伤害。

产品评价　目前登记的防除对象是香附子的唯一品种。

氯氟吡啶酯（florpyrauxifen-benzyl）

产品名称　灵斯科等。

产品特点　本品属于选择性、内吸型除草剂。系合成生长素类除草剂。是陶氏益农继氟氯吡啶酯之后开发的第 2 个芳基吡啶甲酸酯类除草剂。作用机理新颖，可以解决已知的抗性问题，包括对 ALS 抑制剂、乙酰辅酶 A 羧化酶（ACCase）抑制剂、异噁唑草酮（HPPD）抑制剂、敌稗、二氯喹啉酸、草甘膦、三嗪类除草剂等产生抗性的杂草，并且对水稻田抗性稗草有非常好的活性。

适用作物　水稻（直播田、移栽田）。

防除对象　禾本科杂草、阔叶杂草、莎草科杂草。茎叶喷雾可以有效防除水稻田中的稗草等一年生杂草，并有效抑制千金子。

单剂规格　3％乳油。首家登记证号 LS20160326。正式登记证号 PD20171737。

单用技术　作茎叶处理。登记用于水稻（直播田）、水稻（移栽田），防除一年生杂草，每亩用 40～80mL，茎叶喷雾。施药量按稗草密度和叶龄确定，稗草密度大、草龄大，使用上限用药量。每亩兑水 15～30L。施药时可以有浅水层，需确保杂草茎叶 2/3 以上露出水面，施药后 24～72h 内灌水，保持浅水层 5～7 天，注意水层勿淹没水稻心叶以避免药害。

（1）直播田。在水稻秧苗 4.5 叶即 1 个分蘖可见时，同时稗草不超过 3 个分蘖时施药。

（2）移栽田。在水稻秧苗充分返青后、1 个分蘖可见时，同时稗草不超过 3 个分蘖时施药。混用技术不能和敌稗、马拉硫磷等药剂混用，施用本品 7 天内不能再施马拉硫磷。已登记混剂如 3％氯氟吡啶酯·五氟磺草胺可分散油悬浮剂（1.1％＋1.9％）、13％氰氟草酯·氯氟吡啶酯乳油（10.9％＋2.1％）。

注意事项　预计 2h 内有降雨请勿施药。任何会影响到作物健康的逆境或环境因素如极端冷热天气干旱冰雹等，可能会影响到药效和作物耐药性，不推荐施用。某些情况下如不利的天气、水稻不同品种敏感性差异，施药后水稻可能出现暂时性药物反应如生长受到抑制或叶片畸形，通常水稻会逐步恢复正常生长。不宜在缺水田、漏水田及盐碱田的田块使用。不推荐在秧田、制种田使用。缓苗期秧苗长势弱，存在药害风险，不推荐使用。弥雾机常规剂量施药可能会造成严重药物反应，建议咨询当地植保部门或先试后再施用。

氯氟吡氧乙酸（fluroxypyr）

$C_7H_5Cl_2FN_2O_3$，255.0，69377-81-7

其他名称　使它隆、治莠灵、氟草定、氟草烟。

产品特点　本品属于选择性、内吸型、苗后茎叶处理剂，具有激素类除草剂的特点。由杂草茎叶吸收。施药后，药剂很快被杂草吸收，使敏感杂草出现典型激素类除草剂的反应，植株畸形、扭曲，最终枯死。在耐药性植物如小麦体内，可结合成轭合物失去毒性，从而具有选择性。

防除对象　适用于水稻（育秧田、直播田、抛秧田、移栽田）。防除一年生、多年生的阔草，包括空心莲子草（水花生）等难以防除的顽固阔草。

单剂规格 20％乳油。首家登记证号 LS88004。

单用技术 作茎叶处理。

（1）育秧田、直播田、抛秧田、移栽田 在水稻 3 叶期后使用比较安全。

（2）水稻半旱式栽培田 在半旱式栽培（垄畦耕作）后 10～20 天、畦面杂草 2～3 叶期施药；每亩用 20％乳油 50～60mL，选晴天喷洒于畦面。注意施药时间不宜过早，畦面不能有水。

（3）水田畦畔 登记用于水田畦畔，防除空心莲子草（水花生），每亩用 20％乳油 50mL，施药方法为喷雾。

混用技术 已登记混剂如 14％甲磺隆·氯氟吡氧乙酸乳油（0.3％＋13.7％），登记用于水稻移栽田，防除空心莲子草（水花生），每亩用 50～70mL。

注意事项 ①温度影响药效发挥的速度，但对最终效果无影响。一般温度低时药效发挥较慢，杂草中毒后停止生长，但不立即死亡；气温升高后杂草很快死亡。②在土壤中淋溶不显著，大多分布在 0～10cm 表土层中，在有氧的条件下，很快被土壤微生物降解成 2-吡啶醇等无毒物。在土壤中半衰期较短，不会对下茬阔叶作物产生影响。每季最多使用 1 次。

产品评价 能有效防除难以防除的顽固阔草，并且斩草除根，登记防除空心莲子草（水花生）。

氯氟吡氧乙酸异辛酯（fluroxypyr-meptyl）

$C_{15}H_{21}Cl_2FN_2O_3$，367.2，81406-37-3

其他名称 氯氟吡氧乙酸-1-甲基庚酯。

产品特点 本品属于选择性、内吸型、苗后茎叶处理剂。

防除对象 小麦、草坪、水稻、水田畦畔。能防除一年生、多年生的阔草。

单剂规格 20％、22％、25％、28％乳油。首家登记证号 LS20070055。

麦草畏（dicamba）

$$C_8H_6Cl_2O_3，221.0，1918-00-9$$

其他名称　百草敌、敌草威。

产品特点　本品属于选择性、内吸型、苗后茎叶处理剂。由杂草叶、茎、根吸收。叶吸收后通过木质部和韧皮部上下传导，根吸收后通过木质部向茎叶传导。若作苗后茎叶处理，药剂能很快被杂草的叶、茎、根吸收，通过韧皮部和木质部向上下传导，药剂集中在分生组织及代谢活动旺盛的部位，阻碍杂草内源激素的正常活动，从而使其死亡。一般施药后 1 天阔草即会出现畸形卷曲症状，15～20 天死亡。禾本科植物吸收药剂后能很快进行代谢降解，故表现较强的抗药性。

防除对象　一年生、多年生的阔草。

单剂规格　48％水剂。首家登记证号 LS85004。

单用技术　本品主要由杂草茎叶吸收，根吸收很少，故通常作茎叶处理，亦可但极少作土壤处理。

单用技术　已登记混剂如 14％苄嘧磺隆·麦草畏可湿性粉剂（4％＋10％），用于水稻移栽田，防除一年生及多年生阔草、莎草，每亩用 50～60g（南方地区），药土法或喷雾。

注意事项　施药时力求均匀，防止漏喷和重喷。

醚磺隆（cinosulfuron）

$$C_{15}H_{19}N_5O_7S，413.4，94593-91-6$$

其他名称　莎多伏、耕夫、甲醚磺隆。

产品特点 本品属于选择性、内吸型、芽前土壤处理剂。系乙酰乳酸合成酶（ALS）抑制剂。主要由杂草根、茎吸收，传导至叶部；叶面直接吸收很少。药剂被杂草吸收后，由输导组织传导至分生组织，阻碍缬氨酸及异亮氨酸合成，从而抑制细胞分裂及细胞长大。施药后，中毒的杂草不会立即死亡，但生长停止，5～10天后植株开始黄化、枯萎，最后死亡。在水稻体内能通过脲桥断裂、甲氧基水解、脱氨基及苯环水解后与蔗糖轭合等途径，最后代谢成无毒物。在水稻叶片中半衰期为3天，在水稻根中半衰期小于1天，所以本品对水稻安全。

防除对象 用于水稻田能防除莎草（如异型莎草、碎米莎草、牛毛毡、萤蔺、扁秆藨草）、阔草（如陌上菜、水苋菜、丁香蓼、鸭舌草、雨久花、眼子菜、鳢肠、节节菜）。对禾草无效。20%水分散粒剂登记用于水稻移栽田，防除莎草、眼子菜、一年生阔草，参PD336-2000。

单剂规格 10%可湿性粉剂，20%水分散粒剂。首家登记证号LS94021。

单用技术 采取喷雾或毒土、毒肥等法施药。施药时田内灌有水层3～5cm，施药后保持水层3～5天。

（1）**直播田** 在水稻3～4叶期至分蘖期施药。在水稻3叶期前不宜使用。

（2）**移栽田** 在水稻移栽后5～15天、秧苗缓苗后施药。在水稻移栽后5～10天施药防效最佳。20%水分散粒剂登记用于移栽田，防除莎草、眼子菜、一年生阔草，每亩用6～10g（南方6～7g，北方8～10g）。10%可湿性粉剂登记用于移栽田，防除一年生及部分多年生杂草，每亩用12～20g。

混用技术 已登记混剂如25%醚磺隆·乙草胺可湿性粉剂（4%＋21%）、16%醚磺隆·异丙甲草胺可湿性粉剂（2%＋14%）。

注意事项 本品不宜用于渗漏性大的稻田，因为药剂水溶性大（20℃时在pH7的水中的溶解度为3700mg/L），有效成分可能会随水渗漏，集中到水稻根区，导致药害。本品水溶度高，施药时要封闭进出水口，施药后要稳定水层，只可灌，不能排，不能串。

嘧苯胺磺隆（orthosulfamuron）

$C_{16}H_{20}N_6O_6S$，424.4，213464-77-8

其他名称 意莎得、行行清。

产品特点 本品属选择性、内吸型、芽前土壤处理/苗后早期茎叶处理剂。系乙酰乳酸合成酶（ALS）抑制剂。由杂草根、叶吸收。通过抑制杂草体内乙酰乳酸合成酶（ALS）的活性，阻止支链氨基酸合成，从而阻止蛋白质合成，使细胞分裂停止，最后杂草枯死。本品虽然划归磺酰脲类除草剂，但在化学桥上不同于同类其他品种（有的资料称其为胺磺酰脲类除草剂）。

防除对象 适用于水稻（移栽田）等。能防除禾草、莎草、阔草、藻草。禾草如稗草，莎草如异型莎草、碎米莎草、萤蔺、牛毛毡、扁秆藨草，阔草如鸭舌草、矮慈姑、节节菜、陌上菜。实际使用中发现，对水绵（又名青苔、油泡泡等）、网藻（又名水网藻、黄青苔）、满江红（又名红浮萍、细绿萍等）等藻蕨类杂草和浮萍（又名青萍、绿萍等）、紫萍（又名紫背浮萍等）等单子叶杂草浮萍类杂草防效好。对空心莲子草（又名水花生、革命草、日本霸王草等）等有抑制作用。

单剂规格 50％水分散粒剂。首家登记证号LS20090109。

单用技术 作土壤处理或作杂草苗后早期茎叶处理。对幼龄杂草防效明显，在杂草萌芽前至萌发初期施药防效最佳，请尽量较早施药。防除稗草需于稗草1.5叶期前施药。实际使用中发现，对水绵防效很好，施药后7h即可见效，菌丝体化掉。在满江红、红浮萍、紫萍等杂草发生前或发生初期施药，防效佳，持效期长；在这些杂草发生后施药，见效稍慢，约7天后见效，约20天后死亡。

移栽田：在水稻移栽后5～7天施药；每亩用50％水分散粒剂8～10g；登记的施用方法为茎叶喷雾或毒土法，施药时田内灌有水层3～5cm，施药后保持水层7～10天。

混用技术 可与乙草胺、丙草胺、丁草胺、苯噻酰草胺、二氯喹啉酸等混用。

注意事项 ①在推荐用量下对当茬水稻安全。在南方水稻田使用，水稻存在一定程度抑制和失绿现象，2周后可恢复。②活性高，用量低（切勿擅自增加用药量），称取药剂要准确，配制药剂要细心，施用药剂要均匀、周到。③遇极端持续高温慎用。④在土壤中半衰期10～25天。持效期长达40～50天。在水稻生长前期使用有足够的安全间隔期，每季最多使用1次。在推荐剂量下对主要后茬作物安全。水稻收割后，广西、湖南、湖北等地后茬种植萝卜、马铃薯、小麦、油菜、甘蓝、大蒜，黑龙江、辽宁等地后茬种植大豆、玉米、甜菜等，未发现异常。

产品评价 对水绵、满江红等藻蕨类杂草和浮萍、紫萍等单子叶杂草浮萍类的防除效果好，这在众多水稻田除草剂中是屈指可数和难能可贵的。本品虽然划归磺酰脲类除草剂，但其结构特殊，区别于一般磺酰脲类，这体现出抗性管理优势。

嘧草醚 (pyriminobac-methyl)

$C_{17}H_{19}N_3O_6$，361.4，136191-64-5

其他名称 必利必能、嘧氧草醚。

产品特点 本品属于选择性、内吸型、苗后茎叶处理剂。系乙酰乳酸合成酶（ALS）抑制剂。由杂草茎叶、根吸收。药剂被杂草吸收后，迅速传导至全株，抑制乙酰乳酸合成酶（ALS）和氨基酸的生物合成，从而抑制和阻碍杂草细胞分裂，使杂草停止生长，最终使杂草白化而枯死。施药后1叶期以上的杂草死亡，小于1叶期的杂草将继续生长，杂草1叶期后吸收药剂后枯死。

防除对象 适用于水稻（育秧田、直播田、抛秧田、移栽田）。对水稻极为安全，在推荐剂量下对所有水稻品种具有优异的安全性。

能防除禾草、莎草、阔草，禾草如稗草。对稗草有特效（有的资料说本品是"水田稗草专用除草剂""防除水田稗草，持效期长达 40～60 天"），对莎草、阔草的防效次于稗草。临时登记证上防除对象为稗草、莎草、阔草（参 LS20030763），而正式登记证上防除对象仅有稗草（参 PD20086020）。

单剂规格 10％可湿性粉剂。首家登记证号 LS20030763。

单用技术 在使用上要把好三关。

第一关：施用时期。在水稻各个生育期均可施用。对 0～4 叶期稗草均有高效（但有的资料说，一旦田间稗草超过 2 叶期，建议不再使用本品），在稗草 2 叶期前施用防效最佳。产品标签上的说法是"在有水状态下稗草 3 叶期前施药"。

第二关：使用剂量。登记每亩用 10％可湿性粉剂 20～30g。看草龄定药量。

第三关：施用方法。登记的施用方法为药土法。若施药时田间有水层，既可采取毒土法或毒肥法（施药后保持水层或至少呈稀泥状），也可采取喷雾法（先排出田水，使杂草露出 2/3 以上，确保杂草有足够的药液接触面积，再施药；施药后 1～2 天回灌薄水层，并保持水层 5～7 天，或至少呈稀泥状）。若施药时田间无水层，应采取喷雾法，施药后 2 天回灌薄水层，并保持水层 5～7 天，或至少呈稀泥状。施药后田块出现干裂，会影响药效。

（1）直播田 在早稻播种后 0～10 天（6～8 天最佳），中稻、单晚、双晚播种后 0～5 天（4～5 天最佳）施药；若稗草处于 2.5 叶期前，每亩用 10％可湿性粉剂 13.3～25g，若稗草处于 2～4 叶期，每亩用 10％可湿性粉剂 20～30g。

（2）抛秧田 在水稻移栽后 0～10 天施药；若稗草处于 2.5 叶期前，每亩用 10％可湿性粉剂 13.3～25g，若稗草处于 2～4 叶期，每亩用 10％可湿性粉剂 20～30g。

（3）移栽田 在水稻移栽后 0～10 天施药；若稗草处于 2.5 叶期前，每亩用 10％可湿性粉剂 13.3～25g，若稗草处于 2～4 叶期，每亩用 10％可湿性粉剂 20～30g。

混用技术 本品在推荐剂量下对阔草防效不佳，为有效控制阔草，应与其他除草剂混配使用或搭配使用。每亩用本品 10％可湿性粉剂 20～30g＋10％苄嘧磺隆可湿性粉剂 20g，对大龄稗草的防效高于两药单用，且不影响苄嘧磺隆对莎草和阔草的防效。

本品混配性强，能与绝大多数农药混用。

注意事项 田块要整平，高低不平会影响药效。

产品评价 在有水层条件下，持效期可长达 40～60 天（在室内持效期大于 60 天，在田间持效期 50 天以上），长持效是本品最大特点之一。

嘧啶肟草醚 （pyribenzoxim）

C$_{32}$H$_{27}$N$_5$O$_8$， 609.6， 168088-61-7

其他名称 韩乐天、嘧啶水杨酸、双嘧双苯醚。

产品特点 本品属于选择性、内吸型、苗后茎叶处理剂。系乙酰乳酸合成酶（ALS）抑制剂。由杂草茎叶吸收。本品为光活性化除草剂，需有光才能发挥作用。见效缓慢，杂草吸收药剂后，幼芽、根停止生长，幼嫩组织如心叶发黄，随后整株枯死。杂草从吸收药剂到死亡有一个过程，一般一年生杂草需 5～15 天，多年生杂草还要长一些。有的资料说，本品是目前世界上新一代作为单剂的一次性稻田除草剂，一次用药不但能有效防除一年生、多年生的禾草、阔草，而且对莎草也有良好的效果。

防除对象 适用于水稻（直播田、抛秧田、移栽田）、水稻田埂（又称稻埂子等）。能防除众多的一年生、多年生的禾草、阔草、莎草。适期施药基本上可一次性防除水稻田绝大多数杂草。禾草如稗草（对稗草活性尤佳，稗草 2.5～3.5 叶期最敏感，对大龄稗草也有良效）、稻稗、千金子。阔草如雨久花、谷精草、母草、狼把草、眼子菜、蘋、鸭舌草、节节菜、泽泻。莎草如牛毛毡、异型莎草、水莎草、萤蔺、日本蘑草。对稻稗、稻李氏禾、匍茎剪股颖（又称爬蔓草、鸡爪子草等）、野慈姑（又称驴耳菜等）等顽固杂草也有很好的防效。有的资料说，本品是水稻田除草剂中唯一对这些目前最难防除的顽固杂草同时有效的超高效一次性除草剂。

单剂规格　1%、5%乳油。首家登记证号 LS200015。

单用技术　只能采取喷雾等法作茎叶处理（必须让药液施用到杂草茎叶上才有效果），采取毒土等法作土壤处理没有效果。于稗草3～7叶期（3～5叶期最佳）、阔草2～4叶期、莎草5叶期前施药。登记每亩用1%乳油200～300mL（北方）、200～250mL（南方）或5%乳油50～60mL（北方）、40～50mL（南方）。防除一年生杂草用低量，防除多年生杂草用高量。杂草草龄大应适当增加用药量。采取喷雾法施药，施药前排水（放干田水或放浅田水，使杂草茎叶露出水面），施药后1～2天回灌薄水层，并保持水层5～7天。选择扇形喷头，雾滴要细，喷雾要均匀。

（1）**直播田**　在水稻出苗后、稗草3.5～4.5叶期施药。

（2）**移栽田**　在水稻移栽后、稗草3.5～4.5叶期施药。

（3）**水田畦畔**　本品防除水稻田埂上的各种杂草效果良好，但必须增大用药量。禁止在种植大豆的田埂上使用，以免产生药害。

混用技术　已登记混剂如30.6%乳油（28.7%＋1.9%），用于水稻，直播田每亩用62.7～83.7mL，移栽田每亩用83.7～104.6mL（东北）、62.7～83.7mL（其他地区），参 LS20100098。

注意事项　①本品具有迟效性，施药7天后逐渐见效。②本品施用后1周内水稻略有发黄现象，1周后恢复，不影响产量。本品在低温条件下施药过量，水稻会出现叶黄、生长受抑制现象，1周后可恢复正常生长，一般不影响产量。③防除5～7叶期大龄稗草、稻稗，配药时可加入好湿、优捷高等农用有机硅喷雾助剂，防效好于其他除草剂，特别是对于施用二氯喹啉酸没能杀死的稗草，使用本品是最佳选择。好湿、优捷高等农用有机硅喷雾助剂可明显提高防效，同时在草龄较大时不必提高本品用量仍能保证防效，从而可提高本品使用的安全性。好湿或优捷高添加量为每 15L 水加 5mL 好湿或优捷高。
④在气温达到 20℃以上施药（黑龙江省施药适期为 6 月中旬至 7 月
上旬，6 月 20 日前后气温达 25℃施药最佳）。

产品评价　杀草谱广。防除顽固杂草，对稻稗、稻李氏禾、匍茎
剪股颖、野慈姑等顽固杂草也有很好的防效。

灭草灵（swep）

$$Cl\text{—}\text{—}NHCOCH_3$$

$C_8H_7Cl_2NO_2$，220.1，1918-18-9

产品特点　本品属于选择性、内吸兼触杀型、芽前土壤处理剂。
由杂草根吸收。药剂被杂草吸收后，向上传导到地上部，抑制细胞分
裂，扰乱代谢过程而杀死杂草。见效比较缓慢，施药后 1～2 周敏感
杂草才逐渐死亡。杂草中毒症状为生长停止，叶发白萎蔫，然后变黄
腐烂。在水稻上，无论在播后苗前或苗期使用均安全。

防除对象　一年生禾草和某些阔草，如稗、马唐、看麦娘、狗尾
草、三棱草、藜、车前等。

单剂规格　25％可湿性粉剂。首家登记证号 PD87108。

注意事项　在水田土壤中持效期为 2～8 周。

灭草松（bentazone）

$C_{10}H_{12}N_2O_3S$，240.3，25057-89-0

其他名称　苯达松、排草丹、百草克、噻草平。

产品特点　本品属于选择性、触杀型、苗后茎叶处理剂。由杂草
叶、根吸收。在旱田使用，药剂通过叶面渗透传导到叶绿体内，抑制
光合作用，使杂草死亡；在水田使用，既能通过叶面渗透，又能通过

根部吸收而传导到茎叶，强烈阻碍光合作用和水分代谢，造成营养饥饿，使生理机能失调而致死。在耐药性作物体内向活性弱的糖轭合物代谢而解毒，对作物安全。

防除对象 一年生、多年生的阔草、莎草。用于水田能防除雨久花、鸭舌草、牛毛毡、异型莎草、野荸荠等。

单剂规格 25％、48％水剂。首家登记证号 LS84008。

单用技术 作茎叶处理。于杂草多数出齐、幼小时施药。常规喷雾每亩兑水 30～45L。本品在水稻田施药期宽（无需考虑水稻生育时期），但以杂草多数出齐、处于 3～4 叶期时施药防效最佳。每亩用 25％水剂 200～400mL 或 48％水剂 133.3～200mL，防除一年生阔草用低量，防除莎草用高量。施药前排水，使杂草全部露出水面，选高温、无风的晴天施药（施药后 4～6h 药剂可渗入杂草体内），施药后 1～2 天再灌水回田，恢复正常水分管理。

（1）育秧田　在水稻秧苗 2～3 叶期施药。

（2）直播田　在水稻播种后 30～40 天施药。

（3）抛秧田　在水稻抛秧后 20～30 天施药。

（4）移栽田　在水稻移栽后 20～30 天施药。

混用技术 已登记混剂如 46％2 甲 4 氯·灭草松水剂（6％＋40％）。

注意事项 ①在高温晴天使用，活性高，防效好，反之阴天和低温时防效差。②施药后 8 小时内应无雨，否则防效降低。③在极度干旱和水涝的田间不宜使用，以免产生药害。④配药时加入农用有机硅喷雾助剂，可增强防效，增强耐雨性能。⑤在土壤中半衰期为 56～126 天。

产品评价 本品适用作物的类型多，间作套种复杂的田块可选用。

哌草丹（dimepiperate）

$C_{15}H_{21}NOS$，263.4，61432-55-1

其他名称 优克稗、哌啶酯。

产品特点 本品属于选择性、内吸型、芽前土壤处理/苗后早期茎叶处理剂。系内源生长素的拮抗剂。由杂草根、茎、叶吸收。药剂被杂草吸收后，传导到整个植株，打破内源生长素的平衡，进而使细胞内蛋白质合成受阻碍，破坏生长点细胞的分裂，致使杂草生长发育停止，茎叶由浓绿变黄、变褐、枯死（需 1～2 周）。在稗草和水稻体内的吸收与传导速度有差异，此外能在稻株内与葡萄糖结成无毒的糖苷化合物，这些都是形成选择性的生理基础。此外在水稻移栽田应用时，大部分药剂分布在土壤表层 1cm 之内，这也是安全性高的因素之一。

防除对象 稗草、牛毛毡。对其他杂草无效。

单剂规格 50％乳油。首家登记证号 LS86015。

单用技术 本品对萌芽期至 1.5 叶期稗草具有理想防效，应注意不要错过施药适期，施药宜早不宜迟。本品对只浸种不催芽的谷种和催芽的谷种均很安全，播种当天即可施药。登记每亩用 50％乳油 150～266.7mL；采取喷雾法施药。

（1）育秧田 湿润育秧田、旱育秧田，在水稻播种之前施药，或在水稻播后苗前施药；每亩用 50％乳油 150～200mL；兑水喷雾。水育秧田，在水稻播后 1～4 天施药；每亩用 50％乳油 150～200mL；拌土撒施。

（2）直播田 在水稻播后 1～4 天施药；每亩用 50％乳油 150～200mL 兑水喷雾。

（3）抛秧田 在水稻抛秧后 3～6 天、稗草 1.5 叶期前施药；每亩用 50％乳油 150～200mL；拌土撒施或兑水喷雾，施药时田内应灌有水层 3～5cm，施药后保持水层 5～7 天。

（4）移栽田 在水稻移栽后 3～6 天、稗草 1.5 叶期前施药；每亩用 50％乳油 150～200mL；拌土撒施或兑水喷雾，施药时田内应灌有水层 3～5cm，施药后保持水层 5～7 天。

（5）旱种田 在水稻出苗后、稗草 1.5～2.5 叶期施药；每亩用 50％乳油 200mL＋20％敌稗乳油 500～750mL；每亩兑水 30～40L 喷雾。

混用技术 已登记混剂如 17.2％苄嘧磺隆·哌草丹可湿性粉剂

（0.6％＋16.6％），登记用于水稻育秧田和南方直播田，防除一年生单、双子叶杂草，在播种后 1～4 天施药，每亩用 17.2％可湿性粉剂 200～300g。

注意事项 ①药剂大多数分布在土表 1cm 以内，对各种栽培制度下的水稻安全。②对水层要求不甚严格，土壤饱和状态的水分就可以得到较好的防效。土壤温度、还原条件对药效影响小。③蒸气压低、挥发性小，因此不会对周围的蔬菜等作物造成漂移危害。

哌草磷 （piperophos）

$C_{14}H_{28}NO_3PS_2$，353.5，24151-93-7

产品特点 本品属于选择性、内吸型、芽前土壤处理剂。由杂草根、子叶、胚芽鞘吸收。通过抑制核酸和蛋白质合成而奏效。施药后种子发芽不久就被杀死。对已发芽杂草，在其 1.5 叶期前施药也有良好效果。

防除对象 一年生的禾草、莎草。

单剂规格 目前尚无单剂获准登记。

混用技术 已登记混剂如 50％哌草磷·异戊乙净乳油（40％＋10％），用于水稻，防除一年生杂草，每亩用 160～200mL，参 LS84011。

扑草净 （prometryn）

$C_{10}H_{19}N_5S$，241.4，7287-19-6

其他名称 割草杀、割草佳、扑蔓净、扑蔓。

产品特点　本品属于选择性、内吸型、芽前土壤处理/苗后早期茎叶处理剂。既可由杂草根部吸收，也可从茎叶渗入体内。药剂被杂草吸收后，传导至绿色叶片内，抑制光合作用，杂草失绿，逐渐干枯死亡。对刚萌发杂草的防效最好。其选择性与植物生态和生化反应的差异有关。

防除对象　一年生的阔草、禾草、莎草及某些多年生杂草（如眼子菜、牛毛毡、萤蔺、空心莲子草）。

单剂规格　25％、50％（40％）可湿性粉剂，25％泡腾粒剂，50％悬浮剂。首家登记证号 PD86126。

单用技术　50％可湿性粉剂登记用于水稻育秧田、移栽田（本田），防除阔草，每亩用 20～120g，参 PD86126。25％可湿性粉剂登记用于水稻，防除阔草，每亩用 50～150g，参 PD90102。25％泡腾粒剂登记用于水稻移栽田，防除多种阔草，每亩用 60～80g，参 LS20061970。本品水溶度高、移动性强，沙质稻田不宜使用。

（1）移栽田

① 移栽后使用。防除一年生杂草及牛毛毡等杂草，在水稻移栽后5～7天施药，南方每亩用 50％可湿性粉剂 20～40g，拌土撒施；防除眼子菜等杂草，南方在水稻移栽后 15～20 天（北方在水稻移栽后 20～45 天）、眼子菜由叶片红转绿时施药，南方每亩用 50％可湿性粉剂 30～40g（北方每亩用 65～100g），拌土撒施。施药时田内灌有水层 3～5cm，施药后保持水层 7～10 天。气温 35℃以上时不宜使用。

② 冬水田使用。防除眼子菜和蘋等，在水稻收割后施药；每亩用 50％可湿性粉剂 100～150g；拌毒土撒施，保持 6～10cm 水层 7天；对于已翻耕的稻田，待杂草重新长出后，按同样方法进行处理。

（2）育秧田　本品虽登记用于水稻育秧田，但由于更优秀的品种很多，所以实际使用面积不大。

混用技术　已登记用于水田的混剂如 40％扑草净·乙草胺乳油（20％＋20％）、61.7％五氯酚钠·2 甲 4 氯钠·扑草净粉粒剂（54％＋5％＋2.7％）。

注意事项　①本品水溶性较低，施药后可被土壤黏粒吸附在 0～5cm 表土中，形成药层，使杂草萌发出土时接触药剂。②有机质含量低的沙质土不宜使用。③称量要准确，勿多勿少；施药须均匀，不重不漏。④持效期 20～70 天，旱地较水田长，黏土中更长。

嗪吡嘧磺隆（metazosulfuron）

产品名称　安达星等。

产品特点　本品属于选择性、内吸型、苗后早期茎叶处理剂。系磺酰脲类除草剂、乙酰乳酸合成酶（ALS）抑制剂。日产化学株式会社开发，是在氯吡嘧磺隆结构基础上进一步优化得到。2004年研发成功，2011年在韩国首次上市，用于水稻移栽田，防除芽前及芽后的一年和多年生杂草。该公司先后在中国登记吡嘧磺隆、氯吡嘧磺隆、嗪吡嘧磺隆。

适用作物　水稻（移栽田）、小麦等。

防除对象　用于水稻能防除稗草、阔叶型杂草、莎草科杂草。对现有已对其他磺酰脲类产生抗性的部分杂草仍然有很好的效果，如产生抗性的萤蔺、雨久花、鸭舌草、野慈姑、扁秆藨草等。用于旱地能防除马唐、苘麻、反枝苋等。

单剂规格　33%水分散粒剂。首家登记证号LS20140326。正式登记证号PD20171734。

单用技术　登记用于水稻移栽田，防除一年生杂草，每亩用33%水分散粒剂15~20g，药土法。在水稻移栽后、稗草2~3叶期施药；施药时田内有水层，施药后不要排水，保持3~5cm深的水层5~7天为佳，保水层勿淹没水稻心叶，避免造成药害。

注意事项　插秧太浅或浮苗（根露出）的稻田要慎重使用，避免药害。沙质土或漏水田有产生药害的可能，尽量避免使用。本品对席草、莲藕、芹菜、荸荠有生长抑制效果，所以相连田块有这些作物时要注意。在推荐剂量范围内使用，否则可能会对后茬种植的油菜等作物产生一定的影响。

氰氨化钙（calcium cyanamide）

CaNCN

$CaCN_2$，80.1，156-62-7

其他名称　庄伯伯、荣宝、石灰氮。

产品特点　本品身兼数职，亦肥亦药，可作为化肥、除草剂、杀线虫剂、杀软体动物剂、植物生长调节剂等使用。50％氰氨化钙颗粒剂于2003年作为农药获准登记，用于黄瓜、番茄防治根结线虫和用于滩涂、沟渠防治钉螺，参LS20030837。

氰氟草酯（cyhalofop-butyl）

$$CH_3\cdots C-CO_2CH_2CH_2CH_2CH_3$$

C_{20}H_{20}FNO_4，357.4，122008-85-9

其他名称　千金、千秋。

产品特点　本品属于选择性、内吸型、苗后茎叶处理剂。由杂草叶片和叶鞘吸收。药剂被杂草吸收后，通过韧皮部传导，积累于杂草体内的分生组织区，抑制乙酰辅酶A羧化酶，使脂肪酸合成停止，细胞的生长分裂不能正常进行，膜系统等含脂结构被破坏，最后导致杂草死亡。杂草从吸收药剂到死亡比较缓慢，一般需要1～3周。在水稻体内可被迅速降解为对乙酰辅酶A羧化酶无活性的二酸态，因而对水稻具有高度的安全性。

防除对象　适用于水稻（育秧田、直播田、抛秧田、移栽田）。各种栽培方式的水稻从苗期到拔节期使用都不会产生药害。育秧田包括旱育秧田、湿润育秧田、水育秧田。能防除一年生、多年生的禾草，不仅对各种稗草高效，还可防除千金子、马唐、双穗雀稗、狗尾草、牛筋草等。对阔草、莎草无效。本品对大龄稗草效果特别好，且对水稻极为安全，可作为水稻生长中后期补救除草用药。

单剂规格　10％、15％、20％乳油，10％微乳剂，15％水乳剂。首家登记证号LS98028。

单用技术　只能作茎叶处理，作土壤处理没有效果。在使用上要把好四关。

第一关：施用时期。在水稻苗期到拔节期均可安全使用。于禾草出苗后施药，"见草打药"，以稗草 1.5～2.5 叶期、千金子 2～3 叶期施药防效最佳。

第二关：使用剂量。最先登记每亩用 10％乳油 40～60mL（参 2003 年版《农药登记公告汇编》），后变为每亩用 10％乳油 50～70mL（参 2008 年版《农药管理信息汇编》）。根据杂草叶龄酌情确定用药量，若于稗草、千金子 1.5～2 叶期施药，每亩用 10％乳油 30～50mL；2～3 叶期每亩用 40～60mL；4～5 叶期每亩用 70～80mL；5 叶期以上适度提高用药量。田面干燥情况下使用应适当增加用药量。

第三关：施用方法。采取较高压力、低容量喷雾法施药，每亩兑水 15～30L，施药前排水，使杂草植株至少 50％露出水面。

第四关：水浆管理。旱育秧田和旱直播田施药时田间持水量饱和可保证杂草生长旺盛，从而保证最佳药效；施药后 1～2 天灌水，防止新杂草萌发。水直播田、抛秧田、移栽田施药前将田内水层降到 1cm 以下或将田水排干后（保持土壤水分呈饱和状态）施药，可获得最佳药效，杂草植株 50％露出水面，也可达到理想效果；施药后 1～3 天内灌水，保持 3～5cm 水层 5～7 天。

（1）育秧田　于稗草 1.5～2 叶期施药；每亩用 10％乳油 30～50mL。

（2）直播田　于稗草 2～4 叶期施药；每亩用 10％乳油 50～70mL。

（3）抛秧田　于稗草 2～4 叶期施药；每亩用 10％乳油 50～70mL。

（4）移栽田　于稗草 2～4 叶期施药；每亩用 10％乳油 50～70mL。

混用技术　与能防除阔草的部分除草剂（如 2,4-滴丁酯、2 甲 4 氯钠、灭草松、三氯吡氧乙酸、磺酰脲类）混用有可能出现拮抗作用，导致本品防效降低，这可通过调高本品的用药量来克服；最好是本品施用 7 天之后再施用上述能防除阔草的除草剂。本品与二氯喹啉酸、氯氟吡氧乙酸、丙草胺、丁草胺、噁草酮、异噁草酮、禾草丹、二甲戊灵等混用无拮抗作用。已登记混剂如 10％精噁唑禾草灵·氰氟草酯乳油（5％＋5％）、6％氰氟草酯·五氟磺草胺油悬浮剂（5％＋1％）、20％二氯喹磷酸·氰氟草酯可湿性粉剂（17％＋3％）。

注意事项　配药时加入好湿、优捷高等农用有机硅类、植物油型等喷雾助剂，具有见效快、防效高、省药、省水、耐风吹、耐雨淋等作用。

产品评价 2000 年出版的《进口农药应用手册》记载，本品是芳氧苯氧丙酸类除草剂中唯一对水稻具有高度安全性的品种，是当时市场上对水稻安全性最高的水稻田选择性禾草茎叶处理剂。

三苯基乙酸锡（fentin acetate）

$C_{20}H_{18}O_2Sn$，409.0，900-95-8

其他名称 克螺宝、百螺敌、瘟曲克星、薯瘟锡、醋苯锡、三苯基醋酸锡。

产品特点 本品属于触杀型除草剂。为有机烃基锡类化合物。本品还可防治病害和软体动物，如甜菜褐斑病、马铃薯晚疫病、水稻稻曲病、稻瘟病、水稻福寿螺，参 LS981462 和 LS20030408 等。

单剂规格 25％、45％可湿性粉剂。作为除草剂的首家登记证号为 LS991164。

防除对象 水绵。

单用技术 采取毒土等法施药。在水绵发生初期施药，每亩用 25％可湿性粉剂 108～126g（参 LS200705670）或 45％可湿性粉剂 60～75g（参 LS20070912），拌土撒施。

混用技术 已登记混剂如 46％三苯基乙酸锡·硫酸铜可湿性粉剂（18％＋28％）（曾用商品名除苔宝），每亩用 100～150g，拌土撒施，参 LS20060086。

三唑磺草酮

产品特点 本品系选择性、内吸型除草剂。系 HPPD 抑制剂。可以被植物的叶、根和茎吸收，使杂草白化，直至最终死亡。

适用作物 水稻（直播田、直播田）等。部分籼稻品种对此药剂敏感，施药后 5～7 天会出现临时性发白症状，正常推荐用量下，对水稻长势及产量无影响。避免在糯稻和杂交水稻制种田使用。

防除对象　稗草等。

单剂规格　6％可分散油悬浮剂。首家登记证号 PD20190259。

单用技术　作茎叶处理。每亩兑水 15～30L，二次稀释后均匀喷雾，严禁重喷、漏喷或超量施用。施药前排水确保杂草 2/3 以上露出水面，施药后 48h 上水并保持 3～5cm 水层 7 天以上，水层勿淹没水稻心叶，避免药害。

（1）直播田　登记防除稗草，每亩用 115～150mL。在水稻 3 叶期后、稗草 2～4 叶期施药。施用本品前务必做好土壤封闭处理，以降低杂草出土基数，提高药剂整体防效。

（2）移栽田　登记防除稗草，每亩用 200～250mL（东北地区）、150～180mL（其他地区）。在水稻移栽缓苗后、稗草 2～4 叶期施药。

混用技术　已登记混剂如 28％敌稗·三唑磺草酮可分散油悬浮剂（25％＋3％）。

注意事项　病苗田、弱苗田、浅根苗田及盐碱地、漏水田、已遭受或药后 5 天内易遭受冻涝害等胁迫田块，不宜施用本品。请勿将本品与任何有机磷类、氨基甲酸酯类农药混配混用或在间隔 7 天内使用。

杀草胺（ethaprochlor）

$C_{13}H_{18}CINO$，239.7，13508-73-1

产品特点　本品属于选择性、内吸型、芽前土壤处理剂。主要由杂草幼芽吸收，其次由根吸收。抑制蛋白质的合成，使根部受到强烈抑制而产生瘤状畸形，最后枯死。

防除对象　一年生的禾草、阔草。

单剂规格　60％乳油。首家登记证号 PD85147。

注意事项　持效期 20 天左右。

杀草隆 （dimuron）

$C_{17}H_{20}N_2O$，268.4，42609-52-9

其他名称 莎草隆、莎扑隆、香草隆。

产品特点 本品属于选择性、内吸型、芽前土壤处理剂。系细胞分裂抑制剂。主要由杂草根吸收。本品不像取代脲类除草剂其他品种那样抑制光合作用，而是抑制细胞分裂。通过抑制根和地下茎的伸长，从而抑制地上部的生长。

防除对象 一年生、多年生的莎草，如扁秆藨草、异型莎草、牛毛毡、萤蔺、日照飘拂草、香附子。对莎草特效，对禾草、阔草基本无效。

单剂规格 40％可湿性粉剂。首家登记证号 LS20001161。

单用技术 移栽田：防除莎草，每亩用 40％可湿性粉剂 400～500g，药土法。施药要早，对已出土莎草基本无效。

莎稗磷 （anilofos）

$C_{13}H_{19}ClNO_3PS_2$，367.8，64249-01-0

其他名称 阿罗津、莎草磷、稗莎清。

产品特点 本品属于选择性、内吸型、芽前土壤处理剂。主要由杂草幼芽和地中茎吸收。药剂被杂草吸收后，在杂草体内传导，抑制细胞分裂与伸长，植株生长停止，叶片深绿，有时脱色，叶片变短而厚，极易折断，心叶不易抽出，最后整株枯死。对正在萌发的杂草效果最好；对已长大的杂草效果较差。

防除对象 适用于水稻（移栽田）。用于水稻田能防除一年生禾草、莎草，如稗草（3 叶期前）、光头稗、千金子、碎米莎草、异型莎草、飘拂草、牛毛毡，对扁秆藨草无效；有的资料显示，其对某些一年生阔草有抑制作用。

单剂规格　30％乳油。首家登记证号 LS95001。

单用技术　在水稻移栽后 5～10 天、稗草 2.5 叶期前施药（于稗草 2 叶期前施药防效最佳）；每亩用 30％乳油 50～60mL（长江以南）、60～70mL（长江以北）；拌土撒施或兑水喷雾，施药后保持水层 7～10 天，水层不要淹没稻苗心叶。

近年来，北方稻区推广分期施用技术，收效明显，在低温、水深、弱苗等不良环境条件下仍可获得良好的安全性能和防效。第一次在水稻移栽前 5～7 天施药，莎稗磷单用即可，重点防除已出土稗草；第二次在水稻移栽后 15～20 天施药，莎稗磷与苄嘧磺隆等混用尤佳，重点防除阔叶杂草，兼除后出土稗草。防除顽固杂草匍茎剪股颖，每亩用 30％莎稗磷乳油 60mL＋50％扑草净可湿性粉剂 50g，拌土撒施。莎稗磷在水稻田单用混用配方见表 3-7。

表 3-7　莎稗磷在水稻田单用混用配方

施药方案		施药时期	每亩制剂用量
一次施用	单用	栽后 5～10 天	30％莎稗磷乳油 60mL
	混用	栽后 5～10 天	30％莎稗磷乳油 60mL＋20％醚磺隆 10～15g
			30％莎稗磷乳油 60mL＋15％乙氧磺隆 10～15g
			30％莎稗磷乳油 60mL＋10％吡嘧磺隆 10～15g
			30％莎稗磷乳油 60mL＋10％苄嘧磺隆 13～17g
			30％莎稗磷乳油 60mL＋10％环丙嘧磺隆 13～17g
分期施用	单用	栽前 5～7 天	30％莎稗磷乳油 60mL
		栽后 15～20 天	30％莎稗磷乳油 50mL
	混用	栽前 5～7 天	30％莎稗磷乳油 60mL
		栽后 15～20 天	30％莎稗磷乳油 50mL＋20％醚磺隆 10～15g
			30％莎稗磷乳油 50mL＋15％乙氧磺隆 10～15g
			30％莎稗磷乳油 50mL＋10％吡嘧磺隆 10～15g
			30％莎稗磷乳油 50mL＋10％苄嘧磺隆 13～17g
			30％莎稗磷乳油 50mL＋10％环丙嘧磺隆 13～17g

混用技术　已登记混剂如 13％苄嘧磺隆·莎稗磷可湿性粉剂（1.2％＋11.8％），用于水稻移栽田，防除一年生及部分多年生杂草，每亩用 150～184.6g，施用方法为药土法，参 LS2000737。

双丙氨膦 （bialaphos）

C$_{11}$H$_{22}$N$_3$O$_6$P，323.3，35599-43-4

其他名称　好必思、双丙氨酰膦。

产品特点　本品属于灭生性、内吸型、苗后茎叶处理剂。系谷酰胺合成抑制剂。由杂草茎叶吸收。通过抑制杂草体内谷酰胺合成酶，导致氨的积累，从而抑制光合作用中的光合磷酸化。因在杂草体内主要代谢物为草铵膦的L-异构体，故显示类似的生物活性。本品作用速度比草甘膦快，比百草枯慢。本品是链霉菌（*Streptomyces hydroscpius*）发酵产生的一种有机膦双肽化合物。由日本明治果品公司于20世纪70年代末开发。

防除对象　一年生、多年生的阔草、禾草、莎草和灌木。

单剂规格　20％可溶粉剂。首家登记证号LS98051。

单用技术　只能作茎叶处理，不能作土壤处理，因为本品进入土壤即失去活性。常规喷雾每亩兑水30～45L。双丙氨膦在稻作上的应用主要有3个方面：水稻免耕种植前除草（在水稻免耕播种、免耕抛秧或免耕移栽前施药，防除已经长出的杂草和前茬作物的残茬）、水稻常规种植前除草（在旱育秧床整田前或稻田翻耕整田前施药，防除已经长出的杂草和前茬作物的残茬）、水稻田田埂畦畔除草。

注意事项　半衰期20～30天。

双丙氨膦钠盐 （bialaphos sodium）

C$_{11}$H$_{21}$N$_3$NaO$_6$P，345.3，71048-99-2

其他名称　园草净、双丙氨酰膦钠盐。

产品特点　本品属于灭生性、内吸型、苗后茎叶处理剂。系谷酰胺合成抑制剂。由杂草茎叶吸收。通过抑制杂草体内谷酰胺合成酶，导致氨的积累，从而抑制光合作用中的光合磷酸化。因在杂草体内主要代谢物为草铵膦的 L-异构体，故显示类似的生物活性。本品作用速度比草甘膦快，比百草枯慢。本品是链霉菌（*Streptomyces hydroscpius*）发酵产生的一种有机膦双肽化合物。由日本明治果品公司于 20 世纪 70 年代末开发。

防除对象　一年生、多年生的阔草、禾草、莎草和灌木。

单剂规格　20％可溶粉剂。首家登记证号 LS991568。

单用技术　只能作茎叶处理，不能作土壤处理，因为本品进入土壤即失去活性。常规喷雾每亩兑水 30～45L。双丙氨膦钠盐在稻作上的应用主要有 3 个方面：水稻免耕种植前除草（在水稻免耕播种、免耕抛秧或免耕移栽前施药，防除已经长出的杂草和前茬作物的残茬）、水稻常规种植前除草（在旱育秧床整田前或稻田翻耕整田前施药，防除已经长出的杂草和前茬作物的残茬）、水稻田田埂畦畔除草。

注意事项　半衰期 20～30 天。

双草醚（bispyribac-sodium）

$C_{19}H_{17}N_4NaO_8$，452.4，125401-92-5

其他名称　农美利、一奇、双嘧草醚、水杨酸双嘧啶。

产品特点　本品属于选择性、内吸型、苗后茎叶处理剂。系乙酰乳酸合成酶（ALS）抑制剂。由杂草茎叶吸收。药剂被杂草吸收后，在杂草体内传导，通过阻止支链氨基酸的生物合成而起作用，幼芽和根停止生长，幼嫩组织如心叶发黄，随后整株枯死。见效缓慢，施药后 3～5 天稗草叶发黄，停止生长，6～12 天顶端分生组织坏死，14～21 天根茎叶完全死亡。

防除对象　适用于水稻（育秧田、直播田、抛秧田、移栽田）。

籼稻对本品耐药力较强，粳稻耐药力相对较差（施药后粳稻叶片发黄，南方4～5天恢复，不影响产量，北方7～10天恢复生长，对产量影响较小）。有的资料说，粳稻对本品较为敏感，所以只推荐在籼稻上使用。有的厂家在标签上标明本品只能用于南方水稻田，参PD20092237。能防除一年生、多年生的禾草、莎草、阔草，禾草如稗草、双穗雀稗、稻李氏禾、匍茎剪股颖、马唐、牛筋草、看麦娘、东北甜茅，莎草如异型莎草、碎米莎草、牛毛毡、日照飘拂草、水莎草、扁秆藨草、香附子、萤蔺、花蔺，阔草如鸭舌草、雨久花、陌上菜、野慈姑、泽泻、丁香蓼、尖瓣花、狼把草、眼子菜、谷精草、节节菜、水竹叶、空心莲子草、鳢肠、母草、水苋菜、矮慈姑。对稗草有很好的防效，是防除大龄稗草的有效药剂。对千金子防效较差。

单剂规格　10％悬浮剂，20％可湿性粉剂。首家登记证号LS98029。

单用技术　作茎叶处理。于稗草1～7叶期均可施药，以稗草3～5叶期施药最佳。采取喷雾法施药，施药前排水（放干田水或放浅田水，使杂草茎叶露出水面），施药后1～2天回灌薄水层并保持水层4～5天，或者至少保持湿润状态。10％悬浮剂的登记证上特别注明，"必须加入专用展着剂使用"，产品标签上特别声明，"使用本品必须同时加入同等剂量的专用展着剂"，展着剂名称为Surfactant A-100，添加量为喷液量的0.03％～0.1％。

水直播田：在水稻播种后15～25天、水稻3.5～6.5叶期、稗草3～5叶期、其他杂草发生后施药；每亩用20～25mL＋0.03％～0.1％展着剂（北方）、10％悬浮剂15～20mL＋0.03％～0.1％展着剂（南方）。20％可湿性粉剂登记每亩用10～15g（南方），参LS98468。

混用技术　已登记混剂如30％苄嘧磺隆·双草醚可湿性粉剂（12％＋18％）。登记用于水稻直播田，防除一年生及部分多年生杂草，每亩用10～15g（南方地区）。

注意事项　进口产品特别注明，为充分发挥药效和确保安全，配药时必须加入同等剂量、连体包装、共同销售的专用展着剂。每季最多使用1次。

产品评价　杀草谱广，对牛筋草、双穗雀稗、稻李氏禾、匍茎剪股颖等顽固性禾草防效好。农民称颂道，"农美利、除草剂，直播田、特有效，草出齐、一遍药，任何草、踪影无，打药时、有技巧，头一天、排干水，晒一天、露出草，一壶水、一对药，一亩田、一遍药，不重喷、不漏掉，第二天、回大水，五天后、草黄了，十天后、传捷报"。

双环磺草酮（benzobicyclon）

$C_{22}H_{19}ClO_4S_2$，447.0，156963-66-5

产品特点　本品属于选择性、内吸型、芽前土壤处理兼苗后早期处理剂。系三酮类除草剂、对羟基苯基丙酮酸双氧化酶（HPPD）抑制剂。通过杂草的根和茎基部吸收，再传输至整株植物，导致新叶白化。由日本史迪士生物科学株式会社研发，专利申请日1992年3月18日。

适用作物　水稻（直播田、移栽田）等。对籼稻不安全，仅能在粳稻上使用。

防除对象　禾草、莎草、阔草。对萤蔺、异型莎草、扁秆藨草、鸭舌草、雨久花、陌上菜、泽泻、幼龄稗草、假稻、千金子等都有较好的效果。

单剂规格　25%悬浮剂。首家登记证号LS20160122，正式登记证号PD20181275。

单用技术　苗前、苗后早期。登记用于水稻（移栽田），防除一年生杂草，每亩用40～60mL，喷雾。在水稻移栽当天或移栽后1～5天，水面喷雾施药。每亩兑水15～30L喷雾。施药时保持田间3～5cm水层，勿淹没水稻心叶并保水5～7天（能达到7天以上更佳）。

双唑草腈 （pyraclonil）

$$HC{\equiv}C{-}CH_2$$

C$_{15}$H$_{15}$ClN$_6$，314.8，158353-15-2

产品特点　本品属于选择性、触杀型除草剂。系原卟啉原氧化酶抑制剂。通过杂草的根部、基部吸收。杂草呈褐变状，然后黄叶、坏死、凋零或干燥失水引起枯死。

适用作物　水稻（移栽田、抛秧田、机插田）。早春低温 4 叶期以下的早稻移栽田不宜使用。

防除对象　一年生、多年生的禾本科杂草、阔叶杂草、莎草科杂草。对萤蔺、牛毛毡、车前草、雨久花、陌上菜以及多年生的野慈姑、荸荠等杂草均有很高的活性，而且该产品对磺酰脲类除草剂抗性杂草也有很好的效果。

单剂规格　2% 颗粒剂。首家登记证号 LS20160303，正式登记证号 PD20181604。

单用技术　登记用于水稻（移栽田），一年生杂草，每亩用 550～700g（早前登记用量为 540～720g，参 LS20160303），撒施。人工插秧后 5～7 天撒施，抛秧或机插后 8～10 天撒施；可以直接均匀撒施，拌土均匀撒施，或者拌肥均匀撒施；撒施时控制水层 3～5cm，撒施后保持 4～5 天，水层不能淹没秧芯。

注意事项　田块应力求整平，否则会影响药效。机插秧、抛秧田由于根系浅，需等秧苗充分缓苗扎根后施药。不宜在缺水田、漏水田使用。尽可能不要在阴雨天用药，施药后如遇暴雨应及时排水。在东北区域，遇气温低时适当延长保水时间至 10 天左右。对黄瓜、玉米、大豆生长有影响，使用时应注意。对水蚤类、藻有毒，远离水产养殖区、河塘等水体施药，禁止在河塘等水体清洗施药器具。鱼或虾蟹套养稻田禁用，施药后的田水不得直接排入水体。

四唑嘧磺隆 （azimsulfuron）

$C_{13}H_{16}N_{10}O_5S$，424.4，120162-55-2

其他名称　康利福、康宁。

产品特点　本品属于选择性、内吸型、芽前土壤处理剂。系乙酰乳酸合成酶（ALS）抑制剂。由杂草根、叶吸收。药剂被杂草吸收后，在杂草体内传导，杂草即停止生长，而后枯死。

防除对象　适用于水稻（移栽田）。能防除莎草、阔草、禾草。

单剂规格　50％水分散粒剂。首家登记证号 LS200022。

单用技术　移栽田：登记用于水稻移栽田，防除莎草、阔草，每亩用50％水分散粒剂1.33～2.67g，毒土法。在水稻移栽后4～8天、秧苗缓苗后施药；拌土撒施，施药时田内灌有水层，施药后保持水层。

混用技术　与苄嘧磺隆混用增效明显。已登记混剂如10％苄嘧磺隆·四唑嘧磺隆可湿性粉剂（9.8％＋0.2％），用于水稻移栽田，防除莎草、阔草，每亩用30～40g，毒土法，参 LS20001609。

四唑酰草胺 （fentrazamide）

$C_{16}H_{20}ClN_5O_2$，349.8，158237-07-1

其他名称　拜田净、四唑草胺。

产品特点　本品属于选择性、内吸型、芽前土壤处理剂。由杂草根、幼芽、茎、叶吸收。药剂被杂草吸收后，传导到根和芽顶端的分生组织，抑制其细胞分裂，生长停止，组织变形，使生长点、节间分生组织坏死，心叶由绿变紫色，基部变褐色而枯死，从而发挥作用。

防除对象 适用于水稻（育秧田、直播田、抛秧田、移栽田）。籼稻、粳稻和糯稻均可安全使用。能防除禾草（对2叶期前的稗草、千金子具有特效，也可有效防除3叶期后的高龄稗草）、莎草（如异型莎草、碎米莎草、牛毛毡）、阔草（对早期的雨久花、鸭舌草、陌上菜、节节菜、丁香蓼、水苋菜、鳢肠、尖瓣花等一年生阔草具有很好的防效）。多年生阔草和某些多年生莎草对本品耐药力较强。

单剂规格 50％可湿性粉剂。首家登记证号 LS200053。

单用技术 在使用上把好两关。第一关：施用时期。在稗草2叶期前施药对稗草防效最佳，使用剂量随稗草叶龄增大而增加。第二关：水浆管理。本品对水层管理要求不严，可根据田间水分状况和各地种植习惯，选择采取喷雾、泼浇、毒土等法施药。采取毒土法施药，要求土壤湿润或有薄水层，以利于药剂迅速扩散开来、全田均匀分布。若施药时田间土壤不平整或水分不充足，宜采取喷雾法（毒土法不如喷雾法效果理想）。

50％可湿性粉剂登记用于直播田，防除稗草、千金子、异型莎草及部分阔草，每亩用50％可湿性粉剂20～24g（东北地区）、13.3～20g（长江流域及以南），药土法或喷雾；用于抛秧田，防除稗草、异型莎草及部分阔草，每亩用50％可湿性粉剂13.3～16g，药土法；用于移栽田，防除稗草、千金子、异型莎草及部分阔草，每亩用50％可湿性粉剂16～20g（东北地区）、13.3～16g（长江流域及以南），药土法或喷雾。

（1）育秧田 北方旱育秧田，在播种覆土后施药；每亩用50％可湿性粉剂40～50g。南方水育秧田和湿润育秧田，在水稻播后4～10天（早稻播后8～10天、中稻播后6～8天、晚稻播后4～6天）施药；每亩用50％可湿性粉剂13.3～20g。

（2）直播田 东北地区，在水稻晒田后1～3天施药；每亩用50％可湿性粉剂20～24g。长江流域及以南，在水稻播后4～10天（早稻播后8～10天、中稻播后6～8天、晚稻播后4～6天）施药；每亩用50％可湿性粉剂13.3～20g。采取毒土、喷雾等法施药。要求谷种催芽，避免露籽。

（3）抛秧田　东北地区，在水稻抛秧后 3～7 天施药；每亩用 50％可湿性粉剂 17～20g。长江流域及以南，在水稻抛秧后 4～7 天施药；每亩用 50％可湿性粉剂 13.3～16g。采取毒土等法施药。

（4）移栽田　东北地区，在水稻移栽后 0～10 天施药；每亩用 50％可湿性粉剂 16～20g。长江流域及以南，在水稻移栽后 0～10 天施药；每亩用 50％可湿性粉剂 13.3～16g。采取毒土、喷雾等法施药。

混用技术　与苄嘧磺隆、吡嘧磺隆、环丙嘧磺隆等混用，增强对某些多年生阔草和莎草的防效。

注意事项　①本品的土壤吸附性强，施药后能很快被土壤颗粒吸附，因此对水层管理要求不严，只要施药时田间呈湿润或灌有薄水层，施药后保持充分湿润或保持一定水层，就能获得良好药效。本品不仅适用于一般稻田，在缺水地区和沙性土、漏水田等难以保持水层的田块使用仍可获得良好效果。②持效期长达 40 天以上。

产品评价　具有安全性好、杀草谱广、施药期宽、持效期长、对水层管理要求不严等特点。

五氟磺草胺（penoxsulam）

$C_{16}H_{14}F_5N_5O_5S$，483.4，219714-96-2

其他名称　稻杰。

产品特点　本品属于选择性、内吸型、苗后茎叶处理剂。由杂草叶、茎和根吸收。药剂被杂草吸收后，迅速传导，通过抑制氨基酸合成而起作用。杂草受药害后 3～5 天叶部褪绿变黄，植株停止生长，7～10 天茎基部首先变褐色，根与茎基部腐烂，整个植株倒伏，随后整个植株死亡。

防除对象　适用于水稻（育秧田、直播田、抛秧田、移栽田）。

对籼稻和粳稻安全。东北、西北育秧田，须根据当地试验示范结果使用。有的资料说，在直播田水稻立针期用本品作土壤封闭处理，对杂草也有良好防效，而且对水稻安全。制种田因品种较多，标签上说须根据当地示范结果使用。

能防除禾草、阔草、莎草。禾草如稗草、稻稗，阔草如鳢肠、鸭舌草、雨久花、狼把草、节节菜、陌上菜，莎草如异型莎草。对稗草防效尤为突出，对大龄稗草有极佳防效，同时对多种亚种的稗草效果好，对已对二氯喹啉酸、敌稗产生抗性的稗草效果好。对许多已对磺酰脲类产生抗性的杂草也有较好防效。对千金子无效。

对本品敏感的杂草有皂角、泽泻、空心莲子草、苋、水苋、假马齿苋、狼把草、黄细心、鸭跖草、一年生莎草属杂草、一年生稗属杂草、多穗稗、鳢肠、荸荠、飘浮草属杂草、沼生异蕊花、母草属杂草、马松子属杂草、雨久花属杂草（如雨久花、鸭舌草）、水田芥、水芹、蓼属杂草、马齿苋、节节菜、慈姑属杂草（如野慈姑、矮慈姑）、萤蔺、大果田菁、尖瓣花、羽芒菊、苍耳等。

对本品中等敏感的杂草有花蔺、圆叶鸭跖草、铁荸荠、香附子、水莎草、俯垂大戟、肾形异蕊花、甘薯属杂草、丁香蓼、藜、眼子菜等。

对本品不敏感的杂草有臂形草属杂草、龙爪茅属杂草、马唐属杂草、牛筋草、千金子属杂草、裸花水竹叶、假稻、黍属杂草、罗氏草属杂草、扁秆藨草、狗尾草属杂草等。

单剂规格　2.5%油悬浮剂。首家登记证号 LS20042234。

单用技术　既可作土壤处理，也可作茎叶处理。作土壤处理的用量高于作茎叶处理。在使用上要把好四关。

第一关：施用时期。在水稻1叶期至收获前均可安全地使用。在稗草出苗后到抽穗期施药均可有效防除稗草。育秧田于稗草1.5～2.5叶期施药，直播田、移栽田于稗草2～3叶期施药，防效最佳。

第二关：使用剂量。登记情况为，用于水稻育秧田，防除一年生杂草，每亩用2.5%油悬浮剂33.3～46.7mL，施药方法为茎叶喷雾；用于水稻田，防除一年生杂草，每亩用2.5%油悬浮剂40～80mL（稗草2～3叶期，茎叶喷雾）或60～100mL/亩（稗草2～3叶期，毒土法）。作土壤处理的用量高于作茎叶处理。实际使用时，根据稗草叶龄和密度酌情确定用药量。陶氏公司总结的技术口诀为"茎叶喷药细雾滴，用量特别要注意；稗草出土一叶期，每亩用 40mL 起；两叶三叶正当时，用量保证五六十；四叶五叶七八十，草大草密量加起；墒情水层需注意，药前土壤要保湿；药后回水三五厘，保水天数五到七"。

第三关：施用方法。采取喷雾、毒土等法施药。常规喷雾每亩兑水 20～30L。

第四关：水浆管理。若采取喷雾法作茎叶处理，施药前排水，使杂草茎叶 2/3 以上露出水面，施药后 2～3 天内回水，保持 3～5cm 水层 5～7 天。若采取毒土法施药，施药时田内灌有水层，施药后保持水层。

（1）育秧田　于稗草 1.5～2.5 叶期施药；每亩用 2.5％油悬浮剂 33.3～46.7mL（东北和西北除外）。常规喷雾每亩兑水 20～30L。施药前排水，施药后回水、保水。近年来，本品在肥床旱育秧田也得到了广泛应用。

（2）直播田

① 采取喷雾法作茎叶处理。登记情况为，于稗草 2～3 叶期茎叶喷雾，每亩用 40～80mL。在生产实际中，于大多数杂草 1～4 叶期施药防效最佳，若于稗草 1～3 叶期施药，每亩用 40～60mL；3～5 叶期每亩用 60～80mL；5 叶期以上适度提高用药量。常规喷雾每亩兑水 20～30L。施药前排水，施药后回水、保水，即施药前使杂草茎叶 2/3 以上露出水面，施药后 1～3 天内灌水，保持 3～5cm 水层 5～7 天。

② 采取毒土法作土壤处理。登记情况为，于稗草 2～3 叶期采取毒土法施药，每亩用 60～100mL。施药时田内灌有水层，施药后保持水层。

（3）移栽田

① 采取喷雾法作茎叶处理。登记情况为，于稗草 2～3 叶期茎叶喷雾，每亩用 40～80mL。在生产实际中，于大多数杂草 1～4 叶期施药防效最佳，若于稗草 1～3 叶期施药，每亩用 40～60mL；3～5 叶期每亩用 60～80mL；5 叶期以上适度提高用药量。常规喷雾每亩兑水 20～30L。施药前排水，施药后回水、保水，即施药前使杂草茎

叶 2/3 以上露出水面，施药后 1～3 天内灌水，保持 3～5cm 水层 5～7 天。

②采取毒土法作土壤处理。登记情况为，于稗草 2～3 叶期采取毒土法施药，每亩用 60～100mL。施药时田内灌有水层，施药后保持水层。

混用技术 本品对千金子无效，为了防除千金子，可与氰氟草酯等混用。已登记混剂如 6％氰氟草酯·五氟磺草胺油悬浮剂（5％＋1％），登记用于水稻直播田，防除稗草及部分阔草、莎草，每亩用 100～133.3mL，茎叶喷雾，参 LS20090788。本品对扁秆藨草、藨草等多年生莎草防效差，可与吡嘧磺隆、灭草松、2 甲 4 氯钠等混合使用或搭配使用。

注意事项 ①选用小孔喷片的喷雾器，做到细雾滴、高浓度，能获得稳定防效。②施药后 1h 降雨不影响药效。③每季最多使用 1 次。

产品评价 陶氏公司宣传口号为"稻杰杀稗草，稻田除草新突破""稻杰杀稗草，稻田防效好"。对大小叶龄稗草及抗性稗草防效优异，对水稻安全，杀草谱广，适用范围广。被称为"一次性除草剂"，被誉为"水田除草新突破"。

五氯酚钠 （PCP-Na）

C_6Cl_5NaO，288.3，131-52-2

其他名称 五氯苯酚钠。

产品特点 本品属于灭生性、触杀型、芽前土壤处理剂。

防除对象 主要防除稗草和其他多种由种子萌发的杂草。用于水稻田能防除稗草、鸭舌草、矮慈姑、水马齿、节节菜、藻类等，对牛毛毡有一定抑制作用。

单剂规格 65％可溶粉剂，首家登记证号 PD84124。

单用技术 65％可溶粉剂登记用于水稻，防除杂草；每亩用

65％可溶粉剂 769.2～1538.5g；施用方法为毒土法，参 LS88303。

混用技术 已登记混剂如 61.7％ 2甲4氯钠·扑草净·五氯酚钠粉粒剂（5％＋2.7％＋54％），登记用于水稻，防除眼子菜等杂草，每亩用 405.2～502.4g，参 LS88303。

注意事项 本品对水生生物毒性大，现极少使用。

西草净（simetryn）

$$CH_3S-\text{（三嗪环）}-NHCH_2CH_3$$
$$NHCH_2CH_3$$

$C_8H_{15}N_5S$，201.7，1014-70-6

其他名称 塘草立杀、水绵清、西玛净。

产品特点 本品属于选择性、内吸型、芽前土壤处理剂。由杂草根吸收，也可从茎叶透入杂草体内。药剂被杂草根系吸收后，传导至绿色叶片内，抑制光合作用希尔反应，影响糖类合成和淀粉积累，发挥除草作用。

防除对象 稗草、牛毛毡、眼子菜、泽泻、野慈姑、母草、小茨藻、水绵等。用于稻田防除恶性杀草眼子菜有特殊防效，对早期稗草、矮慈姑、牛毛毡均有显著效果。施药晚则防效差，因此应视杂草基数选择施药适期及用药剂量。

单剂规格 13％乳油，25％可湿性粉剂。首家登记证号 PD86105。

单用技术 登记用于水稻，防除阔草、眼子菜，每亩用 25％可湿性粉剂 200～250g（东北地区），撒毒土；防除水绵，每亩用 13％乳油 120～130mL，药土法。参 PD86104、LS20021196。

混用技术 已登记混剂如 5.3％丁草胺·西草净颗粒剂（4％＋1.3％）、22％苄嘧磺隆·西草净可湿性粉剂（3％＋19％）。

注意事项 在土壤中移动性中等。用药时温度应在 30℃ 以下，超过此温度易产生药害。持效期 35～45 天。

产品评价 本品主要在北方使用。西草净、三苯基乙酸锡、硫酸铜是获准登记用于水稻防除水绵仅有的 3 种成分。

硝磺草酮（mesotrione）

$C_{14}H_{13}NO_7S$，339.3，104206-82-8

适用作物　水稻（移栽田）。对部分籼稻及其亲缘水稻品种安全性差，在不同地区大面积推广前建议开展小范围试验研究。

防除对象　萤蔺、异型莎草、碎米莎草、水莎草、慈姑、泽泻、雨久花、鸭舌草、眼子菜、狼把草、稗草、千金子等莎草科杂草，阔叶杂草和禾本科杂草。

单剂规格　10%悬浮剂，12%泡腾粒剂，82%可湿性粉剂。

单用技术　登记用于水稻移栽田，防除一年生杂草，每亩用10%悬浮剂60mL，或82%可湿性粉剂6～8g，施用方式药土法；参PD20181945、PD20181080。在水稻移栽返青后施药。施药时田内有浅水层；施药后保持3～5cm水层5～7天，避免水层淹没稻苗心叶，其后进行正常田事管理。每亩用12%泡腾粒剂40～50g，施用方式撒施；参PD20170446。在插秧田泡田后，插秧前3～5天或插秧后12～20天施药，施药时水层3～5cm，施药时田内有浅水层；施药后保持3～5cm水层3～5天，避免水层淹没稻苗心叶，其后进行正常田事管理。

混用技术　已登记混剂如5%丙草胺·硝磺草酮颗粒剂（4.4%+0.6%）。

注意事项　勿将本品与任何有机磷类、氨基甲酸酯类杀虫剂混用或在间隔7天内使用，勿将本品与悬浮肥料、乳油剂型的苗后茎叶处理剂混用。

溴苯腈（bromoxynil）

$C_7H_3Br_2NO$，276.9，1689-84-5

其他名称　伴地农。

产品特点 本品属于选择性、触杀型、苗后茎叶处理剂。主要由杂草叶片接触吸收。药剂被杂草吸收后，在杂草体内进行极其有限的传导。通过抑制光合作用的各个过程迅速使杂草组织坏死，即通过抑制光合作用和蛋白质合成等而影响杂草体内的一系列生理与生化过程，迅速促使敏感阔草的叶片褪绿和产生褐斑，最终导致细胞组织坏死而使全株枯萎。施药 24h 内杂草叶片褪绿，出现坏死斑，2～6 天后全株枯死。气温较高、光照较强加速叶片枯死。

防除对象 能防除水稻田阔草。

单剂规格 22.5%乳油，80%可溶粉剂。首家登记证号 LS87026。

单用技术 作茎叶处理。于杂草 4 叶期前施药防效最佳。常规喷雾每亩兑水 30～45L。本品常与扑草净混用防除水稻田中比较难除的疣草。

混用技术 在水稻移栽后 20～30 天、疣草 4～6 叶期施药；每亩用本品 22.5%乳油 70～80mL＋25%扑草净可湿性粉剂 30～40g，可有效防除比较难除的疣草；施药前 1 天把田水彻底排净，施药 24h 后灌水恢复正常水层管理。施药后需间隔 12h 无雨。

注意事项 不宜与肥料混用，配药时不能添加助剂，否则易生药害。

乙草胺（acetochlor）

$C_{14}H_{20}ClNO_2$，269.8，34256-82-1

其他名称 禾耐斯、圣农施、高倍得、消草胺。

产品特点 本品属于选择性、内吸型、芽前土壤处理剂。杂草出土前，主要由杂草幼芽吸收（禾草的吸收部位为胚芽鞘，阔草的吸收部位为下胚轴）；杂草出土后，主要靠杂草根吸收。药剂被杂草吸收后，在杂草体内传导，抑制蛋白质酶的生成，干扰核酸代谢和蛋白质合成，使幼芽、幼根停止生长，最终死亡。如果田间水分适宜，杂草幼芽未出土即被杀死。如果土壤水分少，杂草出土后随土壤湿度增大，杂草吸收药剂后而起作用。禾草表现为心叶卷曲萎缩，其他叶皱缩，整株枯死。阔草皱缩变黄，整株枯死。

防除对象　用于水稻田能防除禾草（如稗）、莎草（如异型莎草）、阔草。

单剂规格　5％颗粒剂，15.7％、50％、88％、90％、90.5％、90.9％、99％、99.9％乳油，20％、40％可湿性粉剂，40％、48％、50％、90％水乳剂，50％微乳剂。首家登记证号 LS90355。99.9％乙草胺乳油是有效含量最高的除草剂产品，参 LS20051766。

单用技术　本品活性很高，使用剂量不宜随意增大。

（1）移栽田　登记防除一年生禾草及部分阔草或登记防除稗草、异型莎草及部分阔草。在水稻移栽后 5～8 天（一般早稻在移栽后 6～8 天，中稻在移栽后 6 天左右，晚稻在移栽后 5～6 天）、秧苗缓苗后施药；每亩用 20％可湿性粉剂 30～37.5g（参 LS96307）、30～40g（参 PD20092288）、35～50g（参 LS95702）、或 90％乳油 7～8mL（参 LS97995）；采取毒土法施药，施药时田内灌有水层 3～5cm，施药后保持水层 3～5 天。本品主要用于长江流域以及以南稻区，要求秧苗为秧龄 30 天以上的大苗，秧苗粗壮。

（2）抛秧田　单剂未登记用于水稻抛秧田，混剂已有产品登记用于抛秧田，例如 12％（5.8％＋6.2％）苄嘧磺隆·乙草胺可湿性粉剂，参 LS20021797。

混用技术　乙草胺是除草剂中的活跃分子，配伍力很强，已登记用于水田的混剂如 20％苄嘧磺隆·乙草胺可湿性粉剂（2.5％＋17.5％）、19％苄嘧磺隆·扑草净·乙草胺可湿性粉剂（1.9％＋5.6％＋11.5％）。

注意事项　本品单剂及其混剂勿用于移栽田（小苗、弱苗）、育秧田、直播田、制种田。

乙羧氟草醚 （fluoroglycofen-ethyl）

$C_{18}H_{13}ClF_3NO_7$，447.8，77501-90-7

其他名称　豆更翠、克草特、阔魁。

产品特点　本品属于选择性、触杀型、苗后茎叶处理剂。系原卟啉原氧化酶抑制剂。由杂草茎叶、根吸收。药剂被杂草吸收后，同分子氯反应，生成对杂草细胞具有毒性的四吡咯化合物，积聚而发生作用。积聚过程中，使杂草细胞膜完全消失，然后引起细胞内含物渗漏，最终导致杂草死亡。只有在光照条件下，才发挥效力。

防除对象　一年生的阔草、禾草。对多年生杂草无效。

单剂规格　5％、10％、20％乳油，10％水乳剂。首家登记证号 LS2000293。

单用技术　目前尚无单剂登记用于水稻。

乙氧氟草醚（oxyfluorfen）

$C_{15}H_{11}ClF_3NO_4$，361.7，42874-03-3

其他名称　果尔、割地草、割草醚、乙氧醚。

产品特点　本品属于选择性、触杀型、芽前土壤处理/苗后早期茎叶处理剂。主要由杂草胚芽鞘、中胚轴吸收，根吸收较少，并有极微量通过根部向上运输进入叶部。在有光的情况下发挥杀草作用。在水田使用，施入水层中后 24h 内沉降在土表，水溶性极低，移动性较小，很快吸附于 0～3cm 表土层中，不易垂直向下移动。

防除对象　用于水田能防除阔草、禾草、莎草，如鸭舌草、陌上菜、节节菜、稗草、千金子、异型莎草、碎米莎草、日照飘拂草，对水绵有效。对种子萌发的杂草杀草谱较广，但对多年生杂草只有抑制作用。

单剂规格　2％颗粒剂，20％、23.5％、24％乳油。首家登记证号 LS86003。

单用技术　作土壤处理或作苗后早期茎叶处理。本品在水稻上使用，注意五点，一是地区，虽然获准登记用于水稻，但从安全角度考虑，北方不宜推广。二是秧苗，要求秧龄 30 天以上、苗高 20cm 以上的壮秧；秧苗过小、嫩弱细长或遭受伤害未能恢复的稻田不宜施用。三是温度，要求温度达 20～30℃；切忌在日温低于 20℃、水温低于 15℃时施用。四是水层，精细整地，田面平整（缩小同一田块的高低差，若高低差距很大，可以拦田埂分隔），严防水层过深淹没水稻心叶。若施药后遇大暴雨田间水层过深，需排出深水层，保持浅水层，以免伤害稻苗。五是土质，漏水田不宜施用。

（1）移栽田（南方） 适用于秧龄 30 天以上、苗高 20cm 以上的一季中稻和双季晚稻移栽田。若防除以稗草为主的杂草，在水稻移栽后 3～7 天、稗草芽期至 1.5 叶期施药；若防除以千金子、阔草、莎草为主的杂草，在水稻移栽后 7～13 天施药；每亩用 24％乳油 10～20mL。采取毒土、瓶甩等法在露水干后施药。施药时田内灌有 3～5cm 水层，施药后保持水层 5～7 天。

（2）半旱式栽培田（四川等地） 在秧苗移栽前 2～3 天施药；每亩用 24％乳油 10mL；每亩兑水 20～30L 喷雾。

（3）陆稻 在陆稻播后苗前降下透雨或灌水后土壤湿度高的情况下，掌握在杂草萌发出土前施药；每亩用 24％乳油 40～50mL。

混用技术 已登记用于水田的混剂如 12％苄嘧磺隆·乙氧氟草醚可湿性粉剂（10％＋2％）。

注意事项 在土壤中半衰期 30 天左右。

乙氧磺隆（ethoxysulfuron）

$C_{15}H_{18}N_4O_7S$，398.4，126801-58-9

其他名称 太阳星、氧嘧磺隆、乙氧嘧磺隆。

产品特点 本品属于选择性、内吸型、苗后茎叶处理剂。系乙酰乳酸合成酶（ALS）抑制剂。由杂草幼芽、茎叶吸收。药剂被杂草吸收后，在杂草体内传导，杂草即停止生长，而后枯死。

防除对象 适用于水稻（育秧田、直播田、抛秧田、移栽田）。

能防除一年生、多年生的阔草、莎草，例如鸭舌草、三棱草、飘拂草、异型莎草、碎米莎草、牛毛毡、水莎草、萤蔺、野荸荠、眼子菜、泽泻、鳢肠、矮慈姑、野慈姑、长瓣慈姑、狼把草、鬼针草、草龙、丁香蓼、节节菜、耳叶水苋、水苋菜、蘋、小茨藻、苦草、谷精草。对水绵有效。高剂量下对稗草有抑制作用。

单剂规格　15％水分散粒剂。首家登记证号 LS96011。

单用技术　既可作土壤处理，也可作茎叶处理。登记用量详见表3-8，注意不同地区之间用量差异很大，育秧田可参照直播田确定使用剂量。登记的施药方法为毒土或喷雾。施药方法灵活，若采取毒土或毒肥等法作土壤处理，施药时田内灌有水层 3～5cm，施药后保持水层 7～10 天；若采取喷雾法作茎叶处理，施药前排水，施药后 2 天恢复水层，并保持水层 7～10 天，只灌不排。本品在干旱缺水田和漏水田使用，应采取喷雾法作茎叶处理。专门防除大龄杂草和扁秆藨草、矮慈姑等多年生莎草或阔叶草时，应酌情加大用量至最高推荐用量，并于杂草 1～3cm 高且尚未露出水面时施药。防除露出水面的大龄杂草时，应采取喷雾法作茎叶处理。

表 3-8　**15％乙氧磺隆水分散粒剂登记的每亩制剂用量**　单位：g

地区	直播田	抛秧田	移栽田
东北、华北	10～15	7～14	7～14
长江流域	6～9	5～7	5～7
华南	4～6	3～5	3～5

（1）**育秧田**　若采取毒土法或毒肥法作土壤处理，在水稻扎根立苗后、杂草 2 叶期前施药。若采取喷雾法作茎叶处理，在水稻 2～4 叶期、杂草 2～5 叶期施药。

（2）**直播田**　若采取毒土法或毒肥法作土壤处理，在水稻扎根立苗后、杂草 2 叶期前施药。若采取喷雾法作茎叶处理，在水稻播后 15～20 天（北方）、10～15 天（南方）、秧苗 2～4 叶期、杂草 2～5 叶期施药。

（3）**抛秧田**　若采取毒土法或毒肥法作土壤处理，在水稻抛秧后 4～10 天（北方）、3～6 天（南方），杂草 2 叶期前施药。若采取喷雾法作茎叶处理，在水稻抛秧后 10～20 天、杂草 2～4 叶期施药。

（4）移栽田　若采取毒土法或毒肥法作土壤处理，在水稻移栽后 4～10 天（北方）、3～6 天（南方），杂草 2 叶期前施药。若采取喷雾法作茎叶处理，在水稻移栽后 10～20 天、杂草 2～4 叶期施药。

混用技术　可与丁草胺、莎稗磷等混用。目前尚无混剂获准登记。

注意事项　不宜在水稻移栽前使用。盐碱地中采用推荐的低用药量，施药 3 天后可换水排盐。

产品评价　具有施药期宽、使用方便（杂草苗前土壤处理和杂草苗后茎叶处理均可）、持效期较长、安全性好等特点。

异丙草胺（propisochlor）

$C_{15}H_{22}ClNO_2$，283.8，86763-47-5

其他名称　普乐宝、旱田乐、乐丰宝、旱地宝、旱乐宝。

产品特点　本品属于选择性、内吸型、芽前土壤处理剂。杂草出土前，主要由杂草幼芽（禾草的吸收部位为胚芽鞘，阔草的吸收部位为下胚轴）吸收，种子、根也可吸收，但吸收量较少，传导速度慢；杂草出土后，靠杂草根吸收。药剂被杂草幼芽吸收后，进入杂草体内抑制蛋白质酶合成，芽和根停止生长，不定根无法形成。如果土壤水分适宜，杂草幼芽期不出土即被杀死，症状为芽鞘紧包生长点，稍变粗，胚根细而弯曲，无须根，生长点逐渐变褐至黑色腐烂。如土壤水分少，杂草出土后随着降雨土壤湿度增加，杂草吸收本品后，禾草心叶扭曲、萎缩，其他叶子皱缩，整株枯死；阔草叶皱缩变黄，整株枯死。

防除对象　一年生的禾草、部分阔草。对禾草的防效优于阔草。

单剂规格　30％可湿性粉剂，50％、70％、72％、86.8％乳油。首家登记证号 LS96023。

单用技术　限于南方稻区大苗移栽田使用（参登记证号 LS991865）。

要求秧苗为 5.5 叶期以上的大苗。移栽田：在水稻移栽后 5～7 天施药；登记每亩用 72％乳油 10mL。

混用技术　已登记用于水稻田的混剂如 30％苄嘧磺隆·异丙草胺可湿性粉剂（5％＋25％）。

异丙甲草胺（metolachlor）

$C_{15}H_{22}ClNO_2$，283.8，51218-45-2

其他名称　都尔、稻乐思、杜尔、杜耳、屠莠胺、毒禾胺、甲氧毒草胺。

产品特点　本品属于选择性、内吸型、芽前土壤处理剂。杂草出土前，主要由杂草幼芽吸收（禾草的吸收部位为胚芽鞘，阔草的吸收部位为下胚轴），种子、根也吸收，但吸收量少、传导速度慢；杂草出土后，主要靠杂草根吸收。药剂被杂草吸收后，在杂草体内进行传导，主要抑制蛋白酶活动，使蛋白质无法合成，其次抑制胆碱渗入磷脂，干扰卵磷脂形成，造成幼芽和根停止生长。敏感杂草在发芽后出土前或刚刚出土即中毒死亡，表现为芽鞘紧包着生长点，稍变粗，胚根细而弯曲，无须根，生长点逐渐变褐色、黑色烂掉。如果土壤墒情好，杂草被杀死在萌芽期。如土壤水分少，杂草出土后随着土壤湿度增加、杂草吸收药剂后而起作用，禾草表现为心叶卷曲萎缩，其他叶皱缩，整株枯死；阔草叶皱缩变黄，整株逐渐枯死。

防除对象　禾草、阔草、莎草。由于禾草幼芽吸收本品的能力比阔草强，因而防除禾草的效果远远好于阔草。

单剂规格　70％、72％乳油。首家登记证号 PD66-88。

单用技术　移栽田：每亩用 72％乳油 10～20mL。要求秧苗为 5.5 叶期以上的大苗。

混用技术　已登记用于水田的混剂如 20％苄嘧磺隆·异丙甲草胺可湿性粉剂（3％＋17％）。

注意事项 在土壤中持效期 30～35 天。

异丙隆 (isoproturon)

$(CH_3)_2CH$—$\langle\;\rangle$—$NHCON(CH_3)_2$

$C_{12}H_{18}N_2O$，206.3，34123-59-6

其他名称 益禾星。

产品特点 本品属于选择性、内吸型、芽前土壤处理/苗后早期茎叶处理剂。主要由杂草根吸收，并有叶面触杀作用（茎叶吸收少）。药剂被根吸收后，随蒸腾流传导到叶片，叶面吸收后沿脉向周围传导，多分布于叶尖和叶缘。在绿色细胞内发挥作用，抑制光合作用中的希尔反应，打断电子传递过程，使叶片失绿，叶尖和叶缘褪色，之后整个叶片变黄，最终杂草由于缺乏养分而死亡。阳光充足、气温高、土壤湿度大有利于药效发挥，干旱时药效差。

防除对象 一年生的禾草、阔草。

单剂规格 25％、50％、70％、75％可湿性粉剂，50％高渗可湿性粉剂，50％悬浮剂。首家登记证号 LS93511。

单用技术 单剂未登记用于水稻，混剂已有产品登记用于水稻。

混用技术 已登记用于水稻的混剂如 60％苄嘧磺隆·异丙隆可湿性粉剂（4％＋56％），防除一年生及部分多年生杂草，直播田每亩用 40～50g（南方地区），移栽田每亩用 60～80g（南方地区），参 LS2000868。

产品评价 本品主要"旱用"，在水稻上的用途有待拓展。

异噁草酮 (clomazone)

$C_{12}H_{14}ClNO_2$，239.7，81777-89-1

其他名称 广灭灵、豆草灵、异噁草松。

产品特点 本品属于选择性、内吸型、芽前土壤处理剂。由杂草根、幼芽吸收。药剂被杂草根、幼芽吸收后，随蒸腾作用向上传导到杂草各部分，控制敏感杂草叶绿素的生物合成，杂草虽能萌芽出土，但无色素，在短期内死亡。

防除对象　用于水田能防除稗草、千金子等。

单剂规格　36％微囊悬浮剂，48％乳油。首家登记证号 LS88017。

单用技术　本品施用后 3 天左右水稻叶片会出现白化，这是本品独特的作用机理形成的自然反应，7～15 天后自然恢复，不影响水稻正常生长和产量。

（1）直播田　登记防除稗草、千金子。南方（长江以南）：在水稻播种之后（一般早稻播后 7～12 天、晚稻播后 5～10 天）、稗草萌生高峰期施药；每亩用 36％微囊悬浮剂 27.8～35mL；采取喷雾、毒土等法施药，施药后保持田间湿润，施药后 2 天建立水层，水层深度以不淹没水稻心叶为准；参 PD20070528。北方：在水稻播种之前 3～5 天施药；每亩用 36％微囊悬浮剂 35～40mL；采取喷雾、毒土等法施药，施药后保持田间湿润，施药后 5～7 天建立水层。

（2）移栽田　登记防除稗草、千金子。在水稻移栽后 5 天、稗草 1.5 叶期前施药；每亩用 36％微囊悬浮剂 27.8～35mL；采取毒土法施药，施药时田内灌有水层 2～3cm，施药后保持水层 5 天。

混用技术　已登记用于水田的混剂如 38％苄嘧磺隆·丙草胺·异噁草酮可湿性粉剂（4％＋24％＋10％）。

注意事项　在推荐剂量下使用不影响后期生长和产量。药效稳定，在干旱、低温条件下也能发挥良好药效。每季最多使用 1 次。持效期长，可达 6 个月以上，要注意安排后茬作物。

异戊乙净（dimethametryn）

$$CH_3S \underset{N}{\overset{N}{\bigtriangleup}} NHCHCH(CH_3)_2$$

CH_3 NHCHCH(CH_3)_2
NHCH_2CH_3

$C_{11}H_{21}N_5S$，255.4，22936-75-0

其他名称　异戊净、戊草净、二甲丙乙净。

产品特点　本品属于选择性、内吸型、芽前土壤处理剂。由杂草根、叶吸收。药剂被杂草吸收后，破坏光合作用，使杂草饥饿而死。

防除对象　主要防除阔草。

单剂规格　目前尚无单剂获准登记用于水稻。

混用技术　已登记混剂如50%哌草磷·戊草净乳油（40%＋10%），用于水稻，防除一年生杂草，每亩用160～200mL，参 LS84011。

仲丁灵（butralin）

48%乳油。用于水稻（移栽田、旱直播田）等。移栽田：登记防除一年生杂草，每亩用 150～250mL 或 200～250mL，药土法；参 PD20080317 和 PD20083657。旱直播田：登记防除一年生杂草，每亩用 200～300mL，土壤喷雾；参 PD20083657。

R-左旋敌草胺［R-(–)-napropamide］

$C_{17}H_{21}NO_2$，271.4，41643-35-0

其他名称　麦平。

产品特点　本品属于选择性、内吸型、芽前土壤处理剂。由杂草根、芽鞘吸收。R-左旋敌草胺是敌草胺的高效异构体，对杂草的毒力比 S-异构体高 8 倍，其作用机理及杀草谱与敌草胺相同。

防除对象　禾草、阔草。

单剂规格　25%可湿性粉剂。首家登记证号 LS2001818。

单用技术　单剂未登记用于水稻，混剂已有产品登记用于水稻。

混用技术　已登记用水稻的混剂如 30%苄嘧磺隆·R-左旋敌草胺可湿性粉剂（5%＋25%），防除一年生及部分多年生杂草，每亩用 20～30g，参 LS98363。

唑草酮（carfentrazone-ethyl）

$C_{15}H_{14}Cl_2F_3N_3O_3$，412.2，128621-72-7

其他名称 快灭灵、福农、唑草酯、氟唑草酮、唑草酮酯、唑酮草酯、三唑酮草酯。

产品特点 本品属于选择性、触杀型、苗后茎叶处理剂。系原卟啉氧化酶抑制剂。由杂草叶吸收。在有光的条件下，在叶绿素生物合成过程中，通过抑制原卟啉原氧化酶导致有毒中间物的积累，破坏杂草的细胞膜。施药后 15min 内即可很快被杂草叶片吸收，不受雨淋影响，3～4h 杂草出现中毒症状，2～4 天死亡。

防除对象 适用于水稻（移栽田）。能防除阔草。对已对磺酰脲类除草剂产生抗性的杂草防效好。

单剂规格 40％干悬浮剂（水分散粒剂）。首家登记证号 LS98052。

单用技术 作茎叶处理。本品属于触杀型除草剂，应于阔草基本出齐后尽早施用。兑水量要足，常规喷雾每亩兑水 30～45L。单剂未登记用于水稻，混剂已有产品登记用于水稻。

混用技术 可与苄嘧磺隆、2 甲 4 氯钠盐、氯氟吡氧乙酸异辛酯等混用，已登记混剂产品逾 2 个。

（1）38％苄嘧磺隆·唑草酮可湿性粉剂（30％＋8％） 登记用于水稻移栽田，防除阔草、莎草（对三棱草、野荸荠和野慈姑、矮慈姑等恶性阔草防效良好），每亩用 10～13.8g，茎叶喷雾，参 LS20040799。在水稻移栽后 15 天，三棱草、野荸荠、野慈姑、矮慈姑等顽固杂草基本出土，即可施药；施药前排水，施药后 1～2 天内放水回田，保持 3～5cm 水层 5～7 天，之后恢复正常田间管理。

（2）70.5％2 甲 4 氯钠盐·唑草酮水分散粒剂（66.5％＋4％） 登记用于水稻移栽田，防除阔草、莎草，每亩用 50～60g，茎叶喷雾，参 PD20097259。在水稻分蘖中、后期（移栽后 30 天左右），杂草 3～5 叶期施药；每亩兑水 30L 以上，施药前排干田水，对准杂草茎叶均匀喷雾，施药后 2 天覆水，保持水层。

注意事项　配制药液时采用两次稀释法，充分混合，不得加洗衣粉等助剂，否则可能产生药害。每季最多使用 1 次。对后茬作物安全。

产品评价　具有较强渗透性，杀草速度快（进口产品名为"快灭灵"），对温度不敏感。

第二节　稻田除草剂混剂

混用是指两种以上不同除草剂混配在一起施用。混用不仅是科学使用的研究课题，而且是除草剂深度开发的潜力所在。早在除草剂发展初期人们就注意到了除草剂混用的作用。

一、混用的形式

（1）现混　田间现混，及时使用。即通常所说的现混现用或现用现混，这种方式在生产中运用得相当普遍，也比较灵活，可根据具体情况调整混用品种和剂量。应随混随用，配好的药液和药土等不宜久存，以免减效。

（2）桶混　有些除草剂之间现混现用不方便，但又确实应该成为除草伴侣，厂家便将其制成桶混制剂（罐混制剂），分别包装，集束出售，群众形象地称之为"子母袋""子母瓶"。1998 年我国首批桶混制剂 50%乙草胺乳油＋75%宝收干悬浮剂、38%莠去津水悬乳剂＋75%宝成干悬浮剂获准登记。登记用于旱田作物的除草剂桶混剂产品逾 4 个，而用于水稻的桶混剂尚未"出世"。市面上有一些号称"双胞胎""双联袋"的产品并未取得"准生证"，严格来讲是不合法的产品。

（3）预混　工厂预混，直接使用。系由工厂预先将两种以上除草剂混合加工成定型产品，用户按照使用说明书直接投入使用。对于用户来说，使用混剂与使用单剂并无二样。在各组分配比要求严格，现混现用难于准确掌握，或吨位较大，或经常采用混用的情况下，都以事先加工成混剂为宜。若混用能提高化学稳定性或增加溶解度，应尽量制成混剂。

二、混用的范围

（1）除草剂与除草剂混用　这种情况很常见，例如乙草胺＋苄嘧磺隆。除草剂主要与除草剂混用，也可与其他农药或其他物质混用。

（2）除草剂与其他农药混用　这种情况不常见。①除草剂＋杀虫剂，如6％丁草胺·辛硫磷粉剂。②除草剂＋植物生长调节剂，如19.5％丁草胺·多效唑可湿性粉剂（12％＋7.5％）。

（3）除草剂与其他物质混用　这种情况较常见。①除草剂＋农药助剂，如双草醚＋展着剂 Surfactant A-100。②除草剂＋肥料，我国已登记了0.1％苄·丙草颗粒剂、0.32％苄·丁颗粒剂、3％苄·丁·西尿素颗粒剂等含肥料的除草剂（药肥混剂）。③除草剂＋杀虫剂＋肥料，早前有的地方每亩用25％敌草隆可湿性粉剂35g、18％杀虫双水剂250mL、尿素4kg拌匀后于水稻移栽后撒施。

三、混用的功效

混用并非胡拼乱凑或盲目掺和，而是有一定目的的，可概括为"三提三效"，即提高药剂效能、提高劳动效率、提高经济效益，具体说来有九大功效，不过并非所有混用都兼具全部的功效。

（1）扩谱　扩大杀草范围。迄今为止，尚无一种凡草皆除的"万能"除草剂，每种除草剂都只能防除一些类、一些种或某些生长发育阶段的杂草，即有一定的杀草谱（杀草范围）。混用可以扬长避短、取长补短、相辅相成、扩大杀草范围、兼而除之、一药多治，例如苄嘧磺隆对莎草、阔草防效好，对稗草防效差，而禾草敌对稗草防效好，对莎草、阔草防效差，它们混用则可以将稻田三类杂草"一网打尽"。

（2）增效　增强除草效果。禾草丹与西草净、敌稗与2甲4氯、甲磺隆与苄嘧磺隆混用，均已被证明可显著地提高防效。

（3）降害　降低药剂毒害。除草剂混用后的用量一般均低于其单用时的剂量，因而可减轻对当季、旁邻、后茬作物的药害。

（4）延期　延长施药时期。禾草丹的最佳施药时期为水稻插秧后 4～10 天、稗草 1.5 叶期前，西草净的最佳施药时期为插秧后 5～10 天，两者混用，施药时期可延长为插秧后 6～15 天。

（5）节本　节省除草成本。有些除草剂混用具有增效作用，这可降低某一种或各种除草剂的用量。另外由于防治对象的扩大，施药次数会相应减少，从而可降低除草剂产品价格和防除成本。如苄嘧磺隆单用需 20～30g（a.i.）/hm^2，与甲磺隆混用后，有效用量降到 6.15～8.61g，外加甲磺隆 1.35～1.89g，两者合计 7.5～10.5g（a.i.）/hm^2，由于用量减少，混剂成本比苄嘧磺隆单剂降低了。

（6）克抗　克服杂草抗性。杀草机制各异的除草剂混用后，作用位点增多，可延缓或克服杂草抗药性的产生或增强，延长除草剂品种的使用年限。

（7）减次　减少施药次数。几种除草剂混用后，一次施用下去，减少施药次数，节省人力物力，从而提高劳动效率。

（8）强适　强化适应性能。有些除草剂混用后可增强对环境条件和使用技术的适应性。有些除草剂混用后能提高杀草速度，缩短杀草时间。

（9）挖潜　挖掘品种潜力。研制开发混剂，可充分挖掘除草剂潜力，让老品种"缓老还童"甚至"起死回生"，延长新品种和老品种的使用期限（有些新品种上市之初即以混剂面市）。

四、混用的类型

1. 按配伍除草剂的性能特点分类

（1）甲乙型　具有甲类杀草谱的除草剂与具有乙类杀草谱的混用，例如氰氟草酯＋氯氟吡氧乙酸可兼除禾草和阔草两类杂草；苄嘧磺隆＋哌草丹、苄嘧磺隆＋乙草胺可兼除莎草、禾草、阔草三类杂草；百草枯＋敌草快是"好上加好""更快更好"。

（2）触内型　触杀型除草剂与内吸型的混用，例如敌稗＋2 甲 4 氯、百草枯＋丁草胺。

（3）前后型　芽前土壤处理剂与苗后茎叶处理剂混用，例如丁草胺＋草甘膦异丙胺盐。

（4）快慢型　见效快的除草剂与见效慢的混用，例如百草枯＋

丁草胺。

（5）长短型　持效长的除草剂与持效短的混用，减轻对后茬作物的不良影响。

（6）贵贱型　价格高的除草剂与价格低的混用，例如氯氟吡氧乙酸＋2甲4氯。

（7）强弱型　某项性状强的除草剂与性状弱的混用，例如酰胺类除草剂与苄嘧磺隆混用后，它们对水稻的安全性提高。又如甲磺隆与苄嘧磺隆混用后，可大大提高苄嘧磺隆的除草活性。

2. 按配伍除草剂的所属类型分类

（1）类间型　不同类型（指按化学结构分出的类型）除草剂的品种之间混用。如异丙甲草胺（酰胺类）＋苄嘧磺隆（磺酰脲类）。

（2）类内型　同一类型除草剂之内的不同品种混用。这种情况不多见，已登记的混剂组合较少，如苄嘧磺隆＋甲磺隆（少量甲磺隆可显著提高苄嘧磺隆的效果）；苄嘧磺隆＋甲磺隆（＋乙草胺/丁草胺/异丙甲草胺）；吡嘧磺隆＋甲磺隆（＋乙草胺/丁草胺）；乙草胺＋丁草胺（＋苄嘧磺隆）；百草枯＋敌草快。

3. 按配伍除草剂的剂量变化分类

（1）原量型　混用后各种除草剂的用量均同于单用，例如氰氟草酯＋氯氟吡氧乙酸。

（2）减量型　混用后部分或全部除草剂的用量低于单用。混用组合中各种除草剂的用量及其比例须经严格试验研究才能确定。

4. 按配伍除草剂的成分个数分类

（1）二元型　两种除草剂混用，如莎稗磷＋乙氧磺隆。

（2）三元型　三种除草剂混用，如苄嘧磺隆＋甲磺隆＋乙草胺。

（3）多元型　三种以上除草剂混用，这种情况目前生产上很少见，而且也还没有一种这样的预混剂获准登记。

五、混用的原则

除草剂混用并非信手拈来、随意而为，必须遵循一定原则，否则会造成种种不良后果。

（1）成分稳定　混用后各有效成分应不发生化学反应，否则会造成减效甚至失效。

（2）性状保持　混用后的乳化性、分散性、润湿性、悬浮性等物理性状应不消失、不衰减，最好还能有所加强。

（3）毒害不增　混用后毒性、残毒、药害等不能增大。

（4）效用匹配　除草剂混用，至少应有加成作用，最好有增效作用，切忌相互之间拮抗。例如百草枯＋草甘膦，由于前者药效快，草甘膦无法被杂草充分吸收，造成药剂浪费，故不能混用。除草剂混用应注意施用时期、施用方式、施用方法等的匹配。

六、预混剂组合

据统计，获准我国农业农村部登记的国内外除草剂预混剂组合已超过 350 个，其中用于水稻的除草剂预混剂组合逾 100 个（占比 30％左右）、混剂产品逾 1900 个，其中单纯除草的预混剂组合逾 99 个、除草加植调预混剂组合 1 个（丁草胺·多效唑）。在本书收录的 82 个除草剂预混剂组合中，二元混剂组合 59 个，三元混剂组合 23 个；至少 42 个混剂组合中含有苄嘧磺隆，苄嘧磺隆是混剂中出现频率最高的有效成分。获准登记用于水稻的除草剂有效成分逾 83 种，混剂中涉及的有效成分逾 60 种。本书在介绍混剂含量时，除了介绍总含量，还在剂型名称后面的括号中依次标明了各个配伍成分的含量。

（1）2,4-滴丁酯·丁草胺　简化通用名称为滴酯·丁草胺。产品有 35％乳油（9.5％＋25.5％），用于水稻，防除一年生杂草，每亩用 80～100mL，毒土法。

（2）2 甲 4 氯·灭草松　简化通用名称为 2 甲·灭草松。产品有 46％可溶液剂（6％＋40％），用于水稻直播田、移栽田，防除阔草、莎草，每亩用 133.3～166.7mL，喷雾。

（3）2 甲 4 氯·扑草净　简化通用名称为 2 甲·扑草净。产品有 30％可湿性粉剂（20％＋10％），用于水稻移栽田，防除莎草、一年生阔草，每亩用 80～100g，药土法。

（4）2 甲 4 氯丁酸乙酯·禾草敌·西草净　简化通用名称为 2 甲·禾·草净。产品有 78.4％乳油（6.4％＋60％＋12％），用于水稻，防除杂草，每亩用 200～255.1mL，撒毒沙或撒毒土。

（5）2甲4氯钠·灭草松　简化通用名称为2甲·灭草松。已登记产品较多，例如 37.5%水剂（5.5%＋32%），用于水稻移栽田，防除阔草、莎草，每亩用 200～250mL，喷雾。又如 25%水剂（5%＋20%），用于水稻移栽田，防除阔草、莎草，每亩用 250～300mL，茎叶喷雾。

（6）2甲4氯钠·扑草净·五氯酚钠　其他名称如五二扑。产品有 61.7%粉粒剂（5%＋2.7%＋54%），用于水稻，防除眼子菜等杂草，每亩用 405.2～502.4g。

（7）2甲4氯钠·异丙隆　简化通用名称为2甲·异丙隆。已登记产品较多，例如 40%可湿性粉剂（20%＋20%），用于水稻移栽田，防除阔草、莎草，每亩用 60～70g，喷雾。又如 19%可湿性粉剂（8%＋11%），用于水稻直播田，防除一年生杂草，每亩用 80～100g，喷雾。

（8）2甲4氯钠·唑草酮　简化通用名称为2甲·唑草酮。产品有 70.5%水分散粒剂（66.5%＋4%），用于水稻移栽田，防除阔草、莎草，每亩用 50～60g，茎叶喷雾。

（9）2甲4氯异辛酯·氯氟吡氧乙酸　简化通用名称为2甲·氯氟吡。产品有 42.5%乳油（34%＋8.5%），用于水稻移栽田，防除水花生，每亩用 50～75mL，茎叶喷雾。

（10）苯磺隆·苄嘧磺隆·乙草胺　简化通用名称为苯·苄·乙草胺。产品有 18%可湿性粉剂（0.4%＋1.6%＋16%），用于水稻，防除一年生杂草，每亩用 30～50g，药土法。

（11）苯噻酰草胺·吡嘧磺隆　简化通用名称为吡嘧·苯噻酰。已登记产品较多，例如 50%可湿性粉剂（48.2%＋1.8%）用于水稻移栽田，防除一年生及部分多年生杂草，每亩用 70～100g（北方地区）、50～70g（南方地区），毒土法；用于水稻抛秧田，防除一年生及部分多年生杂草，每亩用 50～60g，毒土法。又如 68%可湿性粉剂（64%＋4%），用于水稻移栽田，每亩用 30～70g，拌土撒施。

（12）苯噻酰草胺·吡嘧磺隆·甲草胺　简化通用名称为苯·吡·甲草胺。产品有 31%泡腾粒剂（20%＋4%＋7%），用于水稻移栽田，防除杂草，每亩用 50～70g（北方地区）、30～40g（南方地区），撒施。

（13）苯噻酰草胺·苄嘧磺隆　简化通用名称为苄嘧·苯噻酰。已登记产品逾 45 个，例如 53％可湿性粉剂（50％＋3％），用于水稻抛秧田，防除一年生及部分多年生杂草，每亩用 40～50g，毒土法；用于水稻移栽田，防除一年生及部分多年生杂草，每亩用 70～80g（北方地区）、40～50g（南方地区），毒土法。

（14）苯噻酰草胺·苄嘧磺隆·禾草丹　简化通用名称为苯·苄·禾草丹。产品有 40％可湿性粉剂（17％＋1.6％＋21.4％），用于水稻直播田，防除一年生杂草，每亩用 200～300g，毒土法。

（15）苯噻酰草胺·苄嘧磺隆·甲草胺　简化通用名称为苯·苄·甲草胺。产品有 30％泡腾粒剂（16％＋6％＋8％），用于水稻移栽田，防除一年生杂草及部分多年生杂草，每亩用 60～80g（北方地区）、30～50g（南方地区），直接撒施。

（16）苯噻酰草胺·苄嘧磺隆·乙草胺　简化通用名称为苯·苄·乙草胺。已登记产品较多，例如 30％可湿性粉剂（25％＋2.5％＋2.5％），用于水稻抛秧田，防除一年生杂草及部分多年生杂草，每亩用 50～70g（南方地区），毒土法。

（17）苯噻酰草胺·苄嘧磺隆·异丙草胺　产品有 33％可湿性粉剂（25％＋5％＋3％），用于水稻抛秧田，防除杂草，每亩用 50～60g，药土法。

（18）苯噻酰草胺·苄嘧磺隆·异丙甲草胺　简化通用名称为苯·苄·异丙甲。产品有 34％可湿性粉剂（22％＋3％＋9％），用于水稻抛秧田，防除一年生、多年生杂草，每亩用 40～50g（南方地区），喷雾。

（19）吡嘧磺隆·丙草胺　简化通用名称为吡嘧·丙草胺。已登记产品很多，例如 20％可湿性粉剂（1％＋19％）、35％可湿性粉剂（0.6％＋34.4％）。20％可湿性粉剂（1％＋19％）用于水稻直播田，防除一年生及部分多年生杂草，每亩用 80～120g（南方地区），喷雾。

（20）吡嘧磺隆·丁草胺　简化通用名称为吡嘧·丁草胺。产品有 24％可湿性粉剂（0.4％＋23.6％），用于水稻直播田，防除一年生及部分多年生杂草，每亩用 150～200g（南方地区），药土法；用于水稻抛秧田，防除一年生及多年生杂草，每亩用 175～220g，药土法；用于水稻移栽田，防除一年生杂草，每亩用 200～250g，药土法。

（21）吡嘧磺隆•二氯喹啉酸　简化通用名称为吡嘧•二氯喹。已登记产品较多，例如 50%可湿性粉剂（3%＋47%），用于水稻移栽田，防除一年生及部分多年生杂草，每亩用 30～40g，施药前排干田水喷雾。又如 34.5%可湿性粉剂（2%＋32.5%），用于水稻移栽田，防除一年生及部分多年生杂草，每亩用 44～59.9g，排水喷雾。再如 20%可湿性粉剂（1.5%＋18.5%），用于水稻秧田、抛秧田、移栽田，防除一年生及部分多年生杂草，每亩用 70～90g，茎叶喷雾；用于水稻直播田，防除一年生及部分多年生杂草，每亩用 70～100g，茎叶喷雾。

（22）吡嘧磺隆•扑草净•西草净　简化通用名称为吡•西•扑草净。产品有 26%可湿性粉剂（2%＋12%＋12%），用于水稻移栽田，防除部分阔草、莎草、一年生杂草，每亩用 60～100g，药土法。

（23）吡嘧磺隆•莎稗磷　简化通用名称为吡嘧•莎稗磷。产品有 31.6%乳油（1.6%＋30%），用于水稻移栽田，防除一年生杂草，每亩用 60～70mL，毒土法。

（24）苄嘧磺隆•丙草胺　简化通用名称为苄嘧•丙草胺。已登记产品逾 19 个，例如 30%可湿性粉剂（1.5%＋28.5%），用于水稻直播田，防除一年生及部分多年生杂草，每亩用 80～120g，喷雾或毒土法。

（25）苄嘧磺隆•丙草胺•二氯喹啉酸　产品有 40%可湿性粉剂（2%＋24%＋14%），用于水稻直播田，防除一年生杂草，每亩用 60～80g，茎叶喷雾。

（26）苄嘧磺隆•丙草胺•异噁草酮　简化通用名称为苄•噁•丙草胺。产品有 38%可湿性粉剂（4%＋24%＋10%），用于水稻直播田（南方），防除一年生杂草，每亩用 30～35g，喷雾。

（27）苄嘧磺隆•草甘膦•丁草胺　简化通用名称为苄•丁•草甘膦。产品有 50%可湿性粉剂（0.5%＋31.2%＋18.3%），用于水稻免耕直播田，防除一年生和多年生杂草，每亩用 400～500g，喷雾。

（28）苄嘧磺隆·敌稗·二氯喹啉酸　产品有 25％可湿性粉剂，用于水稻移栽田，防除一年生杂草，每亩用 80～100g，喷雾。

（29）苄嘧磺隆·丁草胺　简化通用名称为苄·丁。已登记产品逾 55 个，混剂有 0.101％大粒剂、10％微粒剂、20％粉剂、25％细粒剂、30％可湿性粉剂等。例如 30％可湿性粉剂（1.5％＋28.5％），用于水稻抛秧田，防除一年生及部分多年生杂草，每亩用 120～160g（南方地区），药土法。又如 35％细粒剂（1.2％＋33.8％），用于水稻移栽田，防除一年生及部分多年生杂草，每亩用 114.3～171.4g，毒土法。

（30）苄嘧磺隆·丁草胺·甲磺隆　产品有 4％颗粒剂（0.01％＋3.95％＋0.04％），用于水稻，防除杂草，每亩用 750～1500g，毒土法。

（31）苄嘧磺隆·丁草胺·扑草净　简化通用名称为苄·丁·扑草净。产品有 33％可湿性粉剂（1％＋28％＋4％），用于水稻半旱育秧田、旱育秧田，防除一年生杂草，每亩用 266.7～333.3g，土壤喷雾。

（32）苄嘧磺隆·丁草胺·乙草胺　简化通用名称为苄·丁·乙草胺。已登记产品逾 4 个，例如 22.5％可湿性粉剂（1％＋19％＋2.5％），用于水稻抛秧田，防除一年生杂草，每亩用 80～100g，药土法。

（33）苄嘧磺隆·丁草胺·异丙隆　简化通用名称为苄·丁·异丙隆。产品有 50％可湿性粉剂（2％＋24％＋24％），用于水稻直播田，防除一年生及部分多年生杂草，每亩用 50～60g（南方地区），药土法或喷雾。

（34）苄嘧磺隆·毒草胺　产品有 10％可湿性粉剂（1.25％＋8.75％），用于水稻直播田，防除一年生杂草，每亩用 110～150g，喷雾法或药土法；用于水稻抛秧田，防除一年生杂草，每亩用 110～150g，药土法；用于水稻移栽田，防除一年生杂草，每亩用 80～100g，毒土法。

（35）苄嘧磺隆·二甲戊灵　简化通用名称为苄嘧·二甲戊。已登记产品逾 4 个，例如 25％可湿性粉剂（2.1％＋22.9％），用于水稻直播田（南方地区），防除一年生及部分多年生杂草，每亩用

80～100g，土壤喷雾。

（36）苄嘧磺隆·二甲戊灵·异丙隆　产品有 55％可湿性粉剂，用于水稻水秧田、半旱育秧田、旱育秧田，防除一年生杂草，每亩用 25.5～35.2g，土壤喷雾。

（37）苄嘧磺隆·二氯喹啉酸　简化通用名称为苄·二氯。已登记产品逾 40 个，混剂有 18％泡腾片剂、25％悬浮剂、31％泡腾粒剂、36％可湿性粉剂等。例如 30％可湿性粉剂（5％＋25％），用于水稻秧田、直播田、移栽田，防除一年生禾草、部分多年生阔草，每亩用 40～50g，喷雾或毒土法。

（38）苄嘧磺隆·二氯喹啉酸·乙草胺　简化通用名称为苄·乙·二氯喹。产品有 19.2％可湿性粉剂，用于水稻移栽田，防除一年生及部分多年生杂草，每亩用 30～40g（南方地区），药土法。

（39）苄嘧磺隆·禾草丹　简化通用名称为苄嘧·禾草丹。已登记产品逾 6 个，例如 35.75％可湿性粉剂（0.75％＋35％），用于水稻秧田，防除稗草、千金子、阔草及一年生莎草，每亩用 149.9～200g，喷雾或毒土法；用于水稻直播田、移栽田，防除稗草、莎草及阔草，每亩用 299.3～400g（北方地区）、200～299.3g（南方地区），毒土法。

（40）苄嘧磺隆·禾草敌　简化通用名称为苄嘧·禾草敌。产品有 45％细粒剂（0.5％＋44.5％），用于秧田、直播田，防除一年生杂草、部分多年生杂草，每亩用 150～200g，毒土法。

（41）苄嘧磺隆·环庚草醚　简化通用名称为苄嘧·环庚醚。已登记产品逾 3 个，例如 10％可湿性粉剂（5％＋5％），用于水稻抛秧田，防除一年生杂草及部分多年生杂草，每亩用 30～35g，毒土法。

（42）苄嘧磺隆·甲磺隆　简化通用名称为苄嘧·甲磺隆。已登记产品较多，例如 10％可湿性粉剂（8.25％＋1.75％），用于水稻移栽田，防除阔草、一年生莎草，每亩用 4～6.7g，喷雾或撒毒土。

（43）苄嘧磺隆·甲磺隆·乙草胺　简化通用名称为苄·乙·甲。已登记产品较多，例如 15％可湿性粉剂（0.8％＋0.2％＋14％），用于水稻移栽田，防除一年生杂草，每亩用 35～40g（南方地区），毒土法。

（44）苄嘧磺隆·精异丙甲草胺　产品有 20％可湿性粉剂（5％＋15％），用于水稻抛秧田，防除一年生杂草，每亩用 25～35g，药土法。

（45）苄嘧磺隆·麦草畏　简化通用名称为苄嘧·麦草畏。产品有 14％可湿性粉剂（4％＋10％），用于水稻移栽田，防除一年生及多年生阔草、莎草，每亩用 50～60g（南方地区），药土法或喷雾。

（46）苄嘧磺隆·哌草丹　简化通用名称为苄嘧·哌草丹。产品有 17.2％可湿性粉剂（0.6％＋16.6％），用于水稻秧田、南方直播田，防除一年生单子叶、双子叶杂草，每亩用 200～300g，播后 1～4 天喷雾。

（47）苄嘧磺隆·扑草净　简化通用名称为苄嘧·扑草净。产品有 36％可湿性粉剂（4％＋32％），用于水稻抛秧田，防除一年生阔草及莎草，每亩用 30～40g（南方地区），药土法。

（48）苄嘧磺隆·扑草净·乙草胺　简化通用名称为苄·乙·扑草净。已登记产品逾 4 个，例如 19％可湿性粉剂（1.9％＋5.6％＋11.5％），用于水稻移栽田，防除一年生杂草，每亩用 30～50g（南方地区），药土法。

（49）苄嘧磺隆·莎稗磷　简化通用名称为苄嘧·莎稗磷。已登记产品较多，混剂有 17％、20％可湿性粉剂，25％细粒剂等，例如 20％可湿性粉剂（2.5％＋17.5％），用于水稻移栽田，防除一年生杂草，每亩用 80～120mL，毒土法。

（50）苄嘧磺隆·双草醚　简化通用名称为苄嘧·双草醚。已登记产品逾 7 个，例如 30％可湿性粉剂（12％＋18％），用于水稻直播田，防除一年生杂草，每亩用 10～15g（南方地区），喷雾。

（51）苄嘧磺隆·四唑嘧磺隆　产品有 10％可湿性粉剂，用于水稻移栽田，防除莎草、阔草，每亩用 30～40g，毒土法。

（52）苄嘧磺隆·西草净　简化通用名称为苄嘧·西草净。产品有 22％可湿性粉剂（3％＋19％），用于水稻移栽田，防除杂草，每亩用 100～120g，药土法。

（53）苄嘧磺隆·乙草胺　简化通用名称为苄·乙。已登记产品逾 102 个，混剂有 6％微粒剂，12％粉剂，14％乳油，15％展膜油剂，18％、20％、25％、30％可湿性粉剂，25％泡腾粒剂等。例如

18％可湿性粉剂（4％＋14％），用于水稻移栽田，防除一年生及部分多年生杂草，每亩用31.1～43.7g，药土法。

（54）苄嘧磺隆·乙氧氟草醚　产品有12％可湿性粉剂（10％＋2％），用于水稻移栽田，防除一年生禾草，每亩用30～40g，药土法。

（55）苄嘧磺隆·异丙草胺　简化通用名称为异丙·苄。已登记产品逾14个，例如30％可湿性粉剂（5％＋25％），用于水稻抛秧田，防除一年生杂草及部分多年生杂草，每亩用25～30g（南方地区），药土法。

（56）苄嘧磺隆·异丙甲草胺　简化通用名称为异丙甲·苄。已登记产品逾14个，例如20％可湿性粉剂（3％＋17％），用于水稻移栽田，防除一年生杂草及部分多年生杂草，每亩用40～50g，药土法。

（57）苄嘧磺隆·异丙隆　简化通用名称为苄嘧·异丙隆。产品有60％可湿性粉剂（4％＋56％），用于水稻移栽田，防除一年生及部分多年生杂草，每亩用60～80g（南方地区），药土法；水稻直播田，防除一年生及部分多年生杂草，每亩用40～50g（南方地区），喷雾。

（58）苄嘧磺隆·右旋敌草胺　简化通用名称为苄嘧·敌草胺。产品有30％可湿性粉剂（5％＋25％），用于水稻，防除一年生及部分多年生杂草，每亩用20～30g，毒土法。

（59）苄嘧磺隆·唑草酮　简化通用名称为苄嘧·唑草酮。产品有38％可湿性粉剂（30％＋8％），用于水稻移栽田，防除阔草、莎草，每亩用10～13.8g，茎叶喷雾。

（60）丙草胺·嘧啶肟草醚　简化通用名称为嘧肟·丙草胺。产品有30.6％乳油（28.7％＋1.9％），用于水稻直播田、移栽田，防除多种一年生杂草，直播田每亩用62.7～83.7mL，移栽田每亩用83.7～104.6mL（东北）、62.7～83.7mL（其他地区），茎叶喷雾。

（61）除草醚·西草净　产品有25％可湿性粉剂（20％＋5％），用于水稻，防除一年生杂草，每亩用240～480g，毒土法。因除草醚已禁用，故本混剂未能再续展登记。

（62）敌稗·丁草胺　简化通用名称为敌稗·丁草胺。产品有55％乳油（27.5％＋27.5％），用于水稻抛秧田，防除一年生杂草，每亩用 100～130mL（南方地区），喷雾。

（63）敌草隆·扑草净　产品有 12％粉剂，用于水稻移栽田，防除一年生杂草，每亩用 60～75mL，药土法。

（64）丁草胺·多效唑　简化通用名称为多唑·丁草胺。产品有 19.5％可湿性粉剂（12％＋7.5％），用于水稻直播田，防除一年生杂草和壮苗，每亩用 200～262.7g，喷雾。

（65）丁草胺·噁草酮　简化通用名称为噁草·丁草胺。已登记产品逾 24 个，例如 40％乳油（34％＋6％），用于水稻半旱育秧田、旱育秧田，防除一年生杂草，每亩用 100～125mL，喷雾。

（66）丁草胺·二甲戊灵　简化通用名称为甲戊·丁草胺。产品有 40％乳油（22％＋18％），用于水稻移栽田，防除一年生杂草，每亩用 180～200mL（东北地区）、140～180mL（其他地区），药土法。

（67）丁草胺·扑草净　简化通用名称为丁·扑。已登记产品逾 20 个，例如 40％乳油（30％＋10％），用于水稻苗床，防除杂草，每亩用 266.7～333.3mL，旱育秧播种盖土后喷雾。

（68）丁草胺·西草净　简化通用名称为丁·西。产品有 5.3％颗粒剂（4％＋1.3％），用于水稻，防除多种杂草，每亩用 1509.4～2000g（东北地区）、1000～1509.4g（南方地区），撒施。

（69）丁草胺·西草净·灭草松　产品有 1.75％颗粒剂，用于水稻移栽田，防除杂草，每亩用 6668.6～7331.4g。

（70）二甲戊灵·异噁草酮　简化通用名称为异噁·甲戊灵。产品有 18％可湿性粉剂（16％＋2％），用于水稻移栽田，防除一年生杂草，每亩用 65～80g，毒土法。

（71）二氯喹啉酸·醚磺隆　简化通用名称为二氯·醚磺隆。产品有 40％可湿性粉剂（37.5％＋2.5％），用于水稻移栽田，防除一年生杂草，每亩用 40～50g，药土法或喷雾。

（72）二氯喹啉酸·乙氧磺隆　简化通用名称为二氯·乙氧隆。产品有 26.2％悬浮剂（25％＋1.2％），用于水稻直播田（南方），防除稗草及部分阔草和莎草，每亩用 30～40mL，茎叶喷雾。

（73）禾草丹·西草净　产品有 8.5％颗粒剂，用于水稻，防稗草、眼子菜等，每亩用 1329.4～2000g。

（74）甲磺隆·氯氟吡氧乙酸　简化通用名称为氯吡·甲磺隆。产品有 14％乳油（0.3％＋13.7％），用于水稻移栽田，防除水花生，每亩用 50～70mL，喷雾。

（75）甲磺隆·乙草胺　简化通用名称为甲磺·乙草胺。产品有 19％可湿性粉剂（0.5％＋18.5％），用于水稻移栽田，防除一年生杂草，每亩用 25.3～35.3g，药土法。

（76）精噁唑禾草灵·氰氟草酯　简化通用名称为氰氟·精噁唑。产品有 10％乳油（5％＋5％），用于水稻直播田，防除一年生禾草，每亩用 40～60mL，茎叶喷雾。

（77）醚磺隆·乙草胺　简化通用名称为醚磺·乙草胺。产品有 25％可湿性粉剂（4％＋21％），用于水稻移栽田，防除一年生及部分多年生杂草，每亩用 20～37.5g，药土法。

（78）醚磺隆·异丙甲草胺　简化通用名称为醚磺·异丙甲。产品有 16％可湿性粉剂（2％＋14％），用于水稻移栽田，防除一年生杂草，每亩用 50～60g（南方地区），药土法。

（79）哌草磷·异戊乙净　其他名称如威罗生、排草净、哌草磷·戊草净。产品有 50％乳油（40％＋10％），用于水稻，防除一年生杂草，每亩用 160～200mL。

（80）氰氟草酯·五氟磺草胺　简化通用名称为五氟·氰氟草。产品有 6％油悬浮剂（5％＋1％），用于水稻直播田，防除稗草及部分阔草、莎草，每亩用 100～133.3mL，茎叶喷雾。

（81）莎稗磷·乙氧磺隆　产品有 30％悬浮剂，用于水稻移栽田，防除杂草，每亩用 60～70mL，药土（肥）法保浅水层撒施。

（82）乙氧氟草醚·异丙草胺　产品有 50％可湿性粉剂（5％＋45％），用于水稻移栽田，防除一年生杂草，每亩用 15～20g。

参 考 文 献

[1]   唐韵.除草剂使用技术.北京：化学工业出版社，2010.

[2]   唐韵，蒋红.杀菌剂使用技术.北京：化学工业出版社，2018.

[3]   唐韵，唐理.生物农药使用与营销.北京：化学工业出版社，2016.

[4]   夏世钧，唐韵，等.农药毒理学.北京：化学工业出版社，2008.

[5]   屠乐平，柏明骏.稻田化学除草.云南：云南人民出版社，1978.

[6]   唐洪元.农田化学除草.上海：上海科学技术出版社，1978.

[7]   李孙荣.杂草及其防治.北京：北京农业大学出版社，1991.

[8]   苏少泉，宋顺祖.中国农田杂草化学防治.北京：中国农业出版社，1996.

[9]   李扬汉，杨人俊，杨宝珍.中国杂草志.北京：中国农业出版社，1998.

[10] 屠豫钦，李秉礼.农药应用工艺学导论.北京：化学工业出版社，2006.

[11] 徐映明，朱文达.农药问答.4版.北京：化学工业出版社，2005.

[12] 张一宾，张怿.世界农药新进展.北京：化学工业出版社，2007.

[13] 王险峰.进口农药应用手册.北京：中国农业出版社，2000.

[14] 张朝贤，张跃进，倪汉文，等.农田杂草防除手册.北京：中国农业出版社，2000.

[15] 余柳青，陆永良，玄松南.稻田杂草防控技术规程.北京：中国农业出版社，2010.

[16] 刘长令.世界农药大全：除草剂卷.北京：化学工业出版社，2002.

[17] 袁会珠.农药安全使用知识.北京：中国劳动社会保障出版社，2010.

[18] 吴竞仑.稻田杂草防除技术问答.北京：中国农业出版社，2008.

[19] 薛光.草克星使用技术问答.北京：科学普及出版社，1992.

[20] 冯维卓.使它隆使用技术问答.北京：科学普及出版社，1991.

[21] 郭书普，等.水田杂草识别与防治原色图鉴.安徽：安徽科学技术出版社，2005.

[22] 车晋滇.农田杂草彩色图谱.北京：中国科学技术出版社，1990.

[23] 张玉聚.除草剂应用与销售技术服务指南.北京：金盾出版社，2004.

[24] 黄建中.农田杂草抗药性.北京：中国农业出版社，1995.

[25] 李一丁.农田杂草化学防除.四川：四川科学技术出版社，1991.

[26] 农药部农药检定所.新编农药手册.北京：农业出版社，1989.

[27] 农业部农药检定所.新编农药手册：续集.北京：中国农业出版社，1998.

[28] 张泽溥，等.中国杂草原色图鉴.农业部农药检定所，日本植物调节剂研究协会，2000.

[29] 强胜.杂草学.2版.北京：中国农业出版社，2009.

[30] 中国农药百科全书：农药卷.北京：农业出版社，1993.

[31] 周小刚，张辉.四川农田常见杂草原色图谱.四川：四川科学技术出版社，2006.

附　录

一、稻田除草剂化学结构类型划分

化学结构类型		种数	有效成分名称
有机合成除草剂	酚类	1	五氯酚钠*（灭生性除草剂）
	腈类	1	溴苯腈
	酰胺类	14	敌稗*、毒草胺*、克草胺*、杀草胺*、甲草胺、乙草胺*、丙草胺*、丁草胺*、异丙草胺*、异丙甲草胺*、苯噻酰草胺*、吡氟酰草胺、精异丙甲草胺*、R-左旋敌草胺
	磺酰胺类	1	五氟磺草胺*
	酞酰亚胺类	0	
	二硝基苯胺类	2	二甲戊灵*、仲丁灵*
	取代脲类	3	杀草隆*、敌草隆、异丙隆
	磺酰脲类	12	甲磺隆*、醚磺隆*、苄嘧磺隆*、吡嘧磺隆*、乙氧磺隆*、氟吡磺隆*、嘧苯胺磺隆*、丙嗪嘧磺隆*、氯吡嘧磺隆*、嗪吡嘧磺隆*、环丙嘧磺隆*、四唑嘧磺隆*
	苯甲酸类	2	麦草畏、麦草畏异丙胺盐
	苯氧羧酸类	8	2,4-滴、2,4-滴丁酸钠盐*、2,4-滴丁酯*、2,4-滴二甲胺盐*、2甲4氯、2甲4氯钠*、2甲4氯二甲胺盐*、2甲4氯丁酸乙酯
	芳氧苯氧丙酸类	3	氰氟草酯*、噁唑酰草胺*、精噁唑禾草灵*

化学结构类型		种数	有效成分名称
有机合成除草剂	喹啉羧酸类	1	二氯喹啉酸*
	噁二唑酮类	2	噁草酮*、丙炔噁草酮*
	三酮类	3	硝磺草酮*、双环磺草酮*、三唑磺草酮*
	三氮苯酮类	0	
	三唑啉酮类	1	唑草酮
	四唑啉酮类	1	四唑酰草胺*
	咪唑啉酮类	0	
	环己烯酮类	0	
	嘧啶类	4	双草醚*、嘧草醚*、环酯草醚*、嘧啶肟草醚*
	吡啶类	3	氯氟吡氧乙酸、氯氟吡氧乙酸异辛酯、氯氟吡啶酯*
	联吡啶类	2	百草枯*（已禁用）、敌草快
	有机磷类	11	草甘膦、草甘膦铵盐、草甘膦钠盐、草甘膦钾盐*、草甘膦异丙胺盐*、草甘膦二甲胺盐、草硫膦、草铵膦、精草铵膦钠盐、莎稗磷*、哌草磷
	脂肪族类	0	
	二苯醚类	3	除草醚*（已禁用）、乙氧氟草醚*、乙羧氟草醚
	三氮苯类	3	异戊乙净、扑草净*、西草净*
	氨基甲酸酯类	1	灭草灵*
	硫代氨基甲酸酯类	3	哌草丹*、禾草丹*、禾草敌*
	有机杂环与其他有机物类	11	灭草松*、稗草稀*、环庚草醚*、噁嗪草酮*、异噁草酮*、二氯喹啉草酮*、氟酮磺草胺*、呋喃磺草酮、环戊噁草酮、双唑草腈*、三苯基乙酸锡*
无机除草剂		2	硫酸铜、氰氨化钙
生物除草剂		2	双丙氨膦、双丙氨膦钠盐
品种合计		100	

注：带*的品种已有单剂获准登记用于水稻。

二、稻田除草剂作用靶标分类详表

HRAC 分组	作用靶标	化学结构亚组	品种举例	WSSA 分组
A	乙酰辅酶 A 羧化酶抑制剂	芳氧苯氧基丙酸类	氰氟草酯、噁唑酰草胺、精噁唑禾草灵	1
		环己烯酮类	烯草酮、烯禾啶、丁苯草酮、三甲苯草酮、吡喃草酮	
		苯基吡唑啉类	唑啉草酯	
B	乙酰乳酸合成酶抑制剂	磺酰脲类	甲磺隆、醚磺隆、苄嘧磺隆、吡嘧磺隆、乙氧磺隆、氟吡磺隆、嘧苯胺磺隆、丙嗪嘧磺隆、氯吡嘧磺隆、嗪吡嘧磺隆、环丙嘧磺隆、四唑嘧磺隆	2
		咪唑啉酮类	甲咪唑烟酸、咪唑乙烟酸、咪唑喹啉酸	
		三唑并嘧啶磺酰胺类	五氟磺草胺、双氟磺草胺、唑嘧磺草胺、氯酯磺草胺、啶磺草胺	
		嘧啶硫代苯甲酸酯类	双草醚、嘧草醚、环酯草醚、嘧啶肟草醚	
		磺酰胺羰基三唑啉酮类	氟唑磺隆、丙苯磺隆	
C1	光系统 II 抑制剂	三嗪类	异戊乙净、扑草净、西草净	5
		三嗪酮类	嗪草酮、环嗪酮	
		三唑啉酮类	氨唑草酮	
		脲嘧啶类	除草定、特草定	
		哒嗪酮类	氯草敏	
		氨基甲酸酯类	甜菜安、甜菜宁	
C2	光系统 II 抑制剂	取代脲类	异丙隆、绿麦隆、敌草隆、特丁噻草隆	7
		酰胺类	敌稗	

HRAC 分组	作用靶标	化学结构亚组	品种举例	WSSA 分组
C3	光系统Ⅱ抑制剂	苯腈类	溴苯腈、辛酰溴苯腈	6
		苯并噻二嗪酮类	灭草松	
		苯哒嗪类	哒草特	
D	光系统Ⅰ电子传递抑制剂	联吡啶类		22
E	原卟啉原氧化酶抑制剂	二苯醚类	三氟羧草醚、乙氧氟草醚、乙羧氟草醚、氟磺胺草醚、乳氟禾草灵、除草醚(已禁用)	14
		苯基吡唑类	吡草醚	
		N-苯基酞酰亚胺类	丙炔氟草胺、吲哚酮草酯、氟烯草酸	
		噻二唑类	嗪草酸甲酯、噻二唑草胺	
		噁二唑酮类	噁草酮、丙炔噁草酮	
		三唑啉酮类	唑草酮、甲磺草胺、唑啶草酮	
		噁唑啉酮类	环戊噁草酮	
		嘧啶二酮类	双苯嘧草酮、氟苯嘧草酯	
		其他	双唑草腈、氟唑草胺、氟哒嗪草酯	
F1	类胡萝卜素生物合成抑制剂;八氢番茄红素脱氢酶抑制剂	哒嗪酮类	氟草敏	12
		烟酰替苯胺类	吡氟酰草胺	
		其他	氟啶草酮、氟咯草酮、呋草酮	
F2	4-羟基苯基丙酮酸双氧酶抑制剂	三酮类	磺草酮、硝磺草酮、双环磺草酮、三唑磺草酮	27
		异噁唑类	异噁唑草酮、异噁氯草酮	
		苯甲酰吡唑酮类	吡唑特、吡草酮、苄草唑、苯唑草酮	
		其他	苯并双环酮	

HRAC 分组	作用靶标	化学结构亚组	品种举例	WSSA 分组
F3	类胡萝卜素生物合成抑制剂（未知位点）	三唑类	杀草强	13
		异噁唑酮类	异噁草酮	
		脲类	氟草啶（伏草隆）	
		联苯醚类	苯草醚	
G	5-烯醇丙酮酰莽草酸-3-膦酸合成酶抑制剂	有机磷类	草甘膦、草甘膦铵盐、草甘膦钠盐、草甘膦钾盐、草甘膦异丙胺盐、草甘膦二甲胺盐、草硫膦	9
H	谷氨酰胺合成酶抑制剂	膦酸类	草铵膦、精草铵膦钠盐、双丙氨膦、双丙氨膦钠盐	10
I	DHP 合成酶抑制剂	氨基甲酸酯类	磺草灵	18
K1	微管组装抑制剂	二硝基苯胺类	二甲戊灵、仲丁灵、氟乐灵	3
		氨基膦酸盐类	胺草膦、异草膦	
		吡啶类	噻唑烟酸	
		苯甲酰胺类	炔苯酰草胺	
		苯甲酸类	氯酞酸甲酯	
K2	有丝分裂抑制剂	氨基甲酸酯类	苯胺灵、氯苯胺灵	23
K3	细胞分裂抑制剂	氯酰胺类	毒草胺、杀草胺、甲草胺、乙草胺、丙草胺、丁草胺、异丙草胺、异丙甲草胺、精异丙甲草胺	15
		乙酰胺类	R-左旋敌草胺、草萘胺、萘丙胺、克草胺	
		芳氧乙酰胺类	氟噻草胺、苯噻酰草胺	
		四唑啉酮类	四唑酰草胺	
		其他	莎稗磷、唑草胺、哌草磷	
L	细胞壁（纤维素）合成抑制剂	腈类	敌草腈、草克乐	21
		苯甲酰胺类	异噁酰草胺	
		三唑羧基酰胺类	氟胺草唑	

HRAC 分组	作用靶标	化学结构亚组	品种举例	WSSA 分组
M	解偶联（破坏细胞膜）	二硝基苯胺类	地乐酚、特乐酚	24
N	脂肪合成抑制剂-非 ACC 酶抑制剂	硫代氨基甲酸酯类	丁草特、哌草丹、戊草丹、禾草丹、野麦畏、禾草敌、灭草敌	
		二硫代磷酸酯类	地散磷	
		苯并呋喃	呋草黄	
		氨碳酸类	去草隆、茅草枯、四氟丙酸	
O	合成激素类	苯氧羧酸类	2,4-滴、2,4-滴丁酸钠盐、2,4-滴丁酯、2,4-滴二甲胺盐、2甲4氯、2甲4氯钠、2甲4氯二甲胺盐、2甲4氯丁酸乙酯	4
		苯甲酸类	麦草畏	
		吡啶羧酸类	氯氟吡氧乙酸、氯氟吡氧乙酸异辛酯、氯氟吡啶酯	
		喹啉羧酸类	二氯喹啉酸（也属于 L 类）	
		其他	草除灵	
P	抑制生长素运输	氨基羰基脲类	萘草胺、氟吡草腙	19
Z	未知	芳香氨基丙酸类	麦草伏	25
		吡唑类	野燕枯	26
		有机胂	甲基胂酸钠	17
		其他	环庚草醚、苄草隆、噁嗪草酮	NC

注：除草剂作用机理分类法又称作用靶标分类法。本表源于除草剂抗性行动委员会（HRAC），引自《除草剂科学使用指南》（李香菊等，2014）。由于分类标准有粗有细，本表中的化学结构类型与稻田除草剂化学结构类型划分表中的不尽相同。

索 引

农药英文通用名称索引